MEMORIZE ANSWERS

'답'만 외우는
로더
운전기능사
CBT 필기

기출문제 + 모의고사 14회

KB199593

시대에듀

답만 외우는 **로더운전기능사** 필기

Always with you

사람이 길에서 우연하게 만나거나 함께 살아가는 것만이 인연은 아니라고 생각합니다.
책을 펴내는 출판사와 그 책을 읽는 독자의 만남도 소중한 인연입니다.
시대에듀는 항상 독자의 마음을 헤아리기 위해 노력하고 있습니다.
늘 독자와 함께하겠습니다.

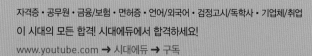

머리말

최근 건설기계 분야에서는 경제발전에 따른 건설촉진 등에 의하여 전문화된 인력을 필요로 하고 있으며, 로더 등의 굴착, 성토, 정지용 건설기계는 건설 및 광산현장에서 주로 활용된다. 또한 2000년대에 들어서면서 대규모 정부정책사업(고속철도, 신공항건설 등)의 활성화와 민간부분의 주택건설 증가, 경제발전에 따른 건설촉진 등의 꾸준한 발전이 기대된다. 이에 따라 로더 기능인력에 대한 수요도 증가할 전망이다.

로더는 굴착, 성토, 정지용 건설기계로 토목공사, 광산 등에서 주로 이용되며, 기계운전을 위해서 특수한 기술을 필요로 한다. 해당 면허를 취득하는 인원에 비해 부족하지만 조금씩 늘어나는 가동률과 함께 고용 증가를 기대해 볼 수 있다. 이에 로더운전사를 꿈꾸는 수험생들이 한국산업인력공단에서 실시하는 로더운전기능사 자격시험에 효과적으로 대비할 수 있도록 다음과 같은 특징을 가진 도서를 출간하게 되었다.

본 도서의 특징

1. 자주 출제되는 기출문제의 키워드를 분석하여 정리한 빨간키를 통해 시험에 완벽하게 대비할 수 있다.
2. 정답이 한눈에 보이는 기출복원문제 7회분과 해설 없이 풀어보는 모의고사 7회분으로 구성하여 필기 시험을 준비하는 데 부족함이 없도록 하였다.
3. 명쾌한 풀이와 관련 이론까지 꼼꼼하게 정리한 상세한 해설을 통해 문제의 핵심을 파악할 수 있다.

이 책이 로더운전기능사를 준비하는 수험생들에게 합격의 안내자로서 많은 도움이 되기를 바라면서 수험생 모두에게 합격의 영광이 함께하기를 기원하는 바이다.

편저자 씀

시험안내

개요

로더는 굴착, 성토, 정지용 건설기계로 토목공사, 광산 등에서 주로 이용되며, 토사나 자갈 등을 트럭에 적재하거나 이동시키는 데 쓰인다. 기계운전을 위해서는 특수한 기술을 필요로 하기 때문에 로더의 안전운행과 기계수명 연장 및 작업능률 제고를 위해서는 산업현장에 필요한 숙련기능인력 양성이 요구된다.

진로 및 전망

- 주로 건설업체, 건설기계 대여업체 등으로 진출하며, 이 외에도 광산, 항만, 시·도 건설사업소 등으로 진출할 수 있다.
- 로더 등의 굴착, 성토, 정지용 건설기계는 건설 및 광산현장에서 주로 활용된다. 2000년대에 들어서면서 대규모 정부정책사업(고속철도, 신공항건설 등)의 활성화와 민간 부분의 주택건설 증가, 경제발전에 따른 건설촉진 등에 따른 건설 부문의 꾸준한 발전으로 로더 기능인력에 대한 수요도 증가할 전망이다.

시험일정

구 분	필기원서접수 (인터넷)	필기시험	필기합격 (예정자)발표	실기원서접수	실기시험	최종 합격자 발표일
제1회	1월 초순	1월 하순	1월 하순	2월 초순	3월 중순	4월 초순
제2회	3월 중순	3월 하순	4월 중순	4월 하순	6월 초순	6월 하순
제3회	5월 하순	6월 중순	6월 하순	7월 중순	8월 중순	9월 중순
제4회	8월 하순	9월 초순	9월 하순	9월 하순	11월 중순	12월 초순

※ 상기 시험일정은 시행처의 사정에 따라 변경될 수 있으니, www.q-net.or.kr에서 확인하시기 바랍니다.

시험요강

❶ 시행처 : 한국산업인력공단(www.q-net.or.kr)

❷ 시험과목

  ㉠ 필기 : 로더 조종, 점검 및 안전관리

  ㉡ 실기 : 로더 조종 실무

❸ 검정방법

  ㉠ 필기 : 객관식 4지 택일형 60문항(1시간)

  ㉡ 실기 : 작업형(10분 정도)

❹ 합격기준(필기·실기) : 100점을 만점으로 하여 60점 이상

검정현황

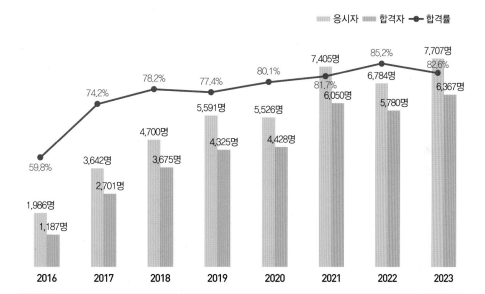

응시자 ▨▨ 합격자 ━●━ 합격률

필기시험

	2016	2017	2018	2019	2020	2021	2022	2023
응시자	1,986명	3,642명	4,700명	5,591명	5,526명	7,405명	6,784명	7,707명
합격자	1,187명	2,701명	3,675명	4,325명	4,428명	6,050명	5,780명	6,367명
합격률	59.8%	74.2%	78.2%	77.4%	80.1%	81.7% / 85.2%	85.2%	82.6%

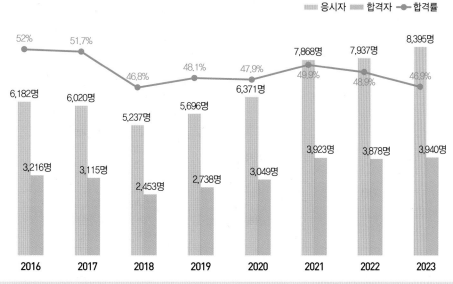

응시자 ▨▨ 합격자 ━●━ 합격률

실기시험

	2016	2017	2018	2019	2020	2021	2022	2023
응시자	6,182명	6,020명	5,237명	5,696명	6,371명	7,868명	7,937명	8,395명
합격자	3,216명	3,115명	2,453명	2,738명	3,049명	3,923명	3,878명	3,940명
합격률	52%	51.7%	46.8%	48.1%	47.9%	49.9%	48.9%	46.9%

출제기준(필기)

필기과목명	주요항목	세부항목	세세항목
로더 조종, 점검 및 안전관리	장비구조 및 점검	엔진구조	• 엔진본체 구조와 기능　• 윤활장치 구조와 기능 • 연료장치 구조와 기능　• 흡 · 배기장치 구조와 기능 • 냉각장치 구조와 기능
		전기장치	• 기초 전기 · 전자 • 시동 및 예열장치 구조와 기능 • 축전지 및 충전장치 구조와 기능 • 등화 및 계기장치 구조와 기능 • 냉 · 난방장치 구조와 기능
		동력전달(차체)장치	• 동력전달장치 구조와 기능　• 변속장치 구조와 기능 • 조향장치 구조와 기능　• 주행장치 구조와 기증 • 제동장치 구조와 기능　• 기타 장치
		유압장치	• 유압펌프 구조와 기능 • 유압밸브 구조와 기능 • 유압실린더 및 모터 구조와 기능 • 유압기호 • 유압유 및 기타 부속장치 등
		로더 점검	• 일일점검(작업 전 · 중 · 후 점검) • 예방점검(정기점검)
	조종 및 작업	로더 일반	• 로더의 종류 및 구조 • 로더의 종류별 특성
		로더 조종 및 기능	• 작업장치 조종 및 기능 • 주행장치 조종 및 기능
		로더 작업방법	• 적하작업　• 운반작업 • 평탄작업　• 선택장치작업 • 기타작업
	로더 안전 · 환경관리	산업안전보건	• 안전보호구 및 안전장치 확인 • 위험요소 파악 • 안전표시 및 수칙확인 • 환경오염 방지
		작업 · 장비 안전관리	• 작업 안전관리 및 교육 • 기계 · 기기 및 공구에 관한 안전사항 • 작업안전 및 기타 안전사항
	건설기계관리법규	건설기계 등록 및 검사	• 건설기계 등록　• 건설기계 검사
		면허 · 사업 · 벌칙	• 건설기계 조종사의 면허 및 사업 • 건설기계관리법의 벌칙

출제기준(실기)

실기과목명	주요항목	세부항목
로더 조종 실무	로더 운전 전 점검	• 장비의 주변상황 파악하기 • 오일 · 벨트 · 냉각수 점검하기 • 타이어 · 무한궤도 점검하기 • 전기장치 점검하기 • 작업장치 점검하기
	로더 시운전	• 엔진 시동 전 · 후 계기판 점검하기 • 엔진 예열하기 • 작업장치 각부 예열하기 • 주변 여건 확인하기
	로더 이동	• 현장 이동여건 파악하기 • 현장 이동하기 • 단거리 주행하기
	로더 상차	• 주변 상황 파악하기 • 작업대상물 상차하기 • 적재물 다듬기
	로더 소운반	• 작업현장 확인하기 • 작업대상물 파악하기 • 작업대상물 소운반하기 • 작업대상물 정리하기
	로더 평탄작업	• 작업 준비하기 • 메우기 작업하기 • 돌출부 제거하기
	로더 안전 · 환경관리	• 안전교육받기 • 안전사항 준수하기 • 작업 중 점검하기 • 환경보존하기 • 긴급상황 조치하기
	로더 작업 후 점검	• 필터 · 오일 교환주기 확인하기 • 오일 · 냉각수 유출 점검하기 • 각부 체결상태 확인하기 • 각부 연결부위 그리스 주입하기 • 작업일보 작성하기

목 차

빨리보는 간단한 키워드

답만 외우는 로더운전기능사

빨 간 키

빨리보는 간단한 키워드

당신의 시험에 빨간불이 들어왔다면!
최다빈출키워드만 모아놓은 합격비법 핵심 요약집 빨간키와 함께하세요!
그대의 합격을 기원합니다.

[01] 기관 본체

▌ 디젤기관과 가솔린기관의 비교

구 분	디젤기관	가솔린기관
연소방법	압축열에 의한 자기착화	전기점화
속도조절	분사되는 연료의 양	흡입되는 혼합가스의 양(기화기에서 혼합)
열효율	32~38%	25~32%
압축온도	500~550℃	120~140℃
폭발압력	55~65kg/cm^2	35~45kg/cm^2
압축압력	30~45kg/cm^2	7~11kg/cm^2

▌ 디젤기관과 가솔린기관의 장단점

구 분	디젤기관	가솔린기관
장 점	• 연료비가 저렴하고, 열효율이 높으며, 운전 경비가 적게 든다. • 이상연소가 일어나지 않고, 고장이 적다. • 토크 변동이 적고, 운전이 용이하다. • 대기오염 성분이 적다. • 인화점이 높아서 화재의 위험성이 적다. • 전기점화장치(배전기, 점화코일, 점화플러그, 고압케이블)가 없어 고장률이 작다.	• 배기량당 출력의 차이가 없고, 제작이 쉽다. • 제작비가 적게 든다. • 가속성이 좋고, 운전이 정숙하다.
단 점	• 마력당 중량이 크다. • 소음 및 진동이 크다. • 연료분사장치 등이 고급재료이고, 정밀 가공해야 한다. • 배기 중의 SO$_2$ 유리탄소가 포함되고, 매연으로 인하여 대기 중에 스모그 현상이 크다. • 시동전동기 출력이 커야 한다.	• 전기점화장치의 고장이 많다. • 기화기식은 회로가 복잡하고, 조정이 곤란하다. • 연료소비율이 높아서 연료비가 많이 든다. • 배기 중에 CO, HC, NOx 등 유해성분이 많이 포함되어 있다. • 연료의 인화점이 낮아서 화재의 위험성이 크다.

▌ **피스톤 행정** : 상사점으로부터 하사점까지의 거리

▎ 행정 사이클 디젤기관의 작동 순서(2회전 4행정)

① **흡입행정** : 피스톤이 상사점으로부터 하강하면서 실린더 내로 공기만을 흡입한다(흡입밸브 열림, 배기밸브 닫힘).

② **압축행정** : 흡기밸브가 닫히고 피스톤이 상승하면서 공기를 압축한다(흡입밸브, 배기밸브 모두 닫힘).

③ **동력(폭발)행정** : 압축행정 말 고온이 된 공기 중에 연료를 분사하면 압축열에 의하여 자연착화한다(흡입밸브, 배기밸브 모두 닫힘).

④ **배기행정** : 연소가스의 팽창이 끝나면 배기밸브가 열리고, 피스톤의 상승과 더불어 배기행정을 한다(흡입밸브 닫힘, 배기밸브 열림).

▎ 4행정 기관에서 크랭크축 기어와 캠축 기어의 지름비는 1 : 2, 회전비는 2 : 1이다.

▎ **엔진오일이 연소실로 올라오는 이유** : 실린더의 마모나 피스톤링이 마모된 경우

▎ 실린더헤드의 볼트를 조일 때는 중심 부분에서 외측으로 토크렌치를 이용하여 대각선으로 조인다.

▎ **피스톤과 실린더 벽 사이의 간극이 클 때 미치는 영향**

① 블로바이에 의해 압축압력이 낮아진다.
② 피스톤링의 기능 저하로 인하여 오일이 연소실에 유입되어 오일 소비가 많아진다.
③ 피스톤 슬랩(Piston Slap) 현상이 발생되며 기관 출력이 저하된다.

▎ **기관의 피스톤이 고착되는 원인**

① 냉각수량이 부족할 때
② 엔진오일이 부족하였을 때
③ 기관이 과열되었을 때
④ 피스톤 간극이 작을 때

▎ **동력을 전달하는 계통의 순서**

① 피스톤 → 커넥팅로드 → 크랭크축 → 클러치
② 피스톤은 실린더 내에서 연소가스의 압력을 받아 고속으로 왕복운동을 하면서 동시에 그 힘을 커넥팅로드에 전달해 주는 역할을 한다.

▎ 오일의 슬러지 형성을 막기 위하여 기관의 크랭크 케이스를 환기시킨다.

▌ 유압식 밸브 리프터의 장점

　① 밸브 간극 조정이 필요하지 않다.

　② 밸브 개폐시기가 정확하다.

　③ 밸브기구의 내구성이 좋다.

▌ 밸브 간극 : 밸브 스템 엔드와 로커 암(태핏) 사이의 간극

밸브 간극이 클 때의 영향	밸브 간극이 작을 때의 영향
• 소음이 발생된다. • 흡입 송기량이 부족하게 되어 출력이 감소한다. • 밸브의 양정이 작아진다.	• 후화가 발생된다. • 열화 또는 실화가 발생된다. • 밸브의 열림 기간이 길어진다. • 밸브 스템이 휘어질 가능성이 있다. • 블로바이로 기관 출력이 감소하고, 유해배기가스 배출이 많다.

▌ 로커 암 : 기관에서 밸브의 개폐를 돕는 부품

[02] 연료장치

▌ 디젤기관의 연소실

단실식	직접분사실식	• 연소실의 피스톤헤드의 요철에 의해서 형성되어 있다. • 분사노즐에서 분사되는 연료는 피스톤헤드에 설치된 연소실에 직접 분사되는 방식이다. • 직접 분사하여 연소되기 때문에 연료의 분산도 향상을 위해 다공형 노즐을 사용한다. • 연료의 분사 개시압력은 150~300kg/cm^2 정도로 비교적 높다.
복실식	예연소실식	• 실린더헤드에는 주연소실 체적의 30~50% 정도로 예연소실이 설치되고 피스톤이 상사점에 위치할 때 피스톤헤드와 실린더헤드 사이에 주연소실이 형성된다. • 연료의 분사 개시압력은 60~120kg/cm^2 정도이다.
	와류실식	• 실린더헤드에는 압축행정 시에 강한 와류가 발생되도록 주연소실 체적의 70~80% 정도의 와류실이 설치되고 피스톤이 상사점에 위치할 때 피스톤헤드와 실린더헤드 사이에 주연소실이 형성된다. • 연료의 분사 개시압력은 100~125kg/cm^2 정도이다.
	공기실식	실린더헤드에는 압축행정 시에 강한 와류가 발생되도록 주연소실 체적의 6.5~20% 정도의 공기실이 설치되고 피스톤이 상사점에 위치할 때 피스톤헤드와 실린더헤드 사이에 주연소실이 형성된다.

▌ 직접분사실식 연소실의 장단점

장 점	• 연료소비량이 다른 형식보다 적다. • 연소실의 표면적이 작아 냉각손실이 작다. • 연소실이 간단하고 열효율이 높다. • 실린더헤드의 구조가 간단하여 열변형이 적다. • 와류손실이 없다. • 시동이 쉽게 이루어지기 때문에 예열플러그가 필요 없다.
단 점	• 분사압력이 가장 높으므로 분사펌프와 노즐의 수명이 짧다. • 사용연료 변화에 매우 민감하다. • 노크 발생이 쉽다. • 기관의 회전속도 및 부하의 변화에 민감하다. • 다공형 노즐을 사용하므로 값이 비싸다. • 분사상태가 조금만 달라져도 기관의 성능이 크게 변화한다.

▌ 예연소실식 연소실의 특성

① 예열플러그가 필요하다.

② 사용연료의 변화에 둔감하다.

③ 주연소실식보다 작다.

④ 분사압력이 낮다.

▌ 벤트 플러그 : 연료필터에서 공기를 배출하기 위해 사용하는 플러그

▌ 오버플로밸브의 역할

① 연료필터 엘리먼트를 보호한다.

② 연료공급펌프의 소음 발생을 방지한다.

③ 연료계통의 공기를 배출한다.

▌ 연료분사펌프는 연료를 압축하여 분사순서에 맞추어 노즐로 압송시키는 장치로 조속기(분사량 제어)와 타이머(분사시기 조절)가 설치되어 있다.

▌ 디젤기관에서 노킹의 원인

① 연료의 세탄가가 낮을 때

② 연료의 분사압력이 낮을 때

③ 연소실의 온도가 낮을 때

④ 착화지연 시간이 길 때

⑤ 연소실에 누적된 연료가 많이 일시에 연소할 때

■ 기관에서 노킹이 발생하면 출력이 저하되고, 과열되며, 흡기효율이 저하되고, 회전수가 낮아진다.

■ 디젤기관에서 노크 방지방법
　① 착화성이 좋은 연료를 사용한다.
　② 연소실벽 온도를 높게 유지한다.
　③ 착화기간 중의 분사량을 적게 한다.
　④ 압축비를 높게 한다.

■ 디젤기관의 연료분사 3대 요건 : 관통력, 분포, 무화상태

■ 디젤기관의 연료탱크에서 분사노즐까지 연료의 순환 순서
　연료탱크 → 연료공급펌프 → 연료필터 → 분사펌프 → 분사노즐

■ 분사노즐은 분사펌프로부터 보내진 고압의 연료를 미세한 안개모양으로 연소실에 분사하는 부품으로 디젤기관만이 가지고 있는 부품이다.

■ 프라이밍 펌프는 연료계통 속 공기를 배출할 때 사용한다.

■ 연료계통에 공기가 흡입되면 연료가 불규칙하게 전달되어 회전이 불량하게 변한다.

■ 전자제어장치(ECU ; Electronic Control Unit)
　전자제어 디젤 분사장치에서 연료를 제어하기 위해 센서로부터 각종 정보(가속페달의 위치, 기관속도, 분사시기, 흡기, 냉각수, 연료온도 등)를 입력받아 전기적 출력신호로 변환하는 장치이다.

■ 디젤기관의 진동 원인
　① 연료공급계통에 공기가 침입하였을 때
　② 분사압력이 실린더별로 차이가 있을 때
　③ 4기통 기관에서 한 개의 분사노즐이 막혔을 때
　④ 인젝터에 분사량 불균율이 있을 때
　⑤ 피스톤 및 커넥팅로드의 중량 차이가 클 때
　⑥ 연료 분사시기와 분사간격이 다를 때
　⑦ 크랭크축에 불균형이 있을 때

[03] 냉각장치

❚ **기관의 과열 원인**

① 윤활유 또는 냉각수 부족

② 워터펌프 고장

③ 팬 벨트 이완 및 절손

④ 정온기가 닫혀서 고장

⑤ 냉각장치 내부의 물때(Scale) 과다

⑥ 라디에이터 코어의 막힘, 불량

⑦ 이상연소(노킹 등)

⑧ 압력식 캡의 불량

❚ **기관의 냉각장치 방식**

① 공랭식 : 자연 통풍식, 강제 통풍식

② 수랭식 : 자연 순환식, 강제 순환식(압력 순환식, 밀봉 압력식)

❚ **라디에이터의 구성품**

① 상부탱크와 코어 및 하부탱크로 구성된다.

② 상부탱크에는 냉각수 주입구(라디에이터 캡으로 밀봉), 오버플로 파이프, 입구 파이프가 있고 중간 위치에는 수관(튜브)과 냉각핀이 있는 코어, 하부탱크에는 출구 파이프, 드레인 플러그가 있다.

❚ **라디에이터의 구비조건**

① 공기 흐름저항이 작을 것

② 냉각수 흐름저항이 작을 것

③ 가볍고 강도가 클 것

④ 단위면적당 방열량이 클 것

❚ **가압식(압력식) 라디에이터의 장점**

① 방열기를 작게 할 수 있다.

② 냉각수의 비등점을 높일 수 있다.

③ 냉각장치의 효율을 높일 수 있다.

④ 냉각수 손실이 적다.

▌ 압력식 라디에이터 캡의 구조와 작용

① 압력식 캡 내면에는 진공밸브와 압력밸브, 스프링 등이 있다.

② 냉각계통의 압력에 따라 진공밸브와 압력밸브가 여닫힌다.

　ⓐ 캡의 규정압력보다 냉각계통의 압력이 높을 때 : 압력 스프링을 밀어내어 진공밸브가 열린다.

　ⓑ 캡의 규정압력보다 냉각계통의 압력이 낮을 때 : 스프링의 장력에 의해 압력밸브가 닫힌다.

③ 압력밸브는 물의 비등점을 높이고, 진공밸브는 냉각 상태를 유지할 때 과랭현상이 되는 것을 막아 주는 일을 한다.

▌ 실린더헤드에 균열이 생기거나 개스킷이 파손되면 압축가스가 누출되어 라디에이터 캡 쪽으로 기포가 생기면서 연소가스가 누출된다.

▌ 라디에이터 캡의 스프링이 파손되었을 때 가장 먼저 나타나는 현상은 냉각수 비등점이 낮아진다.

▌ 기관 온도계는 냉각 순환 시 냉각수의 온도를 나타낸다.

▌ 전동 팬

모터로 냉각팬을 구동하는 형식이며, 라디에이터에 부착된 서모 스위치는 냉각수의 온도를 감지하여 일정 온도에 도달하면 팬을 작동(냉각팬 ON)시키고, 일정 온도 이하로 내려가면 팬의 작동을 정지(냉각팬 OFF)시킨다.

▌ 팬 벨트의 장력

너무 클 때	• 각 풀리의 베어링 마멸이 촉진된다. • 워터펌프의 고속회전으로 기관이 과랭할 염려가 있다.
너무 작을 때	• 워터펌프 회전속도가 느려 기관이 과열되기 쉽다. • 발전기의 출력이 저하된다. • 소음이 발생하며, 팬 벨트의 손상이 촉진된다.

▌ 냉각수량 경고등 점등 원인

① 냉각수량이 부족할 때

② 냉각계통의 물 호스가 파손되었을 때

③ 라디에이터 캡이 열린 채로 운행하였을 때

▌ 부동액의 종류 : 메탄올(주성분 : 알코올), 에틸렌글리콜, 글리세린 등이 있다.

▌ 부동액이 구비하여야 할 조건

① 물과 쉽게 혼합될 것
② 침전물의 발생이 없을 것
③ 부식성이 없을 것
④ 비등점이 물보다 높을 것

[04] 윤활장치

▌ 윤활유의 기능

냉각작용, 응력분산작용, 방청작용, 마멸 방지 및 윤활작용, 밀봉작용, 청정분산작용

▌ 윤활유의 성질

① 인화점 및 발화점이 높을 것
② 점성이 적당하고, 온도에 따른 점도변화가 작을 것
③ 응고점이 낮을 것
④ 비중이 적당할 것
⑤ 강인한 유막을 형성할 것
⑥ 카본 생성이 적을 것
⑦ 열 및 산에 대한 안정성이 클 것
⑧ 청정작용이 클 것

▌ 윤활유의 점도

① SAE번호로 분류하며 여름은 높은 점도, 겨울은 낮은 점도를 사용한다.
② SAE번호가 큰 것일수록 점도가 높은 농후한 윤활유이고, SAE번호가 작을수록 점도가 낮은 윤활유를 나타낸다.
③ 윤활유의 점도가 기준보다 높은 것을 사용하면 윤활유 공급이 원활하지 못하여 윤활유 압력이 다소 높아진다.

▌ 점도지수(VI)

윤활유, 작동유 및 그리스 등이 온도의 변화로 점도에 주는 영향의 정도를 표시하는 지수로, 점도지수가 높을수록 온도 상승에 대한 점도변화가 작다.

▌ 유압이 높아지거나 낮아지는 원인

높아지는 원인	낮아지는 원인
• 유압조절밸브가 고착되었다. • 유압조절밸브 스프링의 장력이 매우 크다. • 오일 점도가 높거나(기관 온도가 낮을 때) 회로가 막혔다. • 각 저널과 베어링의 간극이 작다.	• 유압조절밸브의 접촉이 불량하고 스프링의 장력이 약하다. • 오일이 연료 등으로 희석되어 점도가 낮다. • 저널 및 베어링의 마멸이 과다하다. • 오일 통로에 공기가 유입되었다. • 오일펌프 설치 볼트의 조임이 불량하다. • 오일펌프의 마멸이 과대하다. • 오일 통로가 파손되었고 오일이 누출되고 있다. • 오일 팬 내의 오일이 부족하다.

▌ 유압조절밸브를 풀어 주면 압력이 낮아지고, 조여 주면 압력이 높아진다.

▌ 윤활유 소비 증대의 원인 : 연소와 누설

▌ 4행정 사이클의 윤활방식

① **압송식** : 크랭크축에 의해 구동되는 오일펌프가 오일 팬 안의 오일을 흡입, 가압하여 각 섭동부에 보내는 방식으로 일반적으로 사용된다.

② **비산식** : 커넥팅로드에 붙어 있는 주걱으로 오일 팬 안의 오일을 각 섭동부에 뿌리는 방식으로 소형 엔진에만 사용된다.

③ **비산압송식** : 비산식 + 압송식

▌ 오일여과기는 오일의 불순물을 제거한다.

▌ 기관의 오일여과기의 교환시기 : 윤활유 교환 시 여과기를 같이 교환한다.

▌ 오일의 여과방식

① **전류식** : 윤활유 공급펌프에서 공급된 윤활유 전부가 엔진오일필터를 거쳐 윤활부로 가는 방식

② **분류식** : 오일펌프에서 공급된 오일의 일부만 여과하여 오일 팬으로 공급하고, 남은 오일은 그대로 윤활부에 공급하는 방식

③ **션트식** : 오일펌프에서 공급된 오일의 일부만 여과하고, 여과된 오일은 오일 팬을 거치지 않고 여과되지 않은 오일과 함께 윤활부에 공급하는 방식

▌피스톤링 : 기밀작용, 열전도 작용, 오일 제어작용을 하며, 압축링과 오일링이 있다.

▌오일펌프 : 크랭크축 또는 캠축에 의해 구동되어 오일 팬 내의 오일을 흡입・가압하여 각 윤활부에 공급하는 장치이다.

▌배기가스의 색과 기관의 상태
  ① 무색 또는 담청색 : 정상연소
  ② 백색 : 엔진오일 혼합, 연소
  ③ 흑색 : 혼합비 농후
  ④ 엷은 황색 또는 자색 : 혼합비 희박
  ⑤ 황색에서 흑색 : 노킹 발생
  ⑥ 검은 연기 : 장비의 노후 및 연료의 품질 불량

[05] 흡배기장치(과급기)

▌유압장치에서 금속가루 또는 불순물을 제거하기 위해 사용되는 부품
  스트레이너(Strainer) : 펌프의 흡입 측에 붙여 여과작용을 하는 필터(Filter)의 명칭

▌공기청정기(Air Cleaner)
  흡입공기의 먼지 등을 여과하고, 흡입하는 공기에서의 소음을 줄이는 작용을 한다.

▌공기청정기의 효율 저하를 방지하기 위한 방법
  건식 공기청정기는 압축공기로 먼지 등을 안에서 밖으로 불어 내고, 습식 공기청정기는 세척유로 세척한다.

▌공기청정기가 흑색의 배기가스를 배출하는 원인
  ① 분사펌프의 불량으로 인한 과도한 연료의 분사
  ② 공기청정기의 막힘

▌ 과급기

① 실린더 밖에서 공기를 미리 압축하여 흡입행정 시기에 실린더 안으로 압축한 공기를 강제적으로 공급하는 장치를 말한다.

② **설치목적** : 체적효율을 향상시켜 기관 출력을 증대하는 목적으로 설치된다.

▌ 과급기를 구동하는 방식에 따른 구분

① **터보차저** : 배기가스의 유동에너지에 의해 구동

② **슈퍼차저** : 기관의 동력을 이용하여 구동

③ **전기식 과급기** : 모터를 이용하여 구동

▌ 머플러(소음기)

① 카본이 많이 끼면 기관이 과열되는 원인이 될 수 있다.

② 머플러가 손상되어 구멍이 나면 배기음이 커진다.

③ 카본이 쌓이면 기관 출력이 떨어진다.

02 | 건설기계전기

[01] 시동장치

▌ 옴의 법칙

도체에 흐르는 전류는 전압에 정비례하고, 저항에 반비례한다.

▌ 전류, 전압, 저항의 기호 및 단위

구 분	기 호	단 위
전 류	I	A(암페어)
전 압	V or E	V(볼트)
저 항	R	Ω(옴)

▌ 디젤기관의 시동 보조기구

① **감압장치** : 실린더 내의 압축압력을 감압시켜 기동전동기에 무리가 가는 것을 방지
② **예열장치**

　　㉠ 흡기가열 방식 : 흡기히터, 히트레인지
　　㉡ 예열플러그 방식 : 예열플러그, 예열플러그 파일럿, 예열플러그 저항기, 히트릴레이 등

▌ 예열플러그

① **정상상태** : 예열플러그가 15~20초에서 완전히 가열된 경우
② **사용시기** : 추운 날씨에 연소실로 유입된 공기를 데워 시동성을 향상시켜 준다.
③ **종 류**

　　㉠ 코일형 : 히트코일이 노출되어 있어 공기와의 접촉이 용이하며, 적열 상태는 좋으나 부식에 약하며, 배선은 직렬로 연결되어 있다.
　　㉡ 실드형 : 금속튜브 속에 히트코일, 홀딩 핀이 삽입되어 있고, 코일형에 비해 적열 상태가 늦으며, 배선은 병렬로 연결되어 있다(예열시간 60~90초). 또한 저항기가 필요하지 않다.

▌ 스파크 플러그(점화플러그)는 가솔린기관의 구성품이다.

▌ 디젤기관이 시동되지 않는 원인

① 기관의 압축압력이 낮다.

② 연료계통에 공기가 혼입되어 있다.

③ 연료가 부족하다.

④ 연료공급펌프가 불량이다.

▌ 디젤기관의 시동을 용이하게 하기 위한 방법

① 압축비를 높인다.

② 흡기온도를 상승시킨다.

③ 겨울철에 예열장치를 사용한다.

④ 시동 시 회전속도를 높인다.

▌ 디젤기관을 시동할 때의 주의사항

① 기온이 낮을 때는 예열 경고등이 소등되면 시동한다.

② 기관 시동은 각종 조작레버가 중립 위치에 있는지 확인한 후 행한다.

③ 공회전을 필요 이상으로 하지 않는다.

④ 기관이 시동되면 바로 손을 뗀다. 그렇지 않고 계속 잡고 있으면 전동기가 소손되거나 탄다.

▌ 엔진오일의 양과 냉각수량 점검은 기관을 시동하기 전에 해야 할 가장 일반적인 점검 사항이다.

[02] 축전지

▌ 전류의 3대 작용과 응용

① **자기작용** : 전동기, 발전기, 솔레노이드 기구 등

② **발열작용** : 전구, 예열플러그

③ **화학작용** : 축전지의 충·방전작용

▌ 축전지(배터리)

건설기계의 각 전기장치를 작동하는 전원으로 사용되며, 발전기의 여유전력을 충전하였다가 필요시 전기장치 각 부분에 전기를 공급한다.

▌ 건설기계기관에서 축전지를 사용하는 주된 목적은 기동전동기의 작동이다.

■ 축전지의 양극과 음극 단자를 구별하는 방법

구 분	양 극	음 극
문 자	POS	NEG
부 호	+	−
직경(굵기)	음극보다 굵다.	양극보다 가늘다.
색 깔	빨간색	검은색
특 징	부식물이 많은 쪽	

■ 납산축전지

① 축전지의 용량은 극판의 크기, 극판의 수, 전해액(황산)의 양에 의해 결정된다.

② 양극판은 과산화납, 음극판은 해면상납을 사용하며, 전해액은 묽은 황산을 이용한다.

③ 납산축전지를 방전하면 양극판과 음극판의 재질은 황산납이 된다.

④ 1개 셀의 양극과 음극의 (+ / −)의 단자 전압은 2V이며, 12V를 사용하는 자동차의 배터리는 6개의 셀을 직렬로 접속하여 형성되어 있다.

■ 병렬연결과 직렬연결

같은 용량, 같은 전압의 축전지를 병렬연결하면 용량은 2배이고, 전압은 한 개일 때와 같다. 직렬연결하면 전압이 상승되어 2배가 되고, 용량은 같다.

■ 축전지의 수명을 단축하는 요인

① 전해액의 부족으로 극판의 노출로 인한 설페이션

② 전해액에 불순물이 함유된 경우

③ 전해액의 비중이 너무 높을 경우

④ 충전 부족으로 인한 설페이션

⑤ 과충전으로 인한 온도 상승, 격리판의 열화, 양극판의 격자 균열, 음극판의 페이스트 연화

⑥ 과방전으로 인한 음극판의 굽음 또는 설페이션

⑦ 내부에서 극판이 단락 또는 탈락이 된 경우

■ 축전지의 취급

① 축전지의 방전이 거듭될수록 전압이 낮아지고, 전해액의 비중도 낮아진다.

② 전해액이 자연 감소된 축전지의 경우 증류수를 보충하면 된다.

③ 전해액을 만들 때는 황산을 증류수에 부어야 한다. 증류수를 황산에 부어 주면 폭발할 수 있다.

④ 전해액의 온도와 비중은 반비례한다.

▌ 전해액 비중에 의한 충전상태

① 100% 충전 : 1.260 이상
② 75% 충전 : 1.210 정도
③ 50% 충전 : 1.150 정도
④ 25% 충전 : 1.100 정도
⑤ 0% 상태 : 1.050 정도

▌ 축전지 급속충전 시 주의사항

① 통풍이 잘되는 곳에서 한다.
② 충전 중인 축전지에 충격을 가하지 않도록 한다.
③ 전해액 온도가 45℃를 넘지 않도록 특별히 유의한다.
④ 충전시간은 가능한 한 짧게 한다.
⑤ 축전지를 건설기계에서 탈착하지 않고, 급속충전할 때에는 양쪽 케이블을 분리해야 한다.
⑥ 충전 시 발생되는 수소가스는 가연성·폭발성이므로 주변에 화기, 스파크 등의 인화 요인을
  제거하여야 한다.

▌ 자기방전은 전해액의 온도·습도·비중이 높을수록, 날짜가 경과할수록 방전량이 크다.

▌ 납산축전지를 방전하면 양극판과 음극판은 황산납으로 바뀐다. 충전 중에는 양극판의 황산납은
  과산화납으로, 음극판의 황산납은 해면상납으로 변한다.

▌ 축전지의 케이스와 커버를 청소할 때에는 소다(탄산나트륨)와 물 또는 암모니아수로 한다.

▌ 배터리의 충전상태를 측정할 수 있는 게이지는 비중계이다.

[03] 시동전동기

▌ 기동전동기(시동모터, 스타트 모터)는 건설기계 차량에서 가장 큰 전류가 흐른다.

▌ 직류전동기의 종류와 특성

종 류	특 성	장 점	단 점
직권전동기	전기자코일과 계자코일이 직렬로 결선된 전동기	기동 회전력이 크다.	회전속도의 변화가 크다.
분권전동기	전기자코일과 계자코일이 병렬로 결선된 전동기	회전속도가 거의 일정하다.	회전력이 비교적 작다.
복권전동기	전기자코일과 계자코일이 직병렬로 결선된 전동기	회전속도가 거의 일정하고, 회전력이 비교적 크다.	직권전동기에 비해 구조가 복잡하다.

▌ 기동전동기 작동부분
① 전동기 : 회전력이 발생
　　㉠ 회전부분 : 전기자, 정류자
　　㉡ 고정부분 : 자력을 발생시키는 계자코일, 계자철심, 브러시
　　※ 계자철심은 기동전동기에서 자력선을 잘 통과시키고 동시에 맴돌이 전류를 감소시키는 작용을 한다.
② 동력전달기구 : 회전력을 기관에 전달
　　㉠ 벤딕스식
　　㉡ 전기자 섭동식
　　㉢ 피니언 섭동식
　　㉣ 오버러닝 클러치 : 기동전동기의 전기자 축으로부터 피니언기어로는 동력이 전달되나 피니언기어로부터 전기자 축으로는 동력이 전달되지 않도록 해 주는 장치
③ 솔레노이드 스위치(마그넷 스위치) : 기동전동기 회로에 흐르는 전류를 단속하는 역할과 기동전동기의 피니언과 링기어를 맞물리게 하는 역할을 담당
　　㉠ 풀인 코일(Pull-in Coil) : 전원과 직렬로 연결되어 플런저를 잡아당기는 역할
　　㉡ 홀드인 코일(Hold-in Coil) : 흡인된 플런저를 유지하는 역할

▌ 겨울철에 기동전동기 크랭킹 회전수가 낮아지는 원인
① 엔진오일의 점도가 상승
② 온도에 의한 축전지의 용량 감소
③ 기온 저하로 기동부하 증가

▌시동전동기 취급 시 주의사항

① 기관이 시동된 상태에서 시동스위치를 켜서는 안 된다.

② 전선 굵기는 규정 이하의 것을 사용하면 안 된다.

③ 시동전동기의 회전속도가 규정 이하이면 오랜 시간 연속회전시켜도 시동이 되지 않으므로 회전
속도에 유의해야 한다.

④ 시동전동기의 연속 사용 기간은 30초 이내이다.

[04] 충전장치

▌충전장치의 개요

① 건설기계의 전원을 공급하는 것은 발전기와 축전지이다.

② 발전기는 플레밍의 오른손법칙을 이용하여 기계적 에너지를 전기적 에너지로 변화시킨다.

③ 축전지는 발전기가 충전시킨다.

④ 발전량이 부하량보다 적을 경우에는 축전지가 전원으로 사용된다.

⑤ 발전량이 부하량보다 많을 때는 발전기를 전원으로 사용한다.

▌기전력을 발생시키는 요소

① 로터 코일이 빠른 속도로 회전하면 많은 기전력을 얻을 수 있다.

② 로터 코일을 통해 흐르는 전류(여자전류)가 큰 경우 기전력은 크다.

③ 자극의 수가 많을수록 크다.

④ 권선수가 많은 경우, 도선(코일)의 길이가 긴 경우는 자력이 크다.

▌교류(AC)발전기의 특징

① 속도변화에 따른 적용 범위가 넓고, 소형이며 경량이다.

② 실리콘 다이오드로 정류하므로 전기적 용량이 크다.

③ 저속에서도 충전 가능한 출력전압이 발생한다.

④ 출력이 크고, 고속회전에 잘 견딘다.

⑤ 다이오드를 사용하기 때문에 정류 특성이 좋다.

⑥ 브러시 수명이 길다.

▌건설기계장비의 충전장치로는 3상 교류발전기를 많이 사용하고 있다.

▍ 교류발전기와 직류발전기의 비교

구 분		교류발전기 (AC Generator, Alternator)	직류발전기 (DC Generator)
구 조		스테이터, 로터, 슬립링, 브러시, 다이오드(정류기)	전기자, 계자철심, 계자코일, 정류자, 브러시
조정기		전압조정기	전압조정기, 전류조정기, 컷아웃 릴레이
기 능	전류발생	스테이터	전기자(아마추어)
	정류작용(AC → DC)	실리콘 다이오드	정류자, 브러시
	역류방지	실리콘 다이오드	컷아웃 릴레이
	여자형성	로 터	계자코일, 계자철심
	여자방식	타여자식(외부전원)	자여자식(잔류자기)

▍ 교류발전기의 출력 조정 : 로터 전류를 변화시켜 조정

교류발전기의 스테이터는 외부에 고정되어 있는 상태이며, 내부에 전자석이 되는 로터가 회전함에
따라 스테이터에서 전류가 발생하는 구조이다.

▍ 교류발전기(Alternator)의 전압조정기(Regulator)의 종류

접점식, 트랜지스터식, IC전압조정기

▍ IC전압조정기의 특징

① 조정 전압의 정밀도 향상이 크다.
② 내열성이 크며, 출력을 증대시킬 수 있다.
③ 진동에 의한 전압 변동이 없고, 내구성이 크다.
④ 초소형화가 가능하므로 발전기 내에 설치할 수 있다.
⑤ 외부의 배선을 간략화시킬 수 있다.
⑥ 축전지 충전 성능이 향상되고, 각 전기 부하에 적절한 전력공급이 가능하다.

▍ 직류발전기의 전기자는 계자코일 내에서 회전하며, 교류기전력이 발생된다.

▍ 발전기 출력 및 축전지 전압이 낮을 때의 원인

① 조정 전압이 낮을 때
② 다이오드가 단락되었을 때
③ 축전지 케이블 접속이 불량할 때
④ 충전회로에 부하가 클 때

[05] 조명장치

▍ 측광단위

구 분	정 의	기 호	단 위
조 도	피조면의 밝기	E	lx(럭스)
광 도	빛의 세기	I	cd(칸델라)
광 속	광원에 의해 초(sec)당 방출되는 가시광의 전체량	F	lm(루멘)

▍ **전조등 회로의 구성부품**
　전조등 릴레이, 전조등 스위치, 디머 스위치, 전조등 전구, 전조등 퓨즈 등

▍ 건설기계장비에 설치되는 좌우 전조등 회로의 연결방법은 병렬연결이다.

▍ 실드빔식 전조등은 필라멘트가 끊어진 경우 렌즈나 반사경에 이상이 없어도 전조등 전부를 교환하여야 하고, 세미실드빔식 전조등은 전구와 반사경을 분리, 교환할 수 있다.

▍ **플래셔 유닛** : 방향등으로의 전원을 주기적으로 끊어 주어 방향등을 점멸하게 하는 장치

▍ 전조등 회로에서 퓨즈의 접촉이 불량할 때 전류의 흐름이 나빠지고, 퓨즈가 끊어질 수 있다.

▍ 퓨즈의 재질은 납과 주석의 합금이고, 퓨즈 대용으로 철사 사용 시 화재의 위험이 있다.

▍ **전기안전 관련 사항**
　① 전선의 연결부는 되도록 저항을 적게 해야 한다.
　② 전기장치는 반드시 접지하여야 한다.
　③ 명시된 용량보다 높은 퓨즈를 사용하면 화재의 위험이 있기 때문에 퓨즈 교체 시에는 반드시 같은 용량의 퓨즈로 바꿔야 한다.
　④ 계측기는 최대 측정범위를 초과하지 않도록 해야 한다.

[06] 계기류

▌ 운전 중 엔진오일 경고등이 점등되었을 때의 원인
　　① 오일 드레인 플러그가 열렸을 때
　　② 윤활계통이 막혔을 때
　　③ 오일필터가 막혔을 때
　　④ 오일이 부족할 때
　　⑤ 오일 압력 스위치 배선이 불량할 때
　　⑥ 엔진오일의 압력이 낮을 때

▌ 경음기 스위치를 작동하지 않아도 경음기가 계속 울리는 원인
　　경음기 릴레이의 접점이 용착되었기 때문이다.

▌ 디젤기관을 공회전 시 유압계의 경보램프가 꺼지지 않는 원인
　　① 오일 팬의 유량 부족
　　② 유압조정밸브 불량
　　③ 오일여과기 막힘

03 | 건설기계섀시

[01] 동력전달장치

▌ 클러치의 필요성

① 기관 시동 시 기관을 무부하 상태로 하기 위해
② 관성운동을 하기 위해
③ 기어변속 시 기관의 동력을 차단하기 위해

▌ 클러치판

변속기 입력축의 스플라인에 조립되어 있으며, 클러치 축을 통해 변속기에 동력을 전달 및 차단한다.

▌ 클러치페달

① 펜던트식과 플로어식이 있다.
② 페달 자유유격은 일반적으로 20~30mm 정도로 조정한다.
③ 클러치판이 마모될수록 자유 간극이 작아져 미끄러진다.
④ 클러치가 완전히 끊긴 상태에서도 발판과 페달과의 간격은 20mm 이상 확보해야 한다.

▌ 클러치가 연결된 상태에서 기어변속을 하면 기어에서 소리가 나고, 기어가 상한다.

▌ 기계의 보수·점검 시 클러치의 상태 확인은 운전 상태에서 해야 하는 작업이다.

▌ 변속기의 필요성

① 기관의 회전속도와 바퀴의 회전속도비를 주행저항에 대응하여 변경한다.
② 기관과 구동축 사이에서 회전력을 변환시켜 전달한다.
③ 기관을 무부하 상태로 한다.
④ 바퀴의 회전방향을 역전시켜 차의 후진을 가능하게 한다.
⑤ 정차 시 기관의 공전운전을 가능하게 한다(중립).

▌ 변속기의 구비조건

① 소형·경량이며, 수리하기가 쉬울 것
② 변속 조작이 쉽고, 신속·정확·정숙하게 이루어질 것
③ 단계가 없이 연속적으로 변속되어야 할 것
④ 전달효율이 좋을 것

▌ 수동변속기 장치

① 인터로크 장치 : 기어의 이중물림 방지 장치
② 로킹 볼 장치 : 기어물림의 빠짐 장치
③ 싱크로나이저 링 : 기어변속 시 회전속도가 같아지도록 기어물림을 원활히 해 주는 기구(변속 시에만 작동)

▌ 자재이음

① 추진축의 각도 변화를 가능하게 하는 이음
② 추진축 앞뒤에 십자축 자재이음을 두는 이유는 회전 시 발생하는 각속도의 변화를 상쇄시키기 위해서이다.

▌ 차동기어장치

① 선회할 때 좌우 구동바퀴의 회전속도를 다르게 한다.
② 선회할 때 바깥쪽 바퀴의 회전속도를 증대시킨다.
③ 보통의 차동기어장치는 노면 저항을 적게 받는 구동바퀴에 회전속도를 빠르게 할 수 있다.

▌ 토크컨버터의 구성부품

유체 클러치의 펌프(임펠러), 터빈(러너), 스테이터, 가이드 링, 댐퍼클러치 등이다.
※ 가이드 링은 유체 클러치에서 와류를 감소시키는 장치이다.

▌ 유체 클러치와 토크컨버터의 차이점

토크컨버터에는 임펠러, 터빈 외에 토크컨버터의 오일의 흐름 방향을 바꾸어 주는 스테이터라는 날개가 하나 더 있다.

▌ 토크컨버터 오일의 구비조건

① 비중이 클 것
② 점도가 낮을 것

③ 착화점이 높을 것

④ 융점이 낮을 것

⑤ 유성이 좋을 것

⑥ 내산성이 클 것

⑦ 윤활성이 클 것

⑧ 비등점이 높을 것

[02] 제동장치

▌ 제동장치의 구비조건

① 조작이 간단하고, 운전자에게 피로감을 주지 않을 것

② 브레이크를 작동시키지 않을 때에는 각 바퀴의 회전이 전혀 방해되지 않을 것

③ 최소속도와 차량중량에 대해 항상 충분한 제동작용을 하며, 작동이 확실할 것

④ 신뢰성이 높고, 내구력이 클 것

▌ 브레이크를 밟았을 때 차가 한쪽 방향으로 쏠리는 원인

① 드럼이 변형되었을 때

② 타이어의 좌우 공기압이 다를 때

③ 드럼 슈에 그리스나 오일이 붙었을 때

④ 휠 얼라인먼트가 잘못되어 있을 때

▌ 브레이크 파이프 내에 베이퍼 로크(베이퍼록)가 발생하는 원인

① 드럼의 과열

② 지나친 브레이크 조작

③ 잔압의 저하

④ 오일의 변질에 의한 비등점의 저하

▌ 타이어식 건설기계에서 전후 주행이 되지 않을 때 점검사항

① 변속장치를 점검한다.

② 유니버설 조인트를 점검한다.

③ 주차 브레이크 잠김 여부를 점검한다.

[03] 조향장치

▌ 액슬 샤프트 지지 형식에 따른 분류

① 전부동식 : 자동차의 모든 중량을 액슬 하우징에서 지지하고 차축은 동력만을 전달하는 방식

② 반부동식 : 차축에서 1/2, 하우징이 1/2 정도의 하중을 지지하는 형식

③ 3/4부동식 : 차축은 동력을 전달하면서 하중은 1/4 정도만 지지하는 형식

④ 분리식 차축 : 승용차량의 후륜 구동차나 전륜 구동차에 사용되며, 동력을 전달하는 차축과 자동차 중량을 지지하는 액슬 하우징을 별도로 조립한 방식

▌ 조향기어 백래시가 작으면 핸들이 무거워지고, 너무 크면 핸들의 유격이 커진다.

▌ 타이로드 : 타이어식 건설기계에서 조향바퀴의 토인을 조정하는 곳이다.

▌ 앞바퀴 정렬의 역할

① 토인의 경우 : 타이어 마모를 최소로 한다.

② 캐스터, 킹핀 경사각의 경우 : 조향 시에 바퀴에 복원력을 준다.

③ 캐스터의 경우 : 방향 안정성을 준다.

④ 캠버, 킹핀 경사각의 경우 : 조향핸들의 조작을 작은 힘으로 쉽게 할 수 있다.

▌ 토인의 필요성

① 타이어의 이상마멸을 방지한다.

② 조향바퀴를 평행하게 회전시킨다.

③ 바퀴가 옆방향으로 미끄러지는 것을 방지한다.

▌ 캠버의 필요성

① 수직하중에 의한 앞차축의 휨을 방지한다.

② 조향핸들의 조향 조작력을 가볍게 한다.

③ 하중을 받았을 때 바퀴의 아래쪽이 바깥쪽으로 벌어지는 것을 방지한다.

▌ 조향핸들의 유격이 커지는 원인

① 피트먼 암의 헐거움

② 조향기어, 링키지 조정 불량

③ 앞바퀴 베어링 과대 마모

④ 조향바퀴 베어링 마모

⑤ 타이로드의 엔드볼 조인트 마모

▌ 조향장치의 핸들 조작이 무거운 원인

① 유압이 낮다.

② 오일이 부족하다.

③ 유압계통 내에 공기가 혼입되었다.

④ 타이어의 공기압력이 너무 낮다.

⑤ 오일펌프의 회전이 느리다.

⑥ 오일펌프의 벨트가 파손되었다.

⑦ 오일호스가 파손되었다.

⑧ 앞바퀴 휠 얼라인먼트가 불량하다.

[04] 주행장치

▌ 타이어의 구조

① **트레드** : 직접 노면과 접촉하는 부분으로 카커스와 브레이커를 보호하는 역할

② **숄더** : 타이어의 트레드로부터 사이드 월에 이어지는 어깨 부분(트레드 끝 각)

③ **사이드 월** : 타이어 측면부이며, 표면에는 상표명, 사이즈, 제조번호 안전표시, 마모한계 등의 정보를 표시

④ **카커스** : 타이어의 골격부

⑤ **벨트** : 트레드와 카커스 사이에 삽입된 층

⑥ **비드** : 림과 접촉하는 부분

⑦ **그루브** : 트레드에 패인 깊은 홈 부분

⑧ **사이프** : 트레드에 패인 얕은 홈 부분

⑨ **이너 라이너** : 타이어 내면의 고무층으로 공기가 바깥으로 새어 나오지 못하도록 막아 주는 역할

▌ 트레드가 마모되면 지면과 접촉면적은 커지고, 마찰력이 감소되어 제동성능이 나빠진다.

▌ 타이어 호칭 치수

　① 저압타이어 : 타이어 폭(inch) - 타이어 내경 - 플라이 수
　② 고압타이어 : 타이어 외경(inch) - 타이어 폭 - 플라이 수

[05] 무한궤도장치

▌ 트랙의 주요 구성품

　슈, 부싱, 핀, 링크 등으로 구성되어 있다.

▌ 트랙 슈의 종류

　단일돌기 슈, 이중돌기 슈, 삼중돌기 슈, 습지용 슈, 고무 슈, 암반용 슈, 평활 슈, 건지형 슈, 스노
　슈 등

▌ 무한궤도식 건설기계에서 리코일 스프링의 주된 역할은 주행 중 트랙 전면에서 오는 충격완화이다.

▌ 무한궤도식 건설기계에서 트랙 장력 조정은 긴도 조정 실린더로 한다.

▌ 트랙 장력이 너무 팽팽하게 조정되었을 때 발생하는 현상

　① 상하부 롤러, 링크, 프런트 아이들러 등의 조기 마모
　② 트랙 핀, 부싱, 스프로킷의 마모

▌ 트랙이 벗겨지는 원인

　① 트랙이 너무 이완되었을 때(트랙의 장력이 너무 느슨하거나, 트랙의 유격이 너무 클 때)
　② 전부 유동륜과 스프로킷의 상부 롤러가 마모되었을 때
　③ 전부 유동륜과 스프로킷의 중심이 맞지 않을 때(트랙 정렬 불량)
　④ 고속주행 중 급커브를 돌았을 때(급선회 시)
　⑤ 리코일 스프링의 장력이 부족할 때
　⑥ 경사지에서 작업할 때

04 | 로더작업장치

[01] 로더 구조

▌ 로 더

로더란 트랙터 앞부분에 셔블장치(Shovel Attachment) 등을 부착하여 토사, 자갈, 골재 등을 운반하고, 덤프트럭(Dump Truck)에 상차하거나 여러 가지 부대장치(Attachment)를 사용하여 노면청소, 원목작업 등을 하는 건설기계이다. 트랙터 전면에 버킷(Bucket)을 장착한 것이 로더의 표준형이며, 규격은 표준 버킷의 산적용량(m^3)으로 표시한다.

▌ 건설기계관리법상 로더의 범위(건설기계관리법 시행령 [별표 1])

무한궤도 또는 타이어식으로 적재장치를 가진 자체중량 2ton 이상인 것. 다만, 차체굴절식 조향장치가 있는 자체중량 4ton 미만인 것은 제외한다.

▌ 로더의 분류

① **휠로더(Wheel Loader)**
  ㉠ 타이어식 로더로서 건설현장에서 가장 많이 사용된다.
  ㉡ 버킷 또는 포크를 2~3m 정도 들어 올리거나 내릴 수 있다.
  ㉢ 허리굴절식 조향장치를 갖기 때문에 로더의 크기에 비해 회전반경이 작다.
② **무한궤도 로더(Crawler Loader)** : 무한궤도식 트랙을 갖고 있어 단단한 지반에서의 작업이 어렵다. 주로 암석이나 습지 등 연약하거나 다짐이 좋지 않은 지반과 협소한 건물 지하 등에서 작업하는 데 사용된다.
③ **스키드 로더(Skid Steer Loader)** : 소형 로더로서 방향전환 시 타이어 방향이 틀어지지 않고 그대로 직선상에 있으며, 한쪽 바퀴는 전진하고 반대쪽 바퀴가 후진하면서 방향전환을 하기 때문에 제자리에서 360° 회전이 가능하다. 좁은 공간의 현장 및 농가 등에서 다목적으로 사용하고 있다.
④ **백호 로더** : 전방 적재작업과 후방 굴착작업이 동시에 가능한 로더로서 소규모 굴착작업이 가능하다.

▌ 로더의 버킷(Bucket, Attachment) 종류

표준형 버킷, 사이드 스윙 버킷, 슬라이드 포크, 로그 포크(원목용 집게), 브러시(도로청소용), 도로파쇄기 등

▌ 로더의 동력전달장치

① **동력전달 순서** : 엔진 → 토크컨버터 → 유압변속기 → 종감속장치 → 구동륜
② 토크컨버터는 변속기 앞부분에서 동력을 받고 변속기와 함께 알맞은 회전비와 토크의 비를 조정한다.
③ 종감속장치는 종감속기어와 차동장치로 구성되어 있으며, 종감속기어는 최종 감속과 구동력을 증대한다. 또한 차동제한장치가 사지·습지 등에서 타이어가 미끄러지는 것을 방지한다.
④ 바퀴는 구동차축에 설치되며, 허브에 링기어가 고정된다.

▌ 로더의 조향방식

① 후륜 조향방식
② 조향 클러치 방식
③ 허리꺾기 조향방식

[02] 작업방법

▌ 로더의 작업방법

① **굴착작업** : 굴착작업 전 지면을 평탄하게 작업한다. 이때의 굴착작업은 무한궤도식이 유리하다. 또한 토사를 가득 채웠을 경우 버킷을 뒤로 오므려 큰 힘을 받도록 한다.
② **토사깎기 작업** : 깎이는 깊이의 조정은 붐을 상승시키거나 버킷을 복귀시켜 하여야 하며, 버킷에는 로더의 자체중량이 함께 작용하도록 작업한다. 이때의 버킷 각도는 5° 정도 기울여 깎는다. 특별한 상황을 제외한 경우에는 로더가 항상 평행이 되도록 작업하도록 한다.
③ **지면고르기 작업** : 파여진 지면은 작업 전 메워 놓고, 한 번의 작업을 마친 후에는 로더를 45° 회전시켜 반복하여 작업한다.
④ **상차작업** : V형 작업, T형 작업, I형 작업 등이 있다.
⑤ **토공작업** : 토사 등을 직접 굴착, 적재, 운반, 운송, 살포하고 다지는 등의 작업을 말한다.

▌ 로더작업 시 유의사항

① 현장에서 이동할 때에는 작업 구간의 좌측을 이용하며, 이동 시 현장에 있는 다른 작업자의 이동경로를 파악해 두어야 한다.

② 사전에 지정한 경로 이외에 다른 경로를 운행하지 않는다. 다만 작업공정상 부득이한 경우에는 작업관리자의 동의하에 운행한다.

③ 신호수의 신호 및 안전관리자의 지시를 준수하여야 하며, 충분한 작업시야를 확보하도록 한다.

④ 경사지를 내려올 때는 중립상태로 주행하지 말고, 반드시 기어를 넣고 주행하며, 버킷을 지면에서 20~30cm 정도로 들고 운행하여 긴급상황 발생 시 브레이크 역할로서 사용할 수 있도록 한다.

⑤ 버킷을 지면에서 30~50cm 들어 올린 후 버킷을 수평으로 하고 이동한다.

⑥ 버킷에 흙을 평적 이상 채운 경우 버킷을 지면에서 약 60~90cm 정도 들고 유지하면서 이동한다.

⑦ 조종사는 현장 내의 운행제한 속도를 준수하며, 현장과 연결된 일반도로를 통행하여야 할 때에는 도로교통법을 준수하여야 한다. 또한, 조종사가 운전석을 이탈할 때에는 시동키를 장비에서 분리시키도록 한다.

⑧ 주차 시에는 평탄한 곳에 장비를 주차하고, 주차 브레이크를 작동한 후 버킷을 지면에 내려놓고, 하차하여 고임목을 설치한다.

05 | 유압일반

[01] 유압유

❚ 유압 작동유의 주요 기능
① 윤활작용
② 냉각작용
③ 부식을 방지
④ 동력전달 기능
⑤ 필요한 요소 사이를 밀봉

❚ 유압 작동유가 갖추어야 할 조건
① 동력을 확실하게 전달하기 위한 비압축성일 것
② 내연성, 점도지수, 체적탄성계수 등이 클 것
③ 산화안정성이 있을 것
④ 유동점·밀도, 독성, 휘발성, 열팽창계수 등이 작을 것
⑤ 열전도율, 장치와의 결합성, 윤활성 등이 좋을 것
⑥ 발화점·인화점이 높고, 온도변화에 대해 점도변화가 작을 것
⑦ 방청·방식성이 있을 것
⑧ 비중이 낮고 기포의 생성이 적을 것
⑨ 강인한 유막을 형성할 것
⑩ 물, 먼지 등의 불순물과 분리가 잘될 것

❚ 유압유의 점도
① 유압유의 성질 중 가장 중요하다.
② 점성의 점도를 나타내는 척도이다.
③ 오일의 온도에 따른 점도변화를 점도지수로 표시한다.
④ 점도지수가 높은 오일은 온도변화에 대하여 점도의 변화가 작다.
⑤ 온도가 상승하면 점도는 저하되고, 온도가 내려가면 점도는 높아진다.
⑥ 유압유에 점도가 다른 오일을 혼합하였을 경우 열화현상을 촉진시킨다.

유압유의 점도가 너무 높을 경우	유압유의 점도가 너무 낮을 경우
• 유동저항의 증가로 인한 압력손실 증가 • 동력손실 증가로 기계효율 저하 • 내부마찰의 증대에 의한 온도 상승 • 소음 또는 공동현상 발생 • 유압기기 작동의 둔화	• 압력 저하로 정확한 작동 불가 • 유압펌프, 모터 등의 용적효율 저하 • 내부 오일의 누설 증대 • 압력 유지의 곤란 • 기기의 마모 가속화

▌ 윤활유 첨가제의 종류

극압 및 내마모 첨가제, 부식 및 녹방지제, 유화제, 소포제, 유동점 강하제, 청정분산제, 산화방지제, 점도지수 향상제 등

▌ 유압장치에서 오일에 거품(기포)이 생기는 이유

① 오일탱크와 펌프 사이에서 공기가 유입될 때
② 오일이 부족할 때
③ 펌프 축 주위의 토출 측 실(Seal)이 손상되었을 때

▌ 유압회로 내에 기포가 발생하면 일어나는 현상

① 열화 촉진, 소음 증가
② 오일탱크의 오버플로
③ 공동현상, 실린더 숨 돌리기 현상

▌ 유압 작동유에 수분이 미치는 영향

① 작동유의 윤활성을 저하시킨다.
② 작동유의 방청성을 저하시킨다.
③ 작동유의 산화와 열화를 촉진시킨다.
④ 오일과 유압기기의 수명을 감소시킨다.

▌ 작동유의 열화를 판정하는 방법

① 흔들었을 때 생기는 거품이 없어지는 양상 확인
② 점도 상태로 확인
③ 색깔의 변화나 수분, 침전물의 유무 확인
④ 자극적인 악취 유무(냄새)로 확인

▌ **유압유의 점검사항** : 점도, 내마멸성, 소포성, 윤활성 등

▌ 유압오일의 온도가 상승하는 원인
　① 고속 및 과부하 상태로 연속작업했을 때
　② 오일냉각기가 불량일 때
　③ 오일의 점도가 부적당할 때

▌ 작동유 온도 상승 시 유압계통에 미치는 영향
　① 점도 저하에 의해 오일 누설이 증가한다.
　② 펌프 효율이 저하된다.
　③ 밸브류의 기능이 저하된다.
　④ 작동유의 열화가 촉진된다.
　⑤ 작동 불량 현상이 발생한다.
　⑥ 온도변화에 의해 유압기기가 열변형되기 쉽다.
　⑦ 기계적인 마모가 발생할 수 있다.

▌ 오일탱크의 구성품
　스트레이너, 배플, 드레인 플러그, 주입구 캡, 유면계 등

▌ 오일탱크 내 오일의 적정온도 범위 : 30~50℃

▌ 드레인 플러그는 오일탱크 내의 오일을 전부 배출시킬 때 사용된다.

▌ 플러싱
　유압계통의 오일장치 내에 슬러지 등이 생겼을 때 이것을 용해하여 장치 내를 깨끗이 하는 작업

▌ 플러싱 후의 처리방법
　① 작동유 탱크 내부를 다시 청소한다.
　② 유압유는 플러싱이 완료된 후 즉시 보충한다.
　③ 잔류 플러싱 오일을 반드시 제거하여야 한다.
　④ 라인필터 엘리먼트를 교환한다.

[02] 유압기기

▌ 압력(P) = 단위면적(A)에 미치는 힘(F), $P = F/A$

▌ 압력의 단위 : atm, psi, bar, kgf/cm^2, kPa, mmHg 등

▌ 유압장치 : 오일의 유체에너지를 이용하여 기계적인 일을 하는 장치

▌ 유압장치의 작동원리 : 밀폐된 용기에 채워진 유체의 일부에 압력을 가하면 유체 내의 모든 곳에 같은 크기로 전달된다는 파스칼의 원리를 응용한 것이다.

▌ 유압장치의 기본 구성요소
① **유압발생장치** : 유압펌프, 오일탱크 및 배관, 부속장치(오일냉각기, 필터, 압력계)
② **유압제어장치** : 유압원으로부터 공급받은 오일을 일의 크기, 방향, 속도를 조정하여 작동체로 보내 주는 장치(방향전환밸브, 압력제어밸브, 유량조절밸브)
③ **유압구동장치** : 유체에너지를 기계적 에너지로 변환시키는 장치(유압모터, 요동모터, 유압실린더 등)

▌ 유압장치의 장단점

장 점	• 작은 동력원으로 큰 힘을 낼 수 있다. • 과부하 방지가 용이하다. • 운동 방향을 쉽게 변경할 수 있다. • 에너지 축적이 가능하다.
단 점	• 고장원인의 발견이 어렵고, 구조가 복잡하다.

▌ 유압장치의 부품을 교환 후 우선 시행하여야 할 작업은 유압장치의 공기빼기이다.

▌ 유압 구성품을 분해하기 전에 내부압력을 제거하려면 기관 정지 후 조정레버를 모든 방향으로 작동하여야 한다.

▌ 유압 액추에이터(작업장치)를 교환하였을 경우 반드시 해야 할 작업
공기빼기 작업, 누유 점검, 공회전 작업

[03] 유압펌프

▌ **원동기와 펌프**
  ① 원동기 : 열에너지를 기계적 에너지로 전환하는 장치
  ② 펌프 : 원동기의 기계적 에너지를 유체에너지로 전환시키는 장치

▌ **유압펌프(압유공급)**
  유압탱크에서 유압유를 흡입하고, 압축하여 유압장치의 관로를 따라 액추에이터로 공급
  ① **정토출량형** : 기어펌프, 베인펌프 등
  ② **가변토출량형** : 피스톤펌프, 베인펌프 등

▌ **용적식 펌프의 종류**
  ① **왕복식** : 피스톤펌프, 플런저펌프
  ② **회전식** : 기어펌프, 베인펌프, 나사펌프 등

▌ **유량** : 단위시간에 이동하는 유체의 체적

▌ 유량 단위는 분당 토출량인 GPM으로 표시한다.

▌ 유압펌프에서 토출량은 펌프가 단위시간당 토출하는 액체의 체적이다.

▌ 유압펌프의 용량은 주어진 압력과 그때의 토출량으로 표시한다.

▌ 작동유의 점도가 낮으면 유압펌프에서 토출이 가능하다.

▌ **유압펌프가 오일을 토출하지 않을 경우**
  ① 오일탱크의 유면이 낮다.
  ② 오일의 점도가 너무 높다.
  ③ 흡입관으로 공기가 유입된다.

▎ 펌프에서 오일은 토출되나 압력이 상승하지 않는 원인

① 유압회로 중 밸브나 작동체의 누유가 발생할 때
② 릴리프밸브(Relief Valve)의 설정압이 낮거나 작동이 불량할 때
③ 펌프 내부 이상으로 누유가 발생할 때

▎ 기어펌프의 특징

① 정용량펌프이다.
② 구조가 다른 펌프에 비해 간단하다.
③ 유압 작동유의 오염에 비교적 강한 편이다.
④ 외접식과 내접식이 있다.
⑤ 피스톤펌프에 비해 효율이 떨어진다.
⑥ 베인펌프에 비해 소음이 비교적 크다.

▎ 베인펌프의 주요 구성요소 : 베인, 캠 링, 회전자 등

▎ 베인펌프의 특징

① 수명이 중간 정도이다.
② 맥동과 소음이 적다.
③ 간단하고, 성능이 좋다.
④ 소형·경량이다.

▎ 피스톤펌프의 특징

① 효율이 가장 높다.
② 발생압력이 고압이다.
③ 토출량의 범위가 넓다.
④ 구조가 복잡하다.
⑤ 가변용량이 가능하다(회전수가 같을 때 펌프의 토출량이 변할 수 있다).
⑥ 축은 회전 또는 왕복운동을 한다.

▌ 캐비테이션(공동현상)

① 유압장치 내에 국부적인 높은 압력과 소음·진동이 발생하는 현상이다.

② 오일필터의 여과 입도 수(Mesh)가 너무 높을 때(여과 입도가 너무 조밀하였을 때) 가장 발생하기 쉽다.

③ 압력 변화가 잦을 때 많이 발생하므로 압력을 일정하게 유지하는 것이 좋다.

▌ 유압펌프에서 소음이 발생할 수 있는 원인

① 오일의 양이 적은 경우

② 오일 속에 공기가 들어 있는 경우

③ 오일의 점도가 너무 높은 경우

④ 필터의 여과 입도가 너무 적은 경우

⑤ 펌프의 회전속도가 너무 빠른 경우

⑥ 펌프 축의 편심 오차가 큰 경우

⑦ 스트레이너가 막혀 흡입용량이 너무 작아진 경우

⑧ 흡입관 접합부로부터 공기가 유입된 경우

▌ 유압펌프의 고장 현상

① 소음이 크게 발생한다.

② 오일의 배출압력이 낮다.

③ 샤프트 실(Seal)에서 오일 누설이 있다.

④ 오일의 흐르는 양이나 압력이 부족하다.

▌ 유압펌프 내의 내부 누설은 작동유의 점도에 반비례하여 증가한다.

▌ 축압기의 용도 : 유압에너지의 저장, 충격 압력 흡수, 압력 보상, 유체의 맥동 감쇠 등

▌ 유압탱크의 구비조건

① 발생한 열을 발산할 수 있어야 한다.

② 적당한 크기의 주유구, 스트레이너를 설치해야 한다.

③ 이물질이 들어가지 않도록 밀폐되어 있어야 한다.

④ 유면은 적정범위에서 가득 찬(Full) 상태에 가깝게 유지해야 한다.

⑤ 흡입관과 리턴파이프 사이에 격판이 있어야 한다.

⑥ 작동유를 빼낼 수 있는 드레인 플러그를 탱크 아래쪽에 설치해야 한다.

[04] 제어밸브

▍ **압력제어밸브의 종류** : 릴리프밸브, 감압밸브, 시퀀스밸브, 언로더밸브, 카운터밸런스밸브 등

▍ **유압 라인에서 압력에 영향을 주는 요소**
① 유체의 흐름양
② 유체의 점도
③ 관로 직경의 크기

▍ **유압회로에 사용되는 3종류의 제어밸브**
① 압력제어밸브 : 일의 크기 제어
② 유량제어밸브 : 일의 속도 제어
③ 방향제어밸브 : 일의 방향 제어

▍ 압력제어밸브는 유압장치의 과부하 방지와 유압기기의 보호를 위하여 최고압력을 제어하고, 유압회로 내의 필요한 압력을 유지하는 밸브이다.

릴리프밸브	유압회로의 최고압력을 제어하며, 회로의 압력을 일정하게 유지시키는 밸브로서 펌프와 제어밸브 사이에 설치
감압(리듀싱)밸브	유압회로에서 입구 압력을 감압하여 유압실린더 출구 설정 압력 유압으로 유지하는 밸브
언로드(무부하)밸브	유압장치에서 고압·소용량, 저압·대용량 펌프를 조합, 운전할 때, 작동압이 규정압력 이상으로 상승 시 동력 절감을 하기 위해 사용하는 밸브
시퀀스밸브	유압회로의 압력에 의해 유압 액추에이터의 작동 순서를 제어하는 밸브
카운터밸런스밸브	실린더가 중력으로 인하여 제어속도 이상으로 낙하하는 것을 방지하는 밸브

▍ 채터링 현상은 유압계통에서 릴리프밸브 스프링의 장력이 약화될 때 발생될 수 있는 현상으로 릴리프밸브에서 볼(Ball)이 밸브의 시트(Seat)를 때려 소음을 발생시키는 것이다.

▍ 유압조절 밸브를 풀어 주면 압력이 낮아지고, 조여 주면 압력이 높아진다.

▍ **유량제어 밸브의 속도제어 회로**
① 미터 인 회로 : 유압실린더의 입구 측에 유량제어 밸브를 설치하여 작동기로 유입되는 유량을 제어함으로써 작동기의 속도를 제어하는 회로
② 미터 아웃 회로 : 유압실린더 출구에 유량제어밸브 설치
③ 블리드 오프 회로 : 유압실린더 입구에 병렬로 설치

▌ 서지(Surge) 현상

유압회로 내의 밸브를 갑자기 닫았을 때, 오일의 속도에너지가 압력에너지로 변하면서 일시적으로 압력이 과도하게 증가하는 현상

※ 서지압(Surge Pressure) : 과도적으로 발생하는 이상압력의 최댓값

▌ 방향제어밸브

• 회로 내 유체의 흐르는 방향을 조절하는 데 쓰이는 밸브이다.
• 종류 : 체크밸브, 셔틀밸브, 디셀러레이션밸브, 매뉴얼밸브(로터리형)

체크밸브	유압회로에서 역류를 방지하고, 회로 내의 잔류압력을 유지하는 밸브
디셀러레이션밸브	액추에이터의 속도를 서서히 감속시키는 경우 또는 서서히 증속시키는 경우에 사용

[05] 유압실린더와 유압모터

▌ **유압 액추에이터** : 유압펌프에서 송출된 압력에너지(힘)를 기계적 에너지로 변환하는 것

▌ **실린더** : 열에너지를 기계적 에너지로 변환하여 동력을 발생시키는 것

▌ 유체의 압력에너지에 의해서 모터는 회전운동을, 실린더는 직선운동을 한다.

▌ **유압실린더의 분류**
① 단동형 : 피스톤형, 플런저 램형
② 복동형 : 단로드형, 양로드형
③ 다단형 : 텔레스코픽형, 디지털형

▌ **유압실린더의 주요 구성부품** : 피스톤, 피스톤로드, 실린더 튜브, 실, 쿠션 기구 등

▌ **기계적 실(Mechanical Seal)**
유압장치에서 회전축 둘레의 누유를 방지하기 위하여 사용되는 밀봉장치(Seal)

▌ O링(가장 많이 사용하는 패킹)의 구비조건

　① 오일 누설을 방지할 수 있을 것
　② 운동체의 마모를 적게 할 것(마찰계수가 작을 것)
　③ 체결력(죄는 힘)이 클 것
　④ 누설을 방지하는 기구에서 탄성이 양호하고, 압축변형이 적을 것
　⑤ 사용 온도 범위가 넓을 것
　⑥ 내노화성이 좋을 것
　⑦ 상대 금속을 부식시키지 말 것

▌ 오일 누설의 원인 : 실의 마모와 파손, 볼트의 이완 등이 있다.

▌ 쿠션 기구 : 유압실린더에서 피스톤 행정이 끝날 때 발생하는 충격을 흡수하기 위해 설치하는 장치

▌ 유압실린더의 움직임이 느리거나 불규칙할 때의 원인

　① 피스톤링이 마모되었다.
　② 유압유의 점도가 너무 높다.
　③ 회로 내에 공기가 혼입되어 있다.

▌ 유압실린더에서 실린더의 과도한 자연낙하현상(표류현상)이 발생하는 원인

　① 릴리프밸브의 조정 불량
　② 실린더 내 피스톤 실의 마모
　③ 컨트롤밸브 스풀의 마모

▌ 유압실린더의 숨 돌리기 현상이 생겼을 때 일어나는 현상

　① 피스톤 작동이 불안정하게 된다.
　② 시간 지연이 생긴다.
　③ 서지압이 발생한다.

▌ 실린더에 마모가 생겼을 때 나타나는 현상

　크랭크 실의 윤활유 오손, 불완전연소, 압축효율 저하, 출력의 감소

▌ 실린더 벽이 마멸되면 오일 소모량이 증가하고, 압축 및 폭발압력이 감소한다.

▍ 유압모터

유체에너지를 연속적인 회전운동을 하는 기계적 에너지로 바꾸어 주는 기기이다.

▍ 유압모터의 종류 : 기어형, 베인형, 플런저형 등

▍ 유압모터의 장단점

장 점	단 점
넓은 범위의 무단변속이 용이하다.	• 작동유의 점도변화에 따라 유압모터의 사용에 제약이 있다. • 작동유가 인화하기 쉽다. • 작동유에 먼지나 공기가 침입하지 않도록 특히 보수에 주의해야 한다.

▍ 유압장치의 기호

정용량형 유압펌프	가변용량형 유압펌프	유압압력계	유압동력원	어큐뮬레이터
공기유압 변환기	드레인 배출기	단동 실린더	체크밸브	복동가변식 전자 액추에이터
릴리프밸브	감압밸브	순차밸브	무부하밸브	전동기

41

[06] 기타 부속장치 등

▎ 오일냉각기
   ① 작동유의 온도를 40~60℃ 정도로 유지시키고, 열화를 방지하는 역할을 한다.
   ② 슬러지 형성을 방지하고, 유막의 파괴를 방지한다.

▎ 오일쿨러(Oil Cooler)의 구비조건
   ① 촉매작용이 없을 것
   ② 온도 조정이 잘될 것
   ③ 정비 및 청소하기에 편리할 것
   ④ 유압유 흐름저항이 작을 것

▎ **유압장치의 수명 연장을 위한 가장 중요한 요소** : 오일필터의 점검 및 교환

▎ 플렉시블 호스는 유압장치에서 작동 및 움직임이 있는 곳의 연결관으로 적합하다.

▎ 나선 와이어 블레이드는 압력이 매우 높은 유압장치에 사용한다.

CHAPTER 06 | 건설기계관리법규

[01] 건설기계관리법

▌ 건설기계의 범위(영 [별표 1])

건설기계명	범위
1. 불도저	무한궤도 또는 타이어식인 것
2. 굴착기	무한궤도 또는 타이어식으로 굴착장치를 가진 자체중량 1ton 이상인 것
3. 로더	무한궤도 또는 타이어식으로 적재장치를 가진 자체중량 2ton 이상인 것. 다만, 차체굴절식 조향장치가 있는 자체중량 4ton 미만인 것은 제외
4. 지게차	타이어식으로 들어올림장치와 조종석을 가진 것. 다만, 전동식으로 솔리드타이어를 부착한 것 중 도로(「도로교통법」에 따른 도로를 말하며, 이하 같다)가 아닌 장소에서만 운행하는 것은 제외
5. 스크레이퍼	흙·모래의 굴착 및 운반장치를 가진 자주식인 것
6. 덤프트럭	적재용량 12ton 이상인 것. 다만, 적재용량 12ton 이상 20ton 미만의 것으로 화물운송에 사용하기 위하여 「자동차관리법」에 의한 자동차로 등록된 것은 제외
7. 기중기	무한궤도 또는 타이어식으로 강재의 지주 및 선회장치를 가진 것. 다만, 궤도(레일)식인 것을 제외
8. 모터그레이더	정지장치를 가진 자주식인 것
9. 롤러	• 조종석과 전압장치를 가진 자주식인 것 • 피견인 진동식인 것
10. 노상안정기	노상안정장치를 가진 자주식인 것
11. 콘크리트배칭플랜트	골재저장통·계량장치 및 혼합장치를 가진 것으로서 원동기를 가진 이동식인 것
12. 콘크리트피니셔	정리 및 사상장치를 가진 것으로 원동기를 가진 것
13. 콘크리트살포기	정리장치를 가진 것으로 원동기를 가진 것
14. 콘크리트믹서트럭	혼합장치를 가진 자주식인 것(재료의 투입·배출을 위한 보조장치가 부착된 것을 포함)
15. 콘크리트펌프	콘크리트 배송능력이 $5m^3/h$ 이상으로 원동기를 가진 이동식과 트럭적재식인 것
16. 아스팔트믹싱플랜트	골재공급장치·건조가열장치·혼합장치·아스팔트 공급장치를 가진 것으로 원동기를 가진 이동식인 것
17. 아스팔트피니셔	정리 및 사상장치를 가진 것으로 원동기를 가진 것
18. 아스팔트살포기	아스팔트살포장치를 가진 자주식인 것
19. 골재살포기	골재살포장치를 가진 자주식인 것
20. 쇄석기	20kW 이상의 원동기를 가진 이동식인 것
21. 공기압축기	공기토출량이 $2.83m^3/min(7kg/cm^2$ 기준) 이상의 이동식인 것
22. 천공기	천공장치를 가진 자주식인 것
23. 항타 및 항발기	원동기를 가진 것으로 해머 또는 뽑는 장치의 중량이 0.5ton 이상인 것
24. 자갈채취기	자갈채취장치를 가진 것으로 원동기를 가진 것
25. 준설선	펌프식·버킷식·디퍼식 또는 그래브식으로 비자항식인 것. 다만, 「선박법」에 따른 선박으로 등록된 것은 제외

건설기계명	범 위
26. 특수건설기계	1.부터 25.까지의 규정 및 27.에 따른 건설기계와 유사한 구조 및 기능을 가진 기계류로서 국토교통부장관이 따로 정하는 것
27. 타워크레인	수직타워의 상부에 위치한 지브(Jib)를 선회시켜 중량물을 상하, 전후 또는 좌우로 이동시킬 수 있는 것으로서 원동기 또는 전동기를 가진 것. 다만, 「산업집적활성화 및 공장설립에 관한 법률」에 따라 공장등록대장에 등록된 것은 제외

▎ 운전면허를 받아 조종하여야 하는 건설기계의 종류(규칙 제73조제1항)

덤프트럭, 아스팔트살포기, 노상안정기, 콘크리트믹서트럭, 콘크리트펌프, 천공기(트럭적재식), 특수건설기계 중 국토교통부장관이 지정하는 건설기계

▎ 건설기계조종사면허의 종류(규칙 [별표 21])

1. 불도저
2. 5ton 미만의 불도저
3. 굴착기
4. 3ton 미만의 굴착기
5. 로 더
6. 3ton 미만의 로더
7. 5ton 미만의 로더
8. 지게차
9. 3ton 미만의 지게차
10. 기중기
11. 롤 러
12. 이동식 콘크리트펌프
13. 쇄석기
14. 공기압축기
15. 천공기
16. 5ton 미만의 천공기
17. 준설선
18. 타워크레인
19. 3ton 미만의 타워크레인

▎ 건설기계사업(법 제2조)

건설기계대여업, 건설기계정비업, 건설기계매매업 및 건설기계해체재활용업을 말한다.

▎ 건설기계의 등록(법 제3조, 영 제3조)

① 건설기계의 소유자는 대통령령으로 정하는 바에 따라 건설기계를 등록하여야 한다.

② 건설기계의 소유자가 ①에 따른 등록을 할 때에는 특별시장·광역시장·특별자치시장·도지사 또는 특별자치도지사(이하 "시·도지사"라 한다)에게 건설기계 등록신청을 하여야 한다.

③ 시·도지사는 ②에 따른 건설기계 등록신청을 받으면 신규등록검사를 한 후 건설기계등록원부에 필요한 사항을 적고, 그 소유자에게 건설기계등록증을 발급하여야 한다.

④ 건설기계의 소유자는 건설기계등록신청서(전자문서로 된 신청서를 포함)에 다음의 서류(전자문서를 포함)를 첨부하여 건설기계 소유자의 주소지 또는 건설기계의 사용본거지를 관할하는 특별시장·광역시장·도지사 또는 특별자치도지사(이하 "시·도지사"라 한다)에게 제출하여야 한다.

㉠ 다음의 구분에 따른 해당 건설기계의 출처를 증명하는 서류. 다만, 해당 서류를 분실한 경우에는 해당 서류의 발행사실을 증명하는 서류(원본 발행기관에서 발행한 것으로 한정)로 대체할 수 있다.
- 국내에서 제작한 건설기계 : 건설기계제작증
- 수입한 건설기계 : 수입면장 등 수입사실을 증명하는 서류. 다만, 타워크레인의 경우에는 건설기계제작증을 추가로 제출하여야 한다.
- 행정기관으로부터 매수한 건설기계 : 매수증서

㉡ 건설기계의 소유자임을 증명하는 서류. 다만, ㉠의 서류가 건설기계의 소유자임을 증명할 수 있는 경우에는 해당 서류로 갈음할 수 있다.

㉢ 건설기계제원표

㉣ 「자동차손해배상 보장법」에 따른 보험 또는 공제의 가입을 증명하는 서류

⑤ 건설기계등록신청은 건설기계를 취득한 날(판매를 목적으로 수입된 건설기계의 경우에는 판매한 날을 말한다)부터 2월 이내에 하여야 한다. 다만, 전시·사변 기타 이에 준하는 국가비상사태하에 있어서는 5일 이내에 신청하여야 한다.

▌ 미등록 건설기계의 임시운행 사유(규칙 제6조제1항)

① 등록신청을 하기 위하여 건설기계를 등록지로 운행하는 경우
② 신규등록검사 및 확인검사를 받기 위하여 건설기계를 검사장소로 운행하는 경우
③ 수출을 하기 위하여 건설기계를 선적지로 운행하는 경우
④ 수출을 하기 위하여 등록말소한 건설기계를 점검·정비의 목적으로 운행하는 경우
⑤ 신개발 건설기계를 시험·연구의 목적으로 운행하는 경우
⑥ 판매 또는 전시를 위하여 건설기계를 일시적으로 운행하는 경우

※ 위의 사유로 건설기계를 임시운행하고자 하는 자는 임시번호표를 제작하여 부착하여야 한다. 이 경우 건설기계를 제작·조립 또는 수입한 자가 판매한 건설기계에 대하여는 제작·조립 또는 수입한 자가 기준에 따라 제작한 임시번호표를 부착하여야 한다. 임시운행기간은 15일 이내로 한다. 다만, 신개발 건설기계를 시험·연구의 목적으로 운행하는 경우에는 3년 이내로 한다.

▌ 건설기계의 등록사항 중 변경사항이 있는 경우(법 제5조제1항)

그 소유자 또는 점유자는 대통령령으로 정하는 바에 따라 이를 시·도지사에게 신고하여야 한다.

█ 등록사항의 변경신고(영 제5조제1항)

건설기계의 소유자는 건설기계등록사항에 변경(주소지 또는 사용본거지가 변경된 경우를 제외)이 있는 때에는 그 변경이 있는 날부터 30일(상속의 경우에는 상속개시일부터 6개월) 이내에 건설기계 등록사항변경신고서(전자문서로 된 신고서를 포함)에 다음의 서류(전자문서를 포함)를 첨부하여 등록을 한 시·도지사에게 제출하여야 한다. 다만, 전시·사변 기타 이에 준하는 국가비상사태하에 있어서는 5일 이내에 하여야 한다.

① 변경내용을 증명하는 서류
② 건설기계등록증(자가용 건설기계 소유자의 주소지 또는 사용본거지가 변경된 경우는 제외)
③ 건설기계검사증(자가용 건설기계 소유자의 주소지 또는 사용본거지가 변경된 경우는 제외)

█ 등록의 말소(법 제6조제1항)

시·도지사는 등록된 건설기계가 다음의 어느 하나에 해당하는 경우에는 그 소유자의 신청이나 시·도지사의 직권으로 등록을 말소할 수 있다. 다만, ①, ⑤, ⑧(건설기계의 강제처리(법 제34조의2 제2항)에 따라 폐기한 경우로 한정) 또는 ⑫에 해당하는 경우에는 직권으로 등록을 말소하여야 한다.

① 거짓이나 그 밖의 부정한 방법으로 등록을 한 경우
② 건설기계가 천재지변 또는 이에 준하는 사고 등으로 사용할 수 없게 되거나 멸실된 경우
③ 건설기계의 차대(車臺)가 등록 시의 차대와 다른 경우
④ 건설기계가 건설기계안전기준에 적합하지 아니하게 된 경우
⑤ 정기검사 명령, 수시검사 명령 또는 정비 명령에 따르지 아니한 경우
⑥ 건설기계를 수출하는 경우
⑦ 건설기계를 도난당한 경우
⑧ 건설기계를 폐기한 경우
⑨ 건설기계해체재활용업을 등록한 자(건설기계해체재활용업자)에게 폐기를 요청한 경우
⑩ 구조적 제작 결함 등으로 건설기계를 제작자 또는 판매자에게 반품한 경우
⑪ 건설기계를 교육·연구 목적으로 사용하는 경우
⑫ 대통령령으로 정하는 내구연한을 초과한 건설기계. 다만, 정밀진단을 받아 연장된 경우는 그 연장기간을 초과한 건설기계
⑬ 건설기계를 횡령 또는 편취당한 경우

■ 등록말소 신청(법 제6조제2항)

건설기계의 소유자는 다음의 구분에 따라 시·도지사에게 등록말소를 신청하여야 한다.

① 다음의 어느 하나에 해당하는 사유가 발생한 경우 : 사유가 발생한 날부터 30일 이내

　ㄱ 건설기계가 천재지변 또는 이에 준하는 사고 등으로 사용할 수 없게 되거나 멸실된 경우

　ㄴ 건설기계를 폐기한 경우(건설기계의 강제처리(법 제34조의2제2항)에 따라 폐기한 경우는
　　제외)

　ㄷ 건설기계해체재활용업을 등록한 자(건설기계해체재활용업자)에게 폐기를 요청한 경우

　ㄹ 구조적 제작 결함 등으로 건설기계를 제작자 또는 판매자에게 반품한 경우

　ㅁ 건설기계를 교육·연구 목적으로 사용하는 경우

② 건설기계를 도난당한 경우에 해당하는 사유가 발생한 경우 : 사유가 발생한 날부터 2개월 이내

■ 등록원부의 보존(규칙 제12조)

시·도지사는 건설기계등록원부를 건설기계의 등록을 말소한 날부터 10년간 보존하여야 한다.

■ 등록번호의 표시(규칙 제13조)

건설기계등록번호표에는 등록관청·용도·기종 및 등록번호를 표시하여야 한다.

■ 건설기계 등록번호표 색상과 일련번호(규칙 [별표 2])

① 관용 : 흰색 바탕에 검은색 문자, 0001~0999

② 자가용 : 흰색 바탕에 검은색 문자, 1000~5999

③ 대여사업용 : 주황색 바탕에 검은색 문자, 6000~9999

■ 건설기계 종류의 구분(규칙 [별표 2])

01 : 불도저	02 : 굴착기	03 : 로더
04 : 지게차	05 : 스크레이퍼	06 : 덤프트럭
07 : 기중기	08 : 모터그레이더	09 : 롤러
10 : 노상안정기	11 : 콘크리트배칭플랜트	12 : 콘크리트피니셔
13 : 콘크리트살포기	14 : 콘크리트믹서트럭	15 : 콘크리트펌프
16 : 아스팔트믹싱플랜트	17 : 아스팔트피니셔	18 : 아스팔트살포기
19 : 골재살포기	20 : 쇄석기	21 : 공기압축기
22 : 천공기	23 : 항타 및 항발기	24 : 자갈채취기
25 : 준설선	26 : 특수건설기계	27 : 타워크레인

▌ 등록번호표의 반납(법 제9조)

등록된 건설기계의 소유자는 다음의 어느 하나에 해당하는 경우에는 10일 이내에 등록번호표의 봉인을 떼어낸 후 그 등록번호표를 국토교통부령으로 정하는 바에 따라 시·도지사에게 반납하여야 한다. 다만, 건설기계가 천재지변 또는 이에 준하는 사고 등으로 사용할 수 없게 되거나 멸실된 경우, 건설기계를 도난당한 경우 또는 건설기계를 폐기한 경우의 사유로 등록을 말소하는 경우에는 그러하지 아니하다.

① 건설기계의 등록이 말소된 경우
② 건설기계의 등록사항 중 대통령령으로 정하는 사항이 변경된 경우
③ 등록번호표의 부착 및 봉인을 신청하는 경우

▌ 건설기계 검사의 종류(법 제13조)

① **신규등록검사** : 건설기계를 신규로 등록할 때 실시하는 검사
② **정기검사** : 건설공사용 건설기계로서 3년의 범위에서 국토교통부령으로 정하는 검사유효기간이 끝난 후에 계속하여 운행하려는 경우에 실시하는 검사와 「대기환경보전법」 및 「소음·진동관리법」에 따른 운행차의 정기검사
③ **구조변경검사** : 건설기계의 주요 구조를 변경하거나 개조한 경우 실시하는 검사
④ **수시검사** : 성능이 불량하거나 사고가 자주 발생하는 건설기계의 안전성 등을 점검하기 위하여 수시로 실시하는 검사와 건설기계 소유자의 신청을 받아 실시하는 검사

▌ 정기검사의 신청 등(규칙 제23조제1·5항)

① 검사유효기간의 만료일 전후 각각 31일 이내의 기간(검사유효기간이 연장된 경우로서 타워크레인 또는 천공기(터널보링식 및 실드굴진식으로 한정)가 해체된 경우에는 설치 이후부터 사용 전까지의 기간으로 하고, 검사유효기간이 경과한 건설기계로서 소유권이 이전된 경우에는 이전 등록한 날부터 31일 이내의 기간으로 하며, 이하 "정기검사신청기간"이라 한다)에 정기검사신청서를 시·도지사에게 제출해야 한다. 다만, 검사대행자를 지정한 경우에는 검사대행자에게 이를 제출해야 하고, 검사대행자는 받은 신청서 중 타워크레인 정기검사신청서가 있는 경우에는 총괄기관이 해당 검사신청의 접수 및 검사업무의 배정을 할 수 있도록 그 신청서와 첨부서류를 총괄기관에 즉시 송부해야 한다.
② 시·도지사 또는 검사대행자는 검사결과 해당 건설기계가 규정에 따른 검사기준에 적합하다고 인정하는 경우에는 건설기계검사증에 유효기간을 적어 발급해야 한다. 이 경우 유효기간의 산정은 정기검사신청기간까지 정기검사를 신청한 경우에는 종전 검사유효기간 만료일의 다음 날부터, 그 외의 경우에는 검사를 받은 날의 다음 날부터 기산한다.

■ 검사에 불합격한 건설기계의 정비명령 기간(규칙 제31조)

시·도지사는 검사에 불합격한 건설기계에 대하여는 31일 이내의 기간을 정하여 해당 건설기계의 소유자에게 검사를 완료한 날(검사를 대행하게 한 경우에는 검사결과를 보고받은 날)부터 10일 이내에 별도의 서식에 따라 정비명령을 해야 한다. 다만, 건설기계 소유자의 주소 등을 통상적인 방법으로 확인할 수 없거나 통지가 불가능한 경우에는 해당 시·도의 공보 및 인터넷 홈페이지에 공고해야 한다.

■ 정기검사 유효기간(규칙 [별표 7])

기 종			연 식	검사유효기간
굴착기		타이어식	–	1년
로 더		타이어식	20년 이하	2년
			20년 초과	1년
지게차		1톤 이상	20년 이하	2년
			20년 초과	1년
덤프트럭		–	20년 이하	1년
			20년 초과	6개월
기중기		–	–	1년
모터그레이더		–	20년 이하	2년
			20년 초과	1년
콘크리트믹서트럭		–	20년 이하	1년
			20년 초과	6개월
콘크리트펌프		트럭적재식	20년 이하	1년
			20년 초과	6개월
아스팔트살포기		–	–	1년
천공기		–	–	1년
항타 및 항발기		–	–	1년
타워크레인		–	–	6개월
특수건설기계	도로보수트럭	타이어식	20년 이하	1년
			20년 초과	6개월
	노면파쇄기	타이어식	20년 이하	2년
			20년 초과	1년
	노면측정장비	타이어식	20년 이하	2년
			20년 초과	1년
	수목이식기	타이어식	20년 이하	2년
			20년 초과	1년
	터널용 고소작업차	–	–	1년
	트럭지게차	타이어식	20년 이하	1년
			20년 초과	6개월

기 종			연 식	검사유효기간
특수건설기계	그 밖의 특수건설기계	–	20년 이하	3년
			20년 초과	1년
그 밖의 건설기계		–	20년 이하	3년
			20년 초과	1년

[비고]
• 신규등록 후의 최초 유효기간의 산정은 등록일부터 기산한다.
• 연식은 신규등록일(수입된 중고건설기계의 경우에는 제작연도의 12월 31일)부터 기산한다.
• 타워크레인을 이동설치하는 경우에는 이동설치할 때마다 정기검사를 받아야 한다.

▌ 검사장소(규칙 제32조)

① 다음의 어느 하나에 해당하는 건설기계에 대하여 검사를 하는 경우에는 [별표 9]의 규정에 의한 시설을 갖춘 검사장소(검사소)에서 검사를 하여야 한다.
  ㉠ 덤프트럭
  ㉡ 콘크리트믹서트럭
  ㉢ 콘크리트펌프(트럭적재식)
  ㉣ 아스팔트살포기
  ㉤ 트럭지게차(국토교통부장관이 정하는 특수건설기계인 트럭지게차)
② ①의 건설기계가 다음의 어느 하나에 해당하는 경우에는 ①의 규정에 불구하고 해당 건설기계가 위치한 장소에서 검사할 수 있다.
  ㉠ 도서지역에 있는 경우
  ㉡ 자체중량이 40ton을 초과하거나 축하중이 10ton을 초과하는 경우
  ㉢ 너비가 2.5m를 초과하는 경우
  ㉣ 최고속도가 35km/h 미만인 경우
③ ①의 건설기계 외의 건설기계에 대하여는 건설기계가 위치한 장소에서 검사를 할 수 있다.

▌ 검사대행자(규칙 제33조제1항)

검사대행자로 지정을 받고자 하는 자는 건설기계검사대행자 지정신청서에 다음의 서류를 첨부하여 국토교통부장관에게 제출하여야 한다.
① 시설의 소유권 또는 사용권이 있음을 증명하는 서류
② 보유하고 있는 기술자의 명단 및 그 자격을 증명하는 서류
③ 검사업무규정안

▌ 구조변경범위 등(규칙 제42조)

주요 구조의 변경 및 개조의 범위는 다음과 같다. 다만, 건설기계의 기종변경, 육상작업용 건설기계 규격의 증가 또는 적재함의 용량증가를 위한 구조변경은 이를 할 수 없다.

① 원동기 및 전동기의 형식변경
② 동력전달장치의 형식변경
③ 제동장치의 형식변경
④ 주행장치의 형식변경
⑤ 유압장치의 형식변경
⑥ 조종장치의 형식변경
⑦ 조향장치의 형식변경
⑧ 작업장치의 형식변경. 다만, 가공작업을 수반하지 아니하고 작업장치를 선택부착하는 경우에는 작업장치의 형식변경으로 보지 아니한다.
⑨ 건설기계의 길이·너비·높이 등의 변경
⑩ 수상작업용 건설기계의 선체의 형식변경
⑪ 타워크레인 설치기초 및 전기장치의 형식변경

▌ 구조변경검사(규칙 제25조제1항)

구조변경검사를 받으려는 자는 주요 구조를 변경 또는 개조한 날부터 20일 이내에 건설기계구조변경 검사신청서에 다음의 서류를 첨부하여 시·도지사에게 제출해야 한다. 다만, 검사대행자를 지정한 경우에는 검사대행자에게 제출해야 하고, 검사대행자는 받은 신청서 중 타워크레인 구조변경 검사신청서가 있는 경우에는 총괄기관이 해당 검사신청의 접수 및 검사업무의 배정을 할 수 있도록 그 신청서와 첨부서류를 총괄기관에 즉시 송부해야 한다.

① 변경 전후의 주요제원대비표
② 변경 전후의 건설기계의 외관도(외관의 변경이 있는 경우에 한한다)
③ 변경한 부분의 도면
④ 선급법인 또는 한국해양교통안전공단이 발행한 안전도검사증명서(수상작업용 건설기계에 한한다)
⑤ 건설기계를 제작하거나 조립하는 자 또는 건설기계정비업자의 등록을 한 자가 발행하는 구조변경사실을 증명하는 서류

▌ 건설기계의 형식 승인(법 제18조제2항)

건설기계를 제작·조립 또는 수입(제작 등)하려는 자는 해당 건설기계의 형식에 관하여 국토교통부령으로 정하는 바에 따라 국토교통부장관의 승인을 받아야 한다. 다만, 대통령령으로 정하는 건설기계의 경우에는 그 건설기계의 제작 등을 한 자가 국토교통부령으로 정하는 바에 따라 그 형식에 관하여 국토교통부장관에게 신고하여야 한다.

■ 건설기계조종사면허의 결격사유(법 제27조)

다음의 어느 하나에 해당하는 사람은 건설기계조종사면허를 받을 자격이 없다.

① 18세 미만인 사람

② 건설기계 조종상의 위험과 장해를 일으킬 수 있는 정신질환자 또는 뇌전증환자로서 국토교통부 령으로 정하는 사람

③ 앞을 보지 못하는 사람, 듣지 못하는 사람, 그 밖에 국토교통부령으로 정하는 장애인

④ 건설기계 조종상의 위험과 장해를 일으킬 수 있는 마약·대마·향정신성의약품 또는 알코올중독 자로서 국토교통부령으로 정하는 사람

⑤ 건설기계조종사면허가 취소된 날부터 1년(거짓이나 그 밖의 부정한 방법으로 건설기계조종사면 허를 받은 경우 및 건설기계조종사면허의 효력정지기간 중 건설기계를 조종한 경우의 사유로 취소된 경우에는 2년)이 지나지 아니하였거나 건설기계조종사면허의 효력정지처분기간 중에 있는 사람

■ 건설기계조종사면허의 취소·정지(법 제28조)

시장·군수 또는 구청장은 건설기계조종사가 다음의 어느 하나에 해당하는 경우에는 국토교통부령 으로 정하는 바에 따라 건설기계조종사면허를 취소하거나 1년 이내의 기간을 정하여 건설기계조종사 면허의 효력을 정지시킬 수 있다. 다만, ①, ②, ⑧ 또는 ⑨에 해당하는 경우에는 건설기계조종사면허 를 취소하여야 한다.

① 거짓이나 그 밖의 부정한 방법으로 건설기계조종사면허를 받은 경우

② 건설기계조종사면허의 효력정지기간 중 건설기계를 조종한 경우

③ 다음 중 어느 하나에 해당하게 된 경우

ㄱ 건설기계 조종상의 위험과 장해를 일으킬 수 있는 정신질환자 또는 뇌전증환자로서 국토교통 부령으로 정하는 사람

ㄴ 앞을 보지 못하는 사람, 듣지 못하는 사람, 그 밖에 국토교통부령으로 정하는 장애인

ㄷ 건설기계 조종상의 위험과 장해를 일으킬 수 있는 마약·대마·향정신성의약품 또는 알코올 중독자로서 국토교통부령으로 정하는 사람

④ 건설기계의 조종 중 고의 또는 과실로 중대한 사고를 일으킨 경우

⑤ 「국가기술자격법」에 따른 해당 분야의 기술자격이 취소되거나 정지된 경우

⑥ 건설기계조종사면허증을 다른 사람에게 빌려 준 경우

⑦ 술에 취하거나 마약 등 약물을 투여한 상태 또는 과로·질병의 영향이나 그 밖의 사유로 정상적으 로 조종하지 못할 우려가 있는 상태에서 건설기계를 조종한 경우

⑧ 정기적성검사를 받지 아니하고 1년이 지난 경우

⑨ 정기적성검사 또는 수시적성검사에서 불합격한 경우

■ 건설기계조종사면허증의 반납(규칙 제80조)

① 건설기계조종사면허를 받은 사람은 다음의 어느 하나에 해당하는 때에는 그 사유가 발생한 날부터 10일 이내에 시장·군수 또는 구청장에게 그 면허증을 반납해야 한다.
  ㉠ 면허가 취소된 때
  ㉡ 면허의 효력이 정지된 때
  ㉢ 면허증의 재교부를 받은 후 잃어버린 면허증을 발견한 때

② 건설기계조종사면허를 받은 사람은 본인의 의사에 따라 해당 면허를 자진해서 시장·군수 또는 구청장에게 반납할 수 있다. 이 경우 건설기계조종사면허증 반납신고서를 작성하여 반납하려는 면허증과 함께 제출해야 한다.

■ 건설기계조종사의 적성검사 기준(규칙 제76조제1항)

① 두 눈을 동시에 뜨고 잰 시력이 0.7 이상이고, 두 눈의 시력이 각각 0.3 이상일 것(교정시력을 포함)

② 55dB(보청기를 사용하는 사람은 40dB)의 소리를 들을 수 있고, 언어분별력이 80% 이상일 것

③ 시각은 150° 이상일 것

④ 다음에 사유에 해당되지 아니할 것
  ㉠ 건설기계 조종상의 위험과 장해를 일으킬 수 있는 정신질환자 또는 뇌전증환자로서 국토교통부령으로 정하는 사람
  ㉡ 건설기계 조종상의 위험과 장해를 일으킬 수 있는 마약·대마·향정신성의약품 또는 알코올 중독자로서 국토교통부령으로 정하는 사람

■ 2년 이하의 징역 또는 2,000만원 이하의 벌금(법 제40조)

① 등록되지 아니한 건설기계를 사용하거나 운행한 자

② 등록이 말소된 건설기계를 사용하거나 운행한 자

③ 시·도지사의 지정을 받지 아니하고 등록번호표를 제작하거나 등록번호를 새긴 자

④ 검사대행자 또는 그 소속 직원에게 재물이나 그 밖의 이익을 제공하거나 제공 의사를 표시하고 부정한 검사를 받은 자

⑤ 건설기계의 주요 구조나 원동기, 동력전달장치, 제동장치 등 주요 장치를 변경 또는 개조한 자

⑥ 무단 해체한 건설기계를 사용·운행하거나 타인에게 유상·무상으로 양도한 자

⑦ 제작결함의 시정에 따른 시정명령을 이행하지 아니한 자

⑧ 등록을 하지 아니하고 건설기계사업을 하거나 거짓으로 등록을 한 자

⑨ 등록이 취소되거나 사업의 전부 또는 일부가 정지된 건설기계사업자로서 계속하여 건설기계사업을 한 자

▌1년 이하의 징역 또는 1,000만원 이하의 벌금(법 제41조)

① 거짓이나 그 밖의 부정한 방법으로 건설기계 등록을 한 자

② 건설기계의 등록번호를 지워 없애거나 그 식별을 곤란하게 한 자

③ 건설기계의 구조변경검사 또는 수시검사를 받지 아니한 자

④ 검사에 불합격된 건설기계 정비명령을 이행하지 아니한 자

⑤ 사용・운행 중지 명령을 위반하여 사용・운행한 자

⑥ 사업정지명령을 위반하여 사업정지기간 중에 검사를 한 자

⑦ 형식승인, 형식변경승인 또는 확인검사를 받지 아니하고 건설기계의 제작 등을 한 자

⑧ 사후관리에 관한 명령을 이행하지 아니한 자

⑨ 내구연한을 초과한 건설기계 또는 건설기계 장치 및 부품을 운행하거나 사용한 자

⑩ 내구연한을 초과한 건설기계 또는 건설기계 장치 및 부품의 운행 또는 사용을 알고도 말리지 아니하거나 운행 또는 사용을 지시한 고용주

⑪ 부품인증을 받지 아니한 건설기계 장치 및 부품을 사용한 자

⑫ 부품인증을 받지 아니한 건설기계 장치 및 부품을 건설기계에 사용하는 것을 알고도 말리지 아니하거나 사용을 지시한 고용주

⑬ 매매용 건설기계의 운행금지 등의 의무를 위반하여 매매용 건설기계를 운행하거나 사용한 자

⑭ 폐기인수 사실을 증명하는 서류의 발급을 거부하거나 거짓으로 발급한 자

⑮ 폐기요청을 받은 건설기계를 폐기하지 아니하거나 등록번호표를 폐기하지 아니한 자

⑯ 건설기계조종사면허를 받지 아니하고 건설기계를 조종한 자

⑰ 건설기계조종사면허를 거짓이나 그 밖의 부정한 방법으로 받은 자

⑱ 소형건설기계의 조종에 관한 교육과정의 이수에 관한 증빙서류를 거짓으로 발급한 자

⑲ 술에 취하거나 마약 등 약물을 투여한 상태에서 건설기계를 조종한 자와 그러한 자가 건설기계를 조종하는 것을 알고도 말리지 아니하거나 건설기계를 조종하도록 지시한 고용주

⑳ 건설기계조종사면허가 취소되거나 건설기계조종사면허의 효력정지처분을 받은 후에도 건설기계를 계속하여 조종한 자

㉑ 건설기계를 도로나 타인의 토지에 버려둔 자

▌과태료(법 제44조)

① 다음의 어느 하나에 해당하는 자에게는 300만원 이하의 과태료를 부과한다.

　　㉠ 등록번호표를 부착하지 아니하거나 봉인하지 아니한 건설기계를 운행한 자

　　㉡ 국토교통부장관이 실시하는 정기검사를 받지 아니한 자

　　㉢ 건설기계임대차 등에 관한 계약서를 작성하지 아니한 자

　　㉣ 정기적성검사 또는 수시적성검사를 받지 아니한 자

　　㉤ 시설 또는 업무에 관한 보고를 하지 아니하거나 거짓으로 보고한 자

ⓑ 소속 공무원의 검사·질문을 거부·방해·기피한 자

ⓢ 정당한 사유 없이 직원의 출입을 거부하거나 방해한 자

② 다음의 어느 하나에 해당하는 자에게는 100만원 이하의 과태료를 부과한다.

　　㉠ 수출의 이행 여부를 신고하지 아니하거나 폐기 또는 등록을 하지 아니한 자

　　㉡ 등록번호표를 부착·봉인하지 아니하거나 등록번호를 새기지 아니한 자

　　㉢ 등록번호표를 가리거나 훼손하여 알아보기 곤란하게 한 자 또는 그러한 건설기계를 운행한 자

　　㉣ 등록번호의 새김명령을 위반한 자

　　㉤ 건설기계안전기준에 적합하지 아니한 건설기계를 사용하거나 운행한 자 또는 사용하게 하거나 운행하게 한 자

　　㉥ 조사 또는 자료제출 요구를 거부·방해·기피한 자

　　㉦ 검사유효기간이 끝난 날부터 31일이 지난 건설기계를 사용하게 하거나 운행하게 한 자 또는 사용하거나 운행한 자

　　㉧ 특별한 사정 없이 건설기계임대차 등에 관한 계약과 관련된 자료를 제출하지 아니한 자

　　㉨ 건설기계사업자의 의무를 위반한 자

　　㉩ 안전교육 등을 받지 아니하고 건설기계를 조종한 자

③ 다음의 어느 하나에 해당하는 자에게는 50만원 이하의 과태료를 부과한다.

　　㉠ 임시번호표를 붙이지 아니하고 운행한 자

　　㉡ 등록사항의 변경신고에 따른 신고를 하지 아니하거나 거짓으로 신고한 자

　　㉢ 등록의 말소를 신청하지 아니한 자

　　㉣ 등록번호표 제작자가 지정받은 사항을 변경하려는 경우 변경신고를 하지 아니하거나 거짓으로 변경신고한 자

　　㉤ 등록번호표를 반납하지 아니한 자

　　㉥ 국토교통부령으로 정하는 범위를 위반하여 건설기계를 정비한 자

　　㉦ 건설기계형식의 승인 등에 따른 신고를 하지 아니한 자

　　㉧ 건설기계사업자의 변경신고 등의 의무에 따른 신고를 하지 아니하거나 거짓으로 신고한 자

　　㉨ 건설기계사업의 양도·양수 등의 신고에 따른 신고를 하지 아니하거나 거짓으로 신고한 자

　　㉩ 매매용 건설기계를 사업장에 제시하거나 판 경우에 신고를 하지 아니하거나 거짓으로 신고한 자

　　㉪ 건설기계를 수출 전까지 등록을 말소한 시·도지사에게 등록말소사유 변경신고를 하지 아니하거나 거짓으로 신고한 자

　　㉫ 건설기계의 소유자 또는 점유자의 금지행위를 위반하여 건설기계를 세워 둔 자

④ ①부터 ③까지의 규정에 따른 과태료는 대통령령으로 정하는 바에 따라 국토교통부장관, 시·도지사, 시장·군수 또는 구청장이 부과·징수한다.

[02] 건설기계 안전기준에 관한 규칙

용어 정의(규칙 제2조)

① 높이 : 작업장치를 부착한 자체중량 상태의 건설기계의 가장 위쪽 끝이 만드는 수평면으로부터 지면까지의 최단거리

② 운전중량 : 자체중량에 건설기계의 조종에 필요한 최소의 조종사가 탑승한 상태의 중량(조종사 1명의 체중은 65kg으로 본다)

③ 대형건설기계 : 다음의 어느 하나에 해당하는 건설기계

   ㉠ 길이가 16.7m를 초과하는 건설기계

   ㉡ 너비가 2.5m를 초과하는 건설기계

   ㉢ 높이가 4.0m를 초과하는 건설기계

   ㉣ 최소회전반경이 12m를 초과하는 건설기계

   ㉤ 총중량이 40ton을 초과하는 건설기계. 다만, 굴착기, 로더 및 지게차는 운전중량이 40ton을 초과하는 경우를 말한다.

   ㉥ 총중량 상태에서 축하중이 10ton을 초과하는 건설기계. 다만, 굴착기, 로더 및 지게차는 운전중량 상태에서 축하중이 10ton을 초과하는 경우를 말한다.

로더의 전경각 및 후경각(규칙 제14조)

① 로더의 전경각 : 버킷을 가장 높이 올린 상태에서 버킷만을 가장 아래쪽으로 기울였을 때 버킷의 가장 넓은 바닥면이 수평면과 이루는 각도

② 로더의 후경각 : 버킷의 가장 넓은 바닥면을 지면에 닿게 한 후 버킷만을 가장 안쪽으로 기울였을 때 버킷의 가장 넓은 바닥면이 지면과 이루는 각도

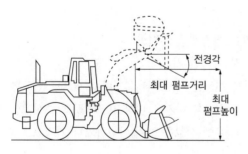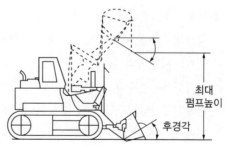

연료장치(규칙 제132조)

건설기계의 연료탱크, 주입구 및 가스배출구는 다음의 기준에 맞아야 한다.

① 연료탱크, 연료펌프, 연료배관 및 각종 이음장치에서 연료가 새지 아니할 것

② 연료 주입구 부근에는 사용하는 연료의 종류를 표시하여야 하며, 연료 등의 용제에 의하여 쉽게 지워지지 아니할 것

③ 노출된 전기단자 및 전기개폐기로부터 20cm 이상 떨어져 있을 것(연료탱크는 제외)

④ 연료 주입구는 배기관의 끝으로부터 30cm 이상 떨어져 있을 것

⑤ 연료탱크는 벽 또는 보호판 등으로 조종석과 분리되는 구조일 것

⑥ 연료탱크는 건설기계 차체에 견고하게 고정되어 있을 것

⑦ 경유를 연료로 사용하는 건설기계의 조속기(연료 분사량 조정기를 말함)는 연료의 분사량을 조작할 수 없도록 봉인되어 있을 것

▌ 타이어식 건설기계에 설치해야 하는 조명장치(규칙 제155조)

1. 최고주행속도가 15km/h 미만인 건설기계	• 전조등 • 제동등. 다만, 유량 제어로 속도를 감속하거나 가속하는 건설기계는 제외한다. • 후부반사기 • 후부반사판 또는 후부반사지
2. 최고주행속도가 15km/h 이상 50km/h 미만인 건설기계	• 1.에 해당하는 조명장치 • 방향지시등 • 번호등 • 후미등 • 차폭등
3. 「건설기계관리법」 제26조제1항 단서에 따라 「도로교통법」 제80조에 따른 운전면허를 받아 조종하는 건설기계 또는 50km/h 이상 운전이 가능한 타이어식 건설기계	• 1. 및 2.에 따른 조명장치 • 후퇴등 • 비상점멸 표시등

▌ 특별표지판 및 경고표지판의 부착(규칙 제168조, 제170조)

① 대형건설기계에는 기준에 적합한 특별표지판을 부착하여야 한다.

② 특별표지판은 등록번호가 표시되어 있는 면에 부착한다. 다만, 건설기계 구조상 불가피한 경우는 건설기계의 좌우 측면에 부착할 수 있다.

③ 대형건설기계에는 조종실 내부의 조종사가 보기 쉬운 곳에 기준에 적합한 경고표지판을 부착하여야 한다.

07 | 안전관리

[01] 산업안전일반

▌ **산업재해(산업안전보건법 제2조제1호)**

노무를 제공하는 사람이 업무에 관계되는 건설물·설비·원재료·가스·증기·분진 등에 의하거나 작업 또는 그 밖의 업무로 인하여 사망 또는 부상하거나 질병에 걸리는 것

▌ 안전점검은 산업재해 방지 대책을 수립하기 위하여 위험요인을 발견하는 방법으로 주된 목적은 위험을 사전에 발견하여 시정함이다.

▌ **산업재해 조사 목적**

① 동종재해 및 유사재해 재발 방지(근본적인 목적)
② 재해원인 규명
③ 자료 수집으로 예방대책 수립

▌ **사고와 부상의 종류**

① **중상해** : 부상으로 인하여 2주 이상의 노동손실을 가져온 상해 정도
② **경상해** : 부상으로 인하여 1일 이상 14일 미만의 노동손실을 가져온 상해 정도
③ **경미상해** : 부상으로 8시간 이하의 휴무 또는 작업에 종사하면서 치료를 받는 상해 정도

▌ **재해발생 시 조치요령**

운전 정지 → 피해자 구조 → 응급조치 → 2차 재해방지

▌ **사고의 원인**

직접원인	**물적 원인**	불안전한 상태(1차 원인)
	인적 원인	불안전한 행동(1차 원인)
	천재지변	불가항력
간접원인	**교육적 원인**	개인적 결함(2차 원인)
	기술적 원인	
	관리적 원인	사회적 환경, 유전적 요인

■ 사고 유발의 직접원인

불안전한 상태(물적 원인)	불안전한 행동(인적 원인)
• 물적인 자체의 결함 • 방호조치의 결함 • 물건의 두는 방법, 작업개소의 결함 • 보호구, 복장 등의 결함 • 작업환경의 결함 • 부외적, 자연적 불안전한 상태 • 작업방법의 결함	• 위험한 장소 접근 • 안전장치의 기능 제거 • 복장, 보호구의 잘못 사용 • 기계·기구의 잘못 사용 • 운전 중인 기계장치의 손질 • 불안전한 속도 조작 • 위험물 취급 부주의 • 불안전한 상태 방치 • 불안전한 자세 동작 • 감독 및 연락 불충분

■ 보호구의 구비조건

① 착용이 간편할 것

② 작업에 방해가 안 될 것

③ 위험, 유해요소에 대한 방호성능이 충분할 것

④ 재료의 품질이 양호할 것

⑤ 구조와 끝마무리가 양호할 것

⑥ 외양과 외관이 양호할 것

■ 장갑 착용이 금지되는 작업

선반작업, 드릴작업, 목공기계작업, 연삭작업, 제어작업 등

■ 작업복의 조건

① 주머니가 적고, 팔이나 발이 노출되지 않는 것이 좋다.

② 점퍼형으로 상의 옷자락을 여밀 수 있는 것이 좋다.

③ 소매가 단정할 수 있도록, 소매를 오므려 붙이도록 되어 있는 것이 좋다.

④ 소매를 손목까지 가릴 수 있는 것이 좋다.

⑤ 작업복은 몸에 알맞고, 동작이 편해야 한다.

⑥ 작업복은 항상 깨끗한 상태로 입어야 한다.

⑦ 착용자의 연령, 성별을 감안하여 적절한 스타일을 선정한다.

▌ 안전보건표지의 종류와 형태(산업안전보건법 시행규칙 [별표 6])

① 금지표지

출입금지	보행금지	차량통행금지	사용금지
탑승금지	금 연	화기금지	물체이동금지

② 경고표지

인화성물질 경고	산화성물질 경고	폭발성물질 경고	급성독성물질 경고
부식성물질 경고	발암성 · 변이원성 · 생식독성 · 전신독성 · 호흡기과민성물질 경고	방사성물질 경고	고압전기 경고
매달린 물체 경고	낙하물 경고	고온 경고	저온 경고
몸균형 상실 경고	레이저광선 경고	위험장소 경고	

60

③ 지시표지

보안경 착용	방독마스크 착용	방진마스크 착용	보안면 착용	안전모 착용
귀마개 착용	안전화 착용	안전장갑 착용	안전복 착용	

④ 안내표지

녹십자표지	응급구호표지	들 것	세안장치	비상용기구
비상구	좌측비상구		우측비상구	

▌ **주요 렌치**

① **오픈엔드렌치** : 박스렌치보다 큰 힘을 줄 수는 없지만 보다 빠르게 볼트, 너트를 조이거나 풀수 있으며, 연료파이프라인의 피팅(연결부)을 풀고, 조일 때 사용한다.

② **파이프렌치** : 파이프 또는 이와 같이 둥근 물체를 잡고 돌리는 데 사용한다.

③ **토크렌치** : 여러 개의 볼트머리나 너트를 조일 때 조이는 힘을 균일하게 하기 위해 사용하는 렌치로 한 손은 지지점을 고정한 뒤, 눈으로는 게이지 눈금을 확인하면서 조인다.

④ **복스렌치** : 볼트머리나 너트 주위를 완전히 감싸기 때문에 미끄러질 위험성이 적으므로 오픈엔드 렌치보다 더 빠르고, 수월하게 작업할 수 있다는 장점이 있다.

⑤ **조정렌치** : 볼트머리나 너트를 가장 안전하게 조이거나 풀 수 있는 공구이다.

▌ **스패너 작업 시 유의 사항**

① 스패너의 입(口)이 너트의 치수와 들어맞는 것을 사용해야 한다.

② 스패너에 더 큰 힘을 전달하기 위해 자루에 파이프 등을 끼우는 행위를 하지 않아야 한다.

③ 스패너와 너트가 맞지 않을 때 쐐기를 넣어 사용하지 않아야 한다.

④ 너트에 스패너를 깊이 물리도록 하여 완전히 감싸고 조금씩 당기는 방식으로 풀고 조인다.

⑤ 스패너 작업 시 몸의 균형을 잡는다.

⑥ 스패너를 해머처럼 사용하는 등 본래의 용도가 아닌 방식으로 사용하지 않는다.

⑦ 스패너를 죄고 풀 때에는 항상 앞으로 당긴다.

⑧ 장시간 보관할 때에는 방청제를 얇게 바른 뒤 건조한 장소에 보관한다.

▌ 해머 사용 시 유의 사항

① 손상된 해머(손잡이에 금이 갔거나 해머의 머리가 손상된 것, 쐐기가 없는 것, 낡은 것, 모양이 찌그러진 것)를 사용하지 않는다.

② 협소한 장소나 발판이 불안한 장소에서 해머 작업을 하지 않는다.

③ 재료에 변형이나 요철이 있을 때 해머를 타격하면 한쪽으로 튕겨서 부상당할 수 있으므로 주의한다.

④ 불꽃이 생기거나 파편이 생길 수 있는 작업에서는 반드시 보호안경을 써야 한다.

⑤ 장갑이나 기름 묻은 손으로 자루를 잡지 않는다.

⑥ 작업할 물건에 해머를 대고 무게중심이 잘 잡히도록 몸의 위치와 발을 고정하여 작업한다.

⑦ 작업에 적합한 무게의 해머를 선택하여 목표에 잘 맞도록 처음부터 크게 휘두르지 않도록 한두 번 가볍게 타격하다가 점차 크게 휘둘러 적당한 힘으로 작업한다.

▌ 연삭 작업 시 유의 사항

① 연삭숫돌은 사용 전 3분 이상 시운전(공회전)하고, 만약 사용 전에 연삭숫돌을 점검하여 균열이 있는 것은 사용하지 않으며, 소음이나 진동이 심할 때 즉시 정지하여 점검한다.

② 연삭기의 덮개 노출각도는 전체 원주의 1/4을 초과하지 말고, 연삭숫돌과 받침대 간격은 3mm 이내로 유지한다.

③ 작업 시 연삭숫돌의 측면을 사용하여 작업하지 말고, 연삭숫돌 정면으로부터 150° 정도 비켜서서 작업한다.

④ 가공물은 급격한 충격을 피하고 점진적으로 접촉시킨다.

⑤ 작업모, 안전화, 보안경, 방진마스크, 보호장갑을 착용한다.

▌ 사용한 공구는 기름걸레로 깨끗이 닦아서 공구상자나 공구를 보관하는 지정된 장소에 보관한다.

▌ 방호장치의 일반원칙

① 작업방해의 제거

② 작업점의 방호

③ 외관상의 안전화

④ 기계특성의 적합성

▌ 작업복 등이 말려들 수 있는 위험이 존재하는 기계 및 기구에는 회전축, 커플링, 벨트 등이 있으며, 동력전달장치에서 발생하는 재해 중 벨트로 인해 발생하는 사고가 가장 많다.

▌ 회전하는 물체를 탈부착하거나 풀리에 벨트를 거는 등의 작업을 하는 경우에는 회전 물체가 완전히 정지할 때까지 기다렸다가 작업을 해야 한다.

[02] 작업안전(가스)

▌ 도시가스사업법상 용어(도시가스사업법 시행규칙 제2조)
① 고압 : 1MPa 이상의 압력(게이지 압력)을 말한다. 다만, 액체상태의 액화가스는 고압으로 본다.
② 중압 : 0.1MPa 이상 1MPa 미만의 압력을 말한다. 다만, 액화가스가 기화되고, 다른 물질과 혼합되지 아니한 경우에는 0.01MPa 이상 0.2MPa 미만의 압력을 말한다.
③ 저압 : 0.1MPa 미만의 압력을 말한다. 다만, 액화가스가 기화되고, 다른 물질과 혼합되지 아니한 경우에는 0.01MPa 미만의 압력을 말한다.
   ※ $1MPa = 10.197kg/cm^2$

▌ 도시가스가 누출되었을 경우 폭발할 수 있는 조건
① 누출된 가스의 농도는 폭발범위 내에 들어야 한다.
② 누출된 가스에 불씨 등의 점화원이 있어야 한다.
③ 점화가 가능한 공기(산소)가 있어야 한다.
④ 가스 누출에 의해 폭발범위 내 점화원이 존재할 경우 가스는 폭발한다.

▌ 지상에 설치되어 있는 가스배관의 외면에 반드시 표시해야 할 사항
가스명, 흐름 방향, 압력 등

▌ 가스배관 지하매설 심도(도시가스사업법 시행규칙 [별표 6])
① 공동주택 등의 부지 내 : 0.6m 이상
② 폭 8m 이상의 도로 : 1.2m 이상. 다만, 도로에 매설된 최고사용압력이 저압인 배관에서 횡으로 분기하여 수요가에게 직접 연결되는 배관의 경우에는 1m 이상으로 할 수 있다.

③ 폭 4m 이상 8m 미만인 도로 : 1m 이상. 다만, 다음의 어느 하나에 해당하는 경우에는 0.8m 이상으로 할 수 있다.

　　㉠ 호칭지름이 300mm(KS M 3514에 따른 가스용 폴리에틸렌관의 경우에는 공칭외경 315mm를 말한다) 이하로서 최고사용압력이 저압인 배관

　　㉡ 도로에 매설된 최고사용압력이 저압인 배관에서 횡으로 분기하여 수요가에게 직접 연결되는 배관

▌배관의 외면으로부터 도로의 경계까지 수평거리 1m 이상, 도로 밑의 다른 시설물과는 0.3m 이상의 거리를 유지한다(도시가스사업법 시행규칙 [별표 5]).

▌**도시가스배관 매설상황 확인(도시가스사업법 제30조의3)**

도시가스사업이 허가된 지역에서 굴착공사를 하려는 자는 굴착공사를 하기 전에 해당 지역을 공급권역으로 하는 도시가스사업자가 해당 토지의 지하에 도시가스배관이 묻혀 있는지에 관하여 확인하여줄 것을 산업통상자원부령으로 정하는 바에 따라 정보지원센터에 요청하여야 한다. 다만, 도시가스배관에 위험을 발생시킬 우려가 없다고 인정되는 굴착공사로서 대통령령으로 정하는 공사의 경우에는 그러하지 아니하다.

▌도시가스배관 표면색은 저압이면 황색이고, 중압은 적색이다(도시가스사업법 시행규칙 [별표 5]).

▌**가스용기의 도색구분(고압가스 안전관리법 시행규칙 [별표 24])**

가스의 종류	산 소	수 소	아세틸렌	기타 가스
도색 구분	녹 색	주황색	황 색	회 색

[03] 작업안전(전기)

▌전기기기에 의한 감전사고를 막기 위하여 필요한 설비로 접지설비가 가장 중요하다.

▌애자란 전선을 철탑의 완금(Arm)에 기계적으로 고정시키고, 전기적으로 절연하기 위해서 사용하는 것이다.

▌가공전선로의 위험 정도는 애자의 개수에 따라 판별한다.

▮ 전압 계급별 애자 수

공칭전압(kV)	22.9	66	154	345
애자 수	2~3	4~5	9~11	18~23

▮ 굴착으로부터 전력케이블을 보호하기 위하여 표지시트, 지중선로 표시기, 보호판 등을 시설한다.

▮ 전선로가 매설된 도로에서 기계굴착작업 중 모래가 발견되면 인력으로 작업을 한다.

▮ 도로에서 파일 항타, 굴착작업 중 지하에 매설된 전력케이블에 충격 또는 손상이 가해지면 전력공급이 차단되거나 일정 시일 경과 후 부식 등으로 전력공급이 중단될 수 있다.

▮ 지하 전력케이블이 지상 전주로 입상 또는 지상 전력선이 지하 전력케이블로 입하하는 전주상에는 기기가 설치되어 있어 절대로 접촉 또는 근접해서는 안 된다.

▮ 굴착작업 중 주변의 고압선로 등에 주의하여 작업 전 작업장치를 한 바퀴 회전시켜 고압선과 안전거리를 확인한 후 작업한다.

▮ 전력케이블이 매설돼 있음을 표시하기 위한 표지 시트는 차도에서 지표면 아래 30cm 깊이에 설치되어 있다.

[04] 작업상의 안전(연소와 소화)

▮ 연소의 3요소 : 가연성 물질, 점화원(불), 공기(산소)

▮ 화재의 분류 및 소화대책
  ① A급 화재 : 일반화재 - 냉각소화
  ② B급 화재 : 유류·가스화재 - 질식소화
  ③ C급 화재 : 전기화재 - 냉각 또는 질식소화
  ④ D급 화재 : 금속화재 - 질식소화(냉각소화는 금지)

▌ 소화설비

① 포말소화설비는 연소면을 포말로 덮어 산소의 공급을 차단하는 질식작용에 의해 화염을 진화시킨다.

② 분말소화설비는 미세한 분말소화제를 화염에 방사시켜 화재를 진화시킨다.

③ 물분무소화설비는 연소물의 온도를 인화점 이하로 냉각시키는 효과가 있다.

④ 이산화탄소소화설비는 질식작용에 의해 화염을 진화시킨다.

[05] 작업상의 안전(용접)

▌ 토치에 점화시킬 때에는 아세틸렌 밸브를 먼저 열고 난 다음에 산소 밸브를 연다.

▌ **가스용접 호스** : 산소용은 흑색 또는 녹색, 아세틸렌용은 적색으로 표시한다.

▌ 용접작업 시 유해 광선으로 눈에 이상이 생겼을 때 응급처치요령은 냉수로 씻어 낸 다음 치료하는 것이다.

PART

01

기출복원문제

제1회~제7회   기출복원문제

행운이란 100%의 노력 뒤에 남는 것이다.

– 랭스턴 콜먼(Langston Coleman)

01 윤활유의 점도가 너무 높은 것을 사용했을 때의 설명으로 맞는 것은?

① 좁은 공간에 잘 침투하므로 충분한 주유가 된다.

② **엔진시동을 할 때 필요 이상의 동력이 소모된다.**

③ 점차 묽어지기 때문에 경제적이다.

④ 겨울철에 특히 사용하기 좋다.

> **해설**
> 윤활유의 점도가 너무 높은 것을 사용하면 처음 시동 시 각 주유부에 주유가 늦고, 축의 회전이 무거워져 필요 이상의 동력이 소모된다.

02 오일의 여과방식이 아닌 것은?

① **자력식**

② 분류식

③ 전류식

④ 션트식

> **해설**
> 오일의 여과방식
> • 전류식 : 윤활유 공급펌프에서 공급된 윤활유 전부가 엔진오일필터를 거쳐 윤활부로 가는 방식
> • 분류식 : 오일펌프에서 공급된 오일의 일부만 여과하여 오일 팬으로 공급하고 남은 오일은 그대로 윤활부로 공급하는 방식
> • 션트식 : 오일펌프에서 공급된 오일의 일부만 여과하고, 여과된 오일은 오일 팬을 거치지 않고 여과되지 않은 오일과 함께 윤활부에 공급하는 방식

03 디젤엔진에서 타이머의 역할로 가장 적합한 것은?

① 분사량 조절

② 자동변속 단(저속-고속) 조절

③ **연료 분사시기 조절**

④ 엔진속도 조절

> **해설**
> 디젤엔진에서 연료량을 조절하는 것은 조속기이며, 연료분사시기를 조정하는 것은 타이머이다.

04 엔진에서 냉각계통으로 배기가스가 누설되는 원인에 해당되는 것은?

① **실린더헤드 개스킷 불량**

② 매니폴드의 개스킷 불량

③ 워터펌프의 불량

④ 냉각팬의 벨트 유격 과대

> **해설**
> 냉각계통으로 배기가스가 누출되는 것은 엔진 내 실린더헤드 개스킷의 불량이나, 엔진의 균열 때문이다.

05 연료탱크의 연료를 분사펌프 저압부까지 공급하는 것은?

  ✔ **연료공급펌프**
② 연료분사펌프
③ 인젝션펌프
④ 로터리펌프

해설
연료탱크의 연료를 분사펌프 저압부까지 공급하는 것은 공급펌프이고, 노즐까지는 분사펌프가 한다.

06 부동액이 구비하여야 할 조건이 아닌 것은?

① 물과 쉽게 혼합될 것
② 침전물의 발생이 없을 것
③ 부식성이 없을 것
✔ **비등점이 물보다 낮을 것**

해설
비등점이 물보다 높아야 과열로 인한 피해를 방지할 수 있다.

07 피스톤과 실린더 간격이 클 때 일어나는 현상으로 맞는 것은?

① 엔진의 회전속도가 빨라진다.
✔ **블로바이 가스가 생긴다.**
③ 엔진의 출력이 증가한다.
④ 엔진이 과열한다.

해설
피스톤과 실린더 간격이 크면 압축행정 시 블로바이 가스가 생겨 출력 저하 및 오일의 희석 등이 생긴다.

08 디젤엔진에서 부조 발생의 원인이 아닌 것은?

✔ **발전기 고장**
② 거버너 작용 불량
③ 분사시기 조정 불량
④ 연료의 압송 불량

해설
디젤엔진에서 부조 발생의 원인은 연료계통의 고장이고, 발전기 고장은 충전과 방전의 원인이 된다.

09 디젤엔진에서 사용되는 공기청정기에 관한 설명으로 틀린 것은?

✔ **공기청정기는 실린더 마멸과 관계없다.**
② 공기청정기가 막히면 배기 색은 흑색이 된다.
③ 공기청정기가 막히면 출력이 감소한다.
④ 공기청정기가 막히면 연소가 나빠진다.

해설
실린더 내로 흡입하는 공기와 함께 들어오는 먼지 등은 실린더 벽, 피스톤, 피스톤링 및 흡 · 배기밸브 등을 마멸시키며, 또한 엔진오일에 유입되어 각 윤활 부분의 마멸을 촉진시킨다. 공기청정기는 흡입 공기의 먼지 등을 여과하여 이를 막는다.

10 디젤엔진의 시동을 용이하게 하기 위한 방법이 아닌 것은?

① 압축비를 높인다.
② 예열플러그를 충분히 가열한다.
③ 흡기온도를 상승시킨다.
✔ **시동 시 회전속도를 낮춘다.**

시동 시 회전속도를 높인다.

11 6기통 엔진이 4기통 엔진보다 좋은 점이 아닌 것은?

① 가속이 원활하고 신속하다.
② 저속회전이 용이하고 출력이 높다.
③ 엔진 진동이 적다.
✔ **구조가 간단하여 제작비가 싸다.**

6기통 엔진이 4기통 엔진보다 구조가 복잡하고, 제작비가 비싸다.

12 연료 취급에 관한 설명으로 가장 거리가 먼 것은?

✔ **연료 주입은 운전 중에 하는 것이 효과적이다.**
② 연료 주입 시 물이나 먼지 등의 불순물이 혼합되지 않도록 주의한다.
③ 정기적으로 드레인콕을 열어 연료탱크 내의 수분을 제거한다.
④ 연료를 취급할 때에는 화기에 주의한다.

연료 주입은 정지 상태에서 해야 한다.

13 엔진을 시동하기 위해 시동키를 작동했지만 기동모터가 회전하지 않아 점검하려고 한다. 점검 내용으로 틀린 것은?

① 배터리 방전 상태 확인
✔ **인젝션 펌프 솔레노이드 점검**
③ 배터리 터미널 접촉 상태 확인
④ ST 회로 연결 상태 확인

시동키를 작동했지만 기동모터가 회전하지 않을 때는 축전지(배터리), 터미널, ST 회로의 연결 상태를 점검한다.

14 교류발전기의 특징으로 틀린 것은?

① 속도변화에 따른 적용 범위가 넓고 소형, 경량이다.

② 저속 시에도 충전이 가능하다.

❸ 정류자를 사용한다.

④ 다이오드를 사용하기 때문에 정류 특성이 좋다.

해설
직류발전기에서는 정류자와 브러시가, 교류발전기에서는 다이오드가 교류를 직류로 바꾸어 준다.

15 건설기계 차량에서 가장 큰 전류가 흐르는 곳은?

① 콘덴서 ② 발전기로터

③ 배전기 **❹ 시동모터**

해설
기동전동기(= 시동모터, 스타트 모터)는 건설기계 차량에서 가장 큰 전류가 흐른다.

16 MF배터리가 아닌 일반 납산축전지를 보관 관리할 경우 며칠마다 정기적으로 충전하는 것이 좋은가?

❶ 15일 ② 30일

③ 45일 ④ 60일

해설
납산축전지를 보관 관리할 경우 15일마다 정기적으로 충전한다.

17 방향지시등의 한쪽 등이 빠르게 점멸하고 있을 때, 운전자가 가장 먼저 점검하여야 할 것은?

❶ 전 구

② 플래셔 유닛

③ 콤비네이션 스위치

④ 배터리

해설
한쪽 등에 이상이 있으면 다른 쪽 등의 점멸이 빨라지므로 가장 먼저 전구를 확인한다.

18 12V용 납산축전지의 방전종지 전압은?

① 12V **❷ 10.5V**

③ 7.5V ④ 1.75V

해설
12V용 납산축전지에는 6개의 셀이 있고, 방전종지 전압은 1.75V이므로, $1.75 \times 6 = 10.5$V이다.

19 토크컨버터의 구성품이 아닌 것은?

① 펌프
② 터빈
③ 스테이터
④ **플라이휠**

토크컨버터의 구성 : 펌프, 터빈, 스테이터로 구성되어 플라이휠에 부착되어 있다.

20 유압식 조향장치의 핸들 조작이 무거운 원인과 가장 거리가 먼 것은?

① 유압이 낮다.
② 오일이 부족하다.
③ 유압계통 내에 공기가 혼입되었다.
④ **펌프의 회전이 빠르다.**

조향장치의 핸들 조작이 무거운 원인
• 유압이 낮다.
• 오일이 부족하다.
• 유압계통 내에 공기가 혼입되었다.
• 타이어의 공기압력이 너무 낮다.
• 오일펌프의 회전이 느리다.
• 오일펌프의 벨트가 파손되었다.
• 오일호스가 파손되었다.
• 앞바퀴 휠 얼라인먼트 조절이 불량하다.

21 기계식 변속기가 설치된 건설기계에서 클러치판의 비틀림 코일스프링의 역할은?

① 클러치판이 더욱 세게 부착되도록 한다.
② **클러치 작동 시 충격을 흡수한다.**
③ 클러치의 회전력을 증가시킨다.
④ 클러치판과 압력판의 마멸을 방지한다.

비틀림 코일스프링은 작동 시 충격을 흡수하고, 쿠션스프링은 동력전달 시나 차단 시 충격을 흡수한다.

22 정지위치에서 로더의 붐이 저절로 하향하는 원인으로 적합하지 않은 것은?

① 붐 실린더의 패킹에 결함이 있다.
② 유압장치에 오일이 누출되고 있다.
③ **토크컨버터의 스테이터에 이상이 있다.**
④ 붐 제어밸브의 스풀이 마모되었다.

23 로더로 토사를 깎기 시작할 때 버킷을 약 몇 도(°) 정도 기울여 깎는 것이 좋은가?

① **5°**
② 15°
③ 45°
④ 65°

24 무한궤도식 장비에서 트랙 장력을 조정하는 기능을 가진 것은?

☑ 트랙 어저스터
② 스프로킷
③ 주행모터
④ 아이들러

> **해설**
> 트랙 어저스터를 돌려서 조정하면 아이들러가 앞뒤로 움직이면서 트랙 장력이 조정된다.

25 로더의 자동유압 붐 킥아웃의 기능은?

☑ 붐이 일정한 높이에 이르면 자동적으로 멈추어 작업능률과 안전성을 기하는 장치이다.
② 버킷 링크를 조정하여 덤프 실린더가 수평이 되게 하는 장치이다.
③ 가끔 침전물이나 물을 뽑아내고 이물질을 걸러 내는 장치이다.
④ 로더의 고속자동 시 자동적으로 버킷의 수평을 조정하는 장치이다.

26 로더의 버킷에 토사를 적재 후 이동 시 지면과 가장 적당한 간격은?

① 장애물의 식별을 위해 지면으로부터 약 2m 위치하고 이동한다.
② 작업 시 화물을 적재 후, 후진할 때는 다른 물체와 접촉을 방지하기 위해 약 3m 높이로 이동한다.
③ 작업시간을 고려하여 항시 트럭적재함 높이만큼 위치하고 이동한다.
☑ 안전성을 고려하여 지면으로부터 약 60 ~90cm 위치하고 이동한다.

> **해설**
> 로더의 버킷은 이동 시 지면과 60~90cm 정도를 유지하는 것이 가장 적당하다.

27 타이어식 로더 사용에 따른 주의사항으로 틀린 것은?

① 눈이 덮인 비탈길에서 미끄러짐이 있을 때에는 버킷을 접지시켜 멈춘다.
☑ 경사지에서는 작동 중에 변속기 레버를 중립에 놓는다.
③ 버킷에 적재 후 주행 시에는 버킷을 가능한 한 낮게 한다.
④ 제방이나 쌓여 있는 흙더미에서 작업할 때는 버킷의 날을 지면과 수평으로 유지한다.

> **해설**
> 경사지 작업 시 변속레버는 전진, 저속 위치로 두어야 로더가 흘러내리지 않는다.

28 로더작업으로 가장 적합하지 않은 것은?

① 지면보다 조금 높은 곳의 토량 상차

② 부피가 큰 재료를 끌어 모으기

③ 배수로 같은 홈 파내기

✅ **인양작업, 견인작업**

[해설]
물건을 들어 올리거나 사람을 운송하는 수단(인양작업), 트레일러를 끄는 견인작업 또는 작업대로 사용해서는 안 된다.

29 골재 채취장 등에서 주로 토사와 암석 분리에 효과적인 버킷은?

✅ **스켈리턴 버킷**

② 사이드 덤프 버킷

③ 래크 블레이드 버킷

④ 그레이딩 버킷

[해설]
스켈리턴 버킷(Skeleton Bucket)
강가에서 골재 채취 등에 적합하며 작은 골재, 물 등이 빠져나가는 구조로 되어 있다.

30 로더작업 시 안전에 관한 설명으로 옳지 않은 것은?

① 일반적인 로더의 주행 가능한 오르막 경사도는 25°이다.

✅ **일반적인 로더의 허용 운전 경사각은 45°이다.**

③ 지면고르기를 할 때는 동서남북 순으로 진행한 다음 로더를 45° 회전시켜 작업하는 것이 좋다.

④ 일반적인 로더의 주행 가능한 내리막 경사도는 30~35°이다.

[해설]
일반적인 로더의 허용 운전 경사각은 30°이다. 이를 초과하면 엔진 과열로 인한 손상이 발생하고 주요 윤활부가 조기 마모된다.

31 건설기계매매업의 등록을 하고자 하는 자의 구비서류로 맞는 것은?

① 건설기계매매업 등록필증

② 건설기계보험증서

③ 건설기계등록증

✅ **하자보증금예치증서 또는 보증보험증서**

[해설]
건설기계매매업의 등록 등(건설기계관리법 시행규칙 제62조제1항)
건설기계매매업을 등록하려는 자는 건설기계매매업등록신청서에 다음의 서류를 첨부하여 사무소의 소재지를 관할하는 시장·군수 또는 구청장에게 제출하여야 한다.
• 사무실의 소유권 또는 사용권이 있음을 증명하는 서류
• 주기장 소재지를 관할하는 시장·군수·구청장이 발급한 주기장 시설보유 확인서
• 5,000만원 이상의 하자보증금예치증서 또는 보증보험 증서

32 건설기계의 형식승인 또는 형식신고를 한 자가 그 형식에 관한 사항을 승인받지 아니하여도 되는 국토교통부령으로 정하는 경미한 사항에 해당하지 않는 것은?

① 타이어 규격변경(성능이 같거나 향상되는 경우에 한함)

② 작업장치의 형식변경(작업장치를 다른 형식으로 변경하는 경우에 한함)

③ 부품의 변경(건설기계의 성능 및 안전에 영향을 미치지 않는 경우에 한함)

④ 운전실 내외의 형태변경(건설기계의 길이·너비 또는 높이의 변경이 없는 경우에 한함)

형식승인을 받거나 형식신고를 한 자가 그 형식에 관한 사항을 변경하려면 형식승인을 받은 사항인 경우에는 국토교통부장관의 승인을 받아야 하고, 형식신고를 한 사항인 경우에는 국토교통부장관에게 신고하여야 한다. 다만, 국토교통부령으로 정하는 경미한 사항의 변경인 경우에는 그러하지 아니하다(건설기계관리법 제18조제3항).
경미한 사항의 변경(건설기계관리법 시행규칙 제45조)
법 제18조제3항 단서에서 "국토교통부령으로 정하는 경미한 사항"이란 다음의 어느 하나에 해당하는 사항을 말한다.
• 운전실 내외의 형태(건설기계의 길이·너비 또는 높이의 변경이 없는 경우에 한함)
• 타이어의 규격(성능이 같거나 향상되는 경우에 한함)
• 부품(건설기계의 성능 및 안전에 영향을 미치지 아니하는 경우에 한함)

33 정기 검사대상 건설기계의 정기검사 신청 기간으로 맞는 것은?

① 건설기계의 정기검사 유효기간 만료일 전 16일 이내에 신청한다.

② 건설기계의 정기검사 유효기간 만료일 전 5일 이내에 신청한다.

③ 건설기계의 정기검사 유효기간 만료일 전 15일 이내에 신청한다.

④ 건설기계의 정기검사 유효기간 만료일 전후 각각 31일 이내에 신청한다.

정기검사의 신청 등(건설기계관리법 시행규칙 제23조 제1항)
검사유효기간의 만료일 전후 각각 31일 이내의 기간(검사유효기간이 연장된 경우로서 타워크레인 또는 천공기(터널보링식 및 실드굴진식으로 한정)가 해체된 경우에는 설치 이후부터 사용 전까지의 기간으로 하고, 검사유효기간이 경과한 건설기계로서 소유권이 이전된 경우에는 이전등록한 날부터 31일 이내의 기간으로 하며, 이하 "정기검사신청기간"이라 한다)에 정기검사신청서를 시·도지사에게 제출해야 한다. 다만, 검사대행자가 지정된 경우에는 검사대행자에게 이를 제출해야 하고, 검사대행자는 받은 신청서 중 타워크레인 정기검사신청서가 있는 경우에는 총괄기관이 해당 검사신청의 접수 및 검사업무의 배정을 할 수 있도록 그 신청서와 첨부서류를 총괄기관에 즉시 송부해야 한다.

34 건설기계조종사면허 취소 사유가 아닌 것은?

① 부정한 방법으로 건설기계의 면허를 받은 때
② 면허정지처분을 받은 자가 그 정지 기간 중 건설기계를 조종한 때
③ 건설기계의 조종 중 고의로 인명피해를 일으킨 때
④ 도로주행 중 적재한 화물이 추락하여 사람이 부상한 사고

해설

건설기계조종사면허의 취소·정지(건설기계관리법 제28조)

시장·군수 또는 구청장은 건설기계조종사가 다음의 어느 하나에 해당하는 경우에는 국토교통부령으로 정하는 바에 따라 건설기계조종사면허를 취소하거나 1년 이내의 기간을 정하여 건설기계조종사면허의 효력을 정지시킬 수 있다. 다만, ①, ②, ⑧ 또는 ⑨에 해당하는 경우에는 건설기계조종사면허를 취소하여야 한다.

① 거짓이나 그 밖의 부정한 방법으로 건설기계조종사 면허를 받은 경우
② 건설기계조종사면허의 효력정지기간 중 건설기계를 조종한 경우
③ 다음 중 어느 하나에 해당하게 된 경우
　㉠ 건설기계 조종상의 위험과 장해를 일으킬 수 있는 정신질환자 또는 뇌전증환자로서 국토교통부령으로 정하는 사람
　㉡ 앞을 보지 못하는 사람, 듣지 못하는 사람, 그 밖에 국토교통부령으로 정하는 장애인
　㉢ 건설기계 조종상의 위험과 장해를 일으킬 수 있는 마약·대마·향정신성의약품 또는 알코올중독자로서 국토교통부령으로 정하는 사람
④ 건설기계의 조종 중 고의 또는 과실로 중대한 사고를 일으킨 경우
⑤ 「국가기술자격법」에 따른 해당 분야의 기술자격이 취소되거나 정지된 경우
⑥ 건설기계조종사면허증을 다른 사람에게 빌려 준 경우
⑦ 술에 취하거나 마약 등 약물을 투여한 상태 또는 과로·질병의 영향이나 그 밖의 사유로 정상적으로 조종하지 못할 우려가 있는 상태에서 건설기계를 조종한 경우
⑧ 정기적성검사를 받지 아니하고 1년이 지난 경우
⑨ 정기적성검사 또는 수시적성검사에서 불합격한 경우

건설기계조종사면허의 취소·정지처분기준(건설기계관리법 시행규칙 [별표 22])

위반행위	처분기준
건설기계의 조종 중 고의 또는 과실로 중대한 사고를 일으킨 경우	
① 인명피해	
㉠ 고의로 인명피해(사망·중상·경상 등)를 입힌 경우	취 소
㉡ 과실로 「산업안전보건법」에 따른 중대재해가 발생한 경우	취 소
㉢ 그 밖의 인명피해를 입힌 경우	
・사망 1명마다	면허효력정지 45일
・중상 1명마다	면허효력정지 15일
・경상 1명마다	면허효력정지 5일
② 재산피해 : 피해금액 50만원마다	면허효력정지 1일 (90일을 넘지 못함)
③ 건설기계의 조종 중 고의 또는 과실로 「도시가스사업법」에 따른 가스공급시설을 손괴하거나 가스공급시설의 기능에 장애를 입혀 가스의 공급을 방해한 경우	면허효력정지 180일

35 등록되지 아니한 건설기계를 사용하거나 운행한 자의 벌칙은?

① 1년 이하의 징역 또는 100만원 이하의 벌금

❷ **2년 이하의 징역 또는 2,000만원 이하의 벌금**

③ 20만원 이하의 벌금

④ 10만원 이하의 벌금

> **해설**
> 미등록 건설기계의 사용금지를 위반하여 등록되지 아니한 건설기계를 사용하거나 운행한 자는 2년 이하의 징역 또는 2,000만원 이하의 벌금에 처한다(건설기계 관리법 제40조제1호).

36 건설기계등록사항의 변경신고에서 건설기계 등록사항 변경신고서에 첨부하여야 하는 서류에 해당되는 것은?

① 형식변경 신청서류

② 건설기계 검사소의 서면 확인

③ 건설기계등록원부 등본

❹ **건설기계검사증**

> **해설**
> 등록사항의 변경신고(건설기계관리법 시행령 제5조 제1항)
> 건설기계의 소유자는 건설기계등록사항에 변경(주소지 또는 사용본거지가 변경된 경우를 제외)이 있는 때에는 그 변경이 있은 날부터 30일(상속의 경우에는 상속개시일부터 6개월) 이내에 건설기계등록사항변경신고서(전자문서로 된 신고서를 포함)에 다음의 서류(전자문서를 포함)를 첨부하여 등록을 한 시·도지사에게 제출하여야 한다. 다만, 전시·사변 기타 이에 준하는 국가비상사태하에 있어서는 5일 이내에 하여야 한다.
> • 변경내용을 증명하는 서류
> • 건설기계등록증(자가용 건설기계 소유자의 주소지 또는 사용본거지가 변경된 경우는 제외)
> • 건설기계검사증(자가용 건설기계 소유자의 주소지 또는 사용본거지가 변경된 경우는 제외)

37 유압펌프 점검에서 작동유 유출 여부 점검 사항이 아닌 것은?

① 정상작동 온도로 난기 운전을 실시하여 점검하는 것이 좋다.

② 고정볼트가 풀린 경우에는 추가 조임을 한다.

③ 작동유 유출 점검은 운전자가 관심을 가지고 점검하여야 한다.

❹ **하우징에 균열이 발생되면 패킹을 교환한다.**

> **해설**
> 하우징에 균열이 발생되면 하우징 자체를 수리 또는 교환한다.

38 유압오일 내에 기포(거품)가 형성되는 이유로 가장 적합한 것은?

① 오일 속의 수분 혼입

② 오일의 열화

❸ **오일 속의 공기 혼입**

④ 오일의 누설

> **해설**
> 유압장치에서 오일에 거품이 생기는 이유
> • 오일탱크와 펌프 사이에서 공기가 유입될 때
> • 오일이 부족할 때
> • 펌프 축 주위의 토출 측 실(Seal)이 손상되었을 때
> • 유압계통에 공기가 흡입되었을 때

39 유압실린더의 작동 속도가 정상보다 느릴 경우 예상되는 원인으로 가장 적합한 것은?

① 계통 내의 흐름 용량이 부족하다.
② 작동유의 점도가 약간 낮아짐을 알 수 있다.
③ 작동유의 점도지수가 높다.
④ 릴리프밸브의 조정 압력이 너무 높다.

해설
유압실린더의 작동 속도는 유량(흐름 용량)에 의해 달라진다.

40 유압 작동부에서 오일이 새고 있을 때 가장 먼저 점검해 보아야 하는 것은?

① 밸브(Valve)   ② 기어(Gear)
③ 플런저(Plunger)   **④ 실(Seal)**

해설
유압 작동부는 기름이 새지 않도록 실(Seal), 오링, 패킹 등을 사용한다.

41 단동 실린더의 기호 표시로 맞는 것은?

①   ②

③   ④

해설
④ 단동 실린더
① 무부하밸브
② 플런저
③ 스톱밸브

42 유압유를 외관상 점검한 결과 정상적인 상태를 나타내는 것은?

① 투명한 색채로 처음과 변화가 없다.
② 암흑 색채이다.
③ 흰 색채를 나타낸다.
④ 기포가 발생되어 있다.

해설
유압유를 외관상 점검한 결과 기포가 발생하였거나 투명하지 않은 색채는 오염되었거나 열화된 것이다.

43 회로 내 유체의 흐르는 방향을 조절하는 데 쓰이는 밸브는?

① 압력제어밸브
② 유량제어밸브
③ 방향제어밸브
④ 유압 액추에이터

해설
③ 방향제어밸브 : 일의 방향 제어
① 압력제어밸브 : 일의 크기 제어
② 유량제어밸브 : 일의 속도 제어
④ 유압 액추에이터 : 유압을 일로 바꾸는 장치

44 일반적으로 유압장치에서 릴리프밸브가 설치되는 위치는?

① 펌프와 오일탱크 사이
② 여과기와 오일탱크 사이
③ **펌프와 제어밸브 사이**
④ 실린더와 여과기 사이

해설
릴리프밸브의 역할
유압펌프와 제어밸브 사이에 설치되어 회로 내의 압력이 규정 이상으로 되면 작동유를 유압탱크로 리턴시켜 회로 내의 압력을 규정값 이내로 유지시키는 일을 한다.

45 유압모터에서 소음과 진동이 발생할 때의 원인이 아닌 것은?

① 내부 부품의 파손
② 작동유 속에 공기의 혼입
③ 체결 볼트의 이완
④ **펌프의 최고 회전속도 저하**

해설
펌프의 최고 회전속도 저하는 압력과 유량에 영향을 준다.

46 유압회로에서 작동유의 정상온도에 해당되는 것은?

① 5~10℃
② **50~70℃**
③ 112~115℃
④ 125~140℃

해설
유압 작동유의 적정온도 : 45~80℃ 이하(80℃ 이상 과열 상태)

47 유류화재 시 소화방법으로 가장 부적절한 것은?

① B급 화재 소화기를 사용한다.
② **다량의 물을 부어 끈다.**
③ 모래를 뿌린다.
④ ABC소화기를 사용한다.

해설
기름으로 인한 화재의 경우 기름과 물은 섞이지 않기 때문에 기름이 물을 타고 더 확산되어 버리게 된다.

48 다음 중 안전사항으로 틀린 것은?

① 전선의 연결부는 되도록 저항을 작게 해야 한다.
② 전기장치는 반드시 접지하여야 한다.
③ **퓨즈 교체 시에는 기존보다 용량이 큰 것을 사용한다.**
④ 계측기는 최대 측정범위를 초과하지 않도록 해야 한다.

해설
퓨즈 교체 시에는 반드시 같은 용량의 퓨즈로 바꿔야 한다. 명시된 용량보다 높은 퓨즈를 사용하면 화재의 위험이 있기 때문이다.

49 다음 그림과 같은 안전보건표지가 나타내는 것은?

① 비상구
✔ **출입금지**
③ 인화성물질 경고
④ 보안경 착용

해설
안전보건표지(산업안전보건법 시행규칙 [별표 6])

비상구	인화성물질 경고	보안경 착용

50 안전작업의 복장상태로 틀린 것은?

① 땀을 닦기 위한 수건이나 손수건을 허리나 목에 걸고 작업해서는 안 된다.
② 옷소매 폭이 너무 넓지 않은 것이 좋고, 단추가 달린 것은 되도록 피한다.
③ 물체 추락의 우려가 있는 작업장에서는 작업모를 착용해야 한다.
✔ **복장을 단정하게 하기 위해 넥타이를 꼭 매야 한다.**

해설
기계 주위에서 작업할 때는 넥타이를 매지 않으며, 너풀거리거나 찢어진 바지를 입지 않는다.

51 수공구의 사용방법으로 잘못된 것은?

① 공구를 청결한 상태에서 보관할 것
② 공구를 취급할 때에 올바른 방법으로 사용할 것
③ 공구는 지정된 장소에 보관할 것
✔ **공구 사용 전후에는 오일을 발라 둘 것**

해설
사용 전 오일을 바르면 사용 중 미끄럼 등으로 위험하다.

52 안전사고와 부상의 종류에서 재해의 분류상 중상해란 어느 정도의 상해를 말하는가?

① 부상으로 1주 이상의 노동손실을 가져온 상해 정도
✔ **부상으로 2주 이상의 노동손실을 가져온 상해 정도**
③ 부상으로 3주 이상의 노동손실을 가져온 상해 정도
④ 부상으로 4주 이상의 노동손실을 가져온 상해 정도

해설
사고와 부상의 종류
• 중상해 : 부상으로 인하여 2주 이상의 노동손실을 가져온 상해 정도
• 경상해 : 부상으로 인하여 1일 이상 14일 미만의 노동손실을 가져온 상해 정도
• 경미상해 : 부상으로 8시간 이하의 휴무 또는 작업에 종사하면서 치료를 받는 상해 정도

53 작업장에서 전기가 예고 없이 정전되었을 경우 전기로 작동하던 기계기구의 조치방법으로 틀린 것은?

① 즉시 스위치를 끈다.
② 안전을 위해 작업장을 정리해 놓는다.
③ 퓨즈의 단선 유무를 검사한다.
✔ 전기가 들어오는 것을 알기 위해 스위치를 켜 둔다.

해설
전기가 예고 없이 정전되었을 경우 퓨즈의 단선 유무를 검사하고 스위치를 끈 다음 작업장을 정리한다.

54 스패너 작업 시의 안전 및 주의사항으로서 틀린 것은?

① 녹이 생긴 볼트나 너트에는 오일을 넣어 스며들게 한 다음 돌린다.
② 지렛대용으로 사용하지 않는다.
③ 장시간 보관할 때에는 방청제를 바르고 건조한 곳에 보관한다.
✔ 힘겨울 때는 파이프 등의 연장대를 끼워서 사용한다.

해설
스패너 자루에 파이프를 이어서 사용해서는 안 된다.

55 가스용접의 안전사항으로 적합하지 않은 것은?

✔ 토치에 점화시킬 때에는 산소 밸브를 먼저 열고 다음에 아세틸렌 밸브를 연다.
② 산소누설 시험에는 비눗물을 사용한다.
③ 토치 끝으로 용접물의 위치를 바꾸면 안 된다.
④ 용접 가스를 들이마시지 않도록 한다.

해설
토치에 점화시킬 때에는 아세틸렌 밸브를 먼저 연 다음에 산소 밸브를 연다.

56 작업장에서 안전모를 쓰는 이유는?

① 작업원의 사기 진작을 위해
✔ 작업원의 안전을 위해
③ 작업원의 멋을 위해
④ 작업원의 합심을 위해

해설
안전모는 낙하, 추락 또는 감전에 의한 머리의 위험을 방지하는 보호구이다.

57 전선로 부근에서 작업할 때 다음 사항 중 틀린 것은?

① 전선은 바람에 흔들리게 되므로 이를 고려하여 간격거리를 증가시켜 작업해야 한다.

② 전선이 바람에 흔들리는 정도는 바람이 강할수록 많이 흔들린다.

③ 전선은 철탑 또는 전주에서 멀어질수록 많이 흔들린다.

④ **전선은 자체 무게가 있어 바람에는 흔들리지 않는다.**

해설
전선은 자체 무게가 있어 바람에 흔들린다.

58 감전사고 예방을 위한 주의사항의 내용으로 틀린 것은?

① 젖은 손으로는 전기 기기를 만지지 않는다.

② 코드를 뺄 때는 반드시 플러그의 몸체를 잡고 뺀다.

③ 전력선에 물체를 접촉하지 않는다.

④ **220V는 단상이고, 저압이므로 생명의 위협은 없다.**

해설
220V로 감전되었을 때 사망할 확률이 110V에 비해 훨씬 높다.

59 다음 보기에서 도시가스가 누출되었을 경우 폭발할 수 있는 조건을 모두 고른 것은?

보기
a. 누출된 가스의 농도는 폭발범위 내에 들어야 한다.
b. 누출된 가스에 불씨 등의 점화원이 있어야 한다.
c. 점화가 가능한 공기(산소)가 있어야 한다.
d. 가스가 누출되는 압력이 30kgf/cm² 이상이어야 한다.

① a   ② a, b
③ **a, b, c**   ④ a, c, d

해설
도시가스가 누출되었을 경우 압력에 관계 없이 폭발될 수 있다.

60 도시가스배관이 매설된 지점에서 가스배관 주위를 굴착하고자 할 때에 반드시 인력으로 굴착해야 하는 범위는?

① **가스배관 좌우 1m 이내**
② 가스배관 좌우 2m 이내
③ 가스배관 좌우 3m 이내
④ 가스배관 좌우 4m 이내

해설
도시가스배관 주위를 굴착하는 경우 도시가스배관의 좌우 1m 이내 부분은 인력으로 굴착할 것(도시가스사업법 시행규칙 [별표 16])

01 디젤엔진에서 인젝터 간 연료 분사량이 일정하지 않을 때 나타나는 현상은?

① 연료 분사량에 관계없이 엔진은 순조로운 회전을 한다.

② 연료소비에는 관계가 있으나 엔진 회전에 영향은 미치지 않는다.

✔ **연소 폭발음의 차이가 있으며 엔진은 부조를 하게 된다.**

④ 출력은 일정하나 엔진은 부조를 하게 된다.

> **해설**
> 연료 분사량에 비하여 점화플러그의 불꽃 발생 크기가 일정하지 않아 연소가 불규칙적으로 일어나 엔진 rpm이 오르락내리락한다.

02 터보차저에 대한 설명 중 틀린 것은?

① 흡기관과 배기관 사이에 설치된다.

② 과급기라고도 한다.

✔ **배기가스 배출을 위한 일종의 블로어(Blower)이다.**

④ 엔진 출력을 증가시킨다.

> **해설**
> 터보차저(과급장치)는 흡입공기의 체적 효율을 높이기 위하여 설치한 장치이다.

03 엔진 각 실린더에 공급되는 연료 분사량의 차이가 있을 때 발생하는 현상으로 가장 적합한 것은?

✔ **진동이 발생한다.**

② 엔진이 정지한다.

③ 회전속도가 급증한다.

④ 회전속도가 급감한다.

> **해설**
> 각 실린더에 공급되는 연료 분사량의 차이가 있을 때는 폭발음과 연소상태의 차이가 있고 진동이 발생한다.

04 디젤엔진에서 노크 방지법으로 틀린 것은?

① 착화성이 좋은 연료를 사용한다.

② 연소실벽 온도를 높게 유지한다.

✔ **압축비를 낮춘다.**

④ 착화기간 중의 분사량을 적게 한다.

> **해설**
> 압축비를 낮추는 것은 가솔린엔진의 노크를 경감시킬 수 있는 방법이다.

05 엔진의 윤활유 압력이 규정보다 높게 표시될 수 있는 원인으로 옳은 것은?

① 엔진오일 실(Seal) 파손
② 오일 게이지 휨
③ **압력조절밸브 불량**
④ 윤활유 부족

해설

압력조절밸브 불량 시 엔진의 윤활유 압력이 규정보다 높게 표시될 수 있다.

06 엔진의 배기가스 색이 회백색이라면 고장 예측으로 적절한 것은?

① 소음기 막힘
② 노즐의 막힘
③ 흡기 필터의 막힘
④ **피스톤링의 마모**

해설

배기 색이 회백색이 되는 원인
• 피스톤 · 피스톤링의 마모가 심할 때
• 연료유에 수분이 함유되었을 때
• 폭발하지 않는 실린더가 있을 때
• 소기압력이 너무 높을 때

07 피스톤과 실린더 사이의 간극이 너무 클 때 일어나는 현상은?

① 압축압력 증가
② **엔진오일의 소비 증가**
③ 실린더 소결
④ 출력 증가

해설

피스톤과 실린더 사이의 간극이 너무 크면 압축압력 저하로 출력이 낮아지고 연소실로 오일이 상승하여 연소되므로 소비가 증가한다.

08 엔진을 정지하고 계기판 전류계의 지시침을 살펴보니 정상에서 (−)방향을 지시하고 있다. 그 원인이 아닌 것은?

① 전조등 스위치가 점등 위치에서 방전하고 있다.
② 배선에서 누전되고 있다.
③ 시동 시 엔진 예열장치를 동작시키고 있다.
④ **발전기에서 축전지로 충전되고 있다.**

해설

발전기에서 축전지로 충전되고 있을 때는 전류계의 지시침이 (+)방향을 지시한다.

09 엔진이 작동되는 상태에서 점검 가능한 사항이 아닌 것은?

① 냉각수의 온도
② 충전상태
③ 엔진오일의 압력
✔ **④ 엔진오일량**

해설
엔진오일량은 엔진이 작동되기 전에 점검한다.

10 압력식 라디에이터 캡에 대한 설명으로 옳은 것은?

① 냉각장치 내부압력이 규정보다 낮을 때 공기밸브는 열린다.
② 냉각장치 내부압력이 규정보다 높을 때 진공밸브는 열린다.
✔ **③ 냉각장치 내부압력이 부압이 되면 진공밸브는 열린다.**
④ 냉각장치 내부압력이 부압이 되면 공기밸브는 열린다.

해설
냉각장치 내부압력이 규정보다 높을 때는 공기밸브가 열리고 부압이 되면 진공밸브가 열린다.

11 엔진의 부하에 따라 자동적으로 분사량을 가감하여 최고 회전속도를 제어하는 것은?

① 플런저 펌프　② 캠 축
✔ **③ 거버너**　④ 타이머

해설
① 플런저 펌프 : 분사펌프의 일종
② 캠축 : 분사펌프의 작동기어와 같이 구동
④ 타이머 : 분사시기를 조정

12 건설기계 엔진에 사용되는 시동모터가 회전이 안 되거나 회전력이 약한 원인이 아닌 것은?

① 시동스위치 접촉 불량이다.
② 배터리 단자와 터미널의 접촉이 나쁘다.
✔ **③ 브러시가 정류자에 잘 밀착되어 있다.**
④ 배터리 전압이 낮다.

해설
브러시가 정류자에 잘 밀착되어 있지 않을 때이다.

13 엔진에서 엔진오일이 연소실로 올라오는 이유는?

✔ **① 피스톤링 마모**
② 피스톤핀 마모
③ 커넥팅로드 마모
④ 크랭크축 마모

해설
실린더의 마모나 피스톤링의 마모 시 엔진에서 엔진오일이 연소실로 올라온다.

14 황산과 증류수를 이용하여 전해액을 만들 때의 설명으로 옳은 것은?

    ☑ **황산을 증류수에 부어야 한다.**
    ② 증류수를 황산에 부어야 한다.
    ③ 황산과 증류수를 동시에 부어야 한다.
    ④ 철제 용기를 사용한다.

[해설]
전해액을 만들 때는 황산을 증류수에 부어야 한다. 만일 증류수를 황산에 부어 주면 폭발할 수 있다.

15 AC발전기에서 전류가 흐를 때 전자석이 되는 것은?

    ① 계자 철심
    ☑ **로 터**
    ③ 스테이터 철심
    ④ 아마추어

[해설]
전류가 흐를 때 교류발전기는 로터, 직류발전기는 계자 철심이 전자석이 된다.

16 납산축전지를 오랫동안 방전 상태로 두면 사용하지 못하게 되는 원인은?

    ☑ **극판이 영구 황산납이 되기 때문이다.**
    ② 극판에 산화납이 형성되기 때문이다.
    ③ 극판에 수소가 형성되기 때문이다.
    ④ 극판에 녹이 슬기 때문이다.

[해설]
납산축전지를 방전하면 양극판과 음극판은 황산납으로 바뀐다. 충전 중에는 양극판의 황산납은 과산화납으로, 음극판의 황산납은 해면상납으로 변한다.

17 엔진에서 예열플러그의 사용시기는?

    ① 축전지가 방전되었을 때
    ② 축전지가 과충전되었을 때
    ☑ **기온이 낮을 때**
    ④ 냉각수의 양이 많을 때

[해설]
예열플러그는 기온이 낮을 때 시동을 돕기 위한 것이다.

18 로더의 작업장치에 대한 설명이 잘못된 것은?

    ① 붐 실린더는 붐의 상승·하강 작용을 해 준다.
    ② 버킷 실린더는 버킷의 오므림·벌림 작용을 해 준다.
    ③ 로더의 규격은 표준 버킷의 산적용량 (m^3)으로 표시한다.
    ☑ **작업 장치를 작동하게 하는 실린더 형식은 주로 단동식이다.**

[해설]
작업장치를 작동하게 하는 실린더 형식은 주로 복동식이다.

19 무한궤도식 장비에서 트랙 장력이 느슨해 졌을 때 팽팽하게 조정하는 방법으로 맞는 것은?

① 기어오일을 주입하여 조정한다.
✅ **그리스를 주입하여 조정한다.**
③ 엔진오일을 주입하여 조정한다.
④ 브레이크 오일을 주입하여 조정한다.

해설
트랙의 장력을 조정하는 방법에는 그리스를 실린더에 주입하여 조정하는 유압식과 조정나사로 조정하는 기계식이 있다.

20 로더로 제방이나 쌓여 있는 흙더미에서 작업할 때 버킷의 날을 지면과 어떻게 유지하는 것이 가장 좋은가?

① 20° 정도 전경시킨 각
② 30° 정도 전경시킨 각
✅ **버킷과 지면이 수평으로 나란하게**
④ 90° 직각을 이룬 전경각과 후경을 교차로

21 타이어식 로더가 트럭에 적재할 때 덤핑 클리어런스를 올바르게 설명한 것은?

① 덤핑 클리어런스가 있으면 안 된다.
② 후진 시 덤핑 클리어런스가 필요한 것이다.
✅ **덤핑 클리어런스는 적재함보다 높아야 한다.**
④ 무조건 낮은 것이 좋다.

해설
덤핑 클리어런스는 버킷을 상승시켰을 때 버킷 투스 하단과 지면과의 거리로, 적재함보다 높아야 한다.

22 수동 변속기 클러치 페달의 자유간극 조정 방법은?

✅ **클러치 링키지 로드를 조정하여서**
② 클러치 페달 리턴스프링 장력을 조정하여서
③ 클러치 베어링을 움직여서
④ 클러치 스프링 장력을 조정하여서

해설
클러치 페달의 자유간극 조정방법 : 링키지 로드, 페달 또는 로드 조정너트로 한다.

23 브레이크 장치의 베이퍼 로크 발생 원인이 아닌 것은?

① 긴 내리막길에서 과도한 브레이크 사용
② **엔진 브레이크의 장시간 사용**
③ 드럼과 라이닝의 끌림에 의한 가열
④ 오일의 변질에 의한 비등점 저하

해설
브레이크 장치의 베이퍼 로크(증기폐쇄현상) 발생은 열이 오일에 전달될 때이고, 엔진 브레이크 사용과는 관계가 없다.

24 타이어식 로더가 무한궤도식 로더에 비해 좋은 점은?

① 견인력
② 습지에서의 작업성
③ **기동성**
④ 좁은 공간에서의 선회성

25 수동 변속기가 장착된 건설기계장비에서 주행 중 기어가 빠지는 원인이 아닌 것은?

① 기어의 물림이 덜 물렸을 때
② 기어의 마모가 심할 때
③ **클러치의 마모가 심할 때**
④ 변속기 록 장치가 불량할 때

해설
클러치의 마모가 심할 때는 동력 전달 시 미끄러짐 현상이 나타난다.

26 로더의 조종 및 작업 시 안전수칙 중 틀린 것은?

① 로더를 운전하려고 시동을 할 때에는 붐, 버킷 레버, 변속기 등은 중립에 둔다.
② 버킷에 흙을 채울 때 버킷은 지면과 평행하게 하고 흙을 깎기 시작할 때는 5° 정도 기울여 깎는다.
③ **흙 깎기를 할 때 깎이는 깊이 조정은 붐을 약간 하강시켜서 한다.**
④ 로더를 사용하지 않을 때에는 버킷을 지면에 내려놓는다.

해설
흙 깎기를 할 때 깎이는 깊이 조정은 붐을 약간 상승시키거나 버킷을 복귀시켜서 한다.

27 로더로 굴착작업을 할 때의 방법으로 틀린 것은?

① 지면이 단단하면 투스 타입이나 커팅 에지 타입 버킷을 사용한다.
② **버킷에 흙을 가득 채웠을 때는 앞으로 오므려 큰 힘을 받을 수 있게 한다.**
③ 굴착작업 전 지면은 평탄하도록 작업한다.
④ 굴착작업 시 버킷을 수평으로 한다.

해설
굴착작업 시 토사를 가득 채웠을 때에는 버킷을 뒤로 오므려 큰 힘을 지탱한다.

28 건설기계조종사에 관한 설명 중 틀린 것은?

① 해당 건설기계 조종의 국가기술자격소지자가 건설기계조종사면허를 받지 않고 건설기계를 조종한 때에는 무면허이다.

② 거짓이나 그 밖의 부정한 방법으로 건설기계조종사면허를 받은 경우는 면허를 취소하여야 한다.

③ **정기적성검사를 받지 아니하거나 적성검사에 불합격한 경우는 건설기계조종사면허의 효력을 정지시킬 수 있다.**

④ 건설기계조종사면허의 효력정지기간 중 건설기계를 조종한 때에는 시장·군수 또는 구청장은 건설기계조종사면허를 취소하여야 한다.

해설

정기적성검사를 받지 아니하고 1년이 지난 경우, 정기적성검사 또는 수시적성검사에서 불합격한 경우 건설기계조종사면허를 취소하여야 한다(건설기계관리법 제28조).

29 엔진 과열의 직접적인 원인이 아닌 것은?

① 팬 벨트의 느슨함

② 라디에이터의 코어 막힘

③ 냉각수의 부족

④ **타이밍 체인(Timing Chain)의 헐거움**

해설

타이밍 체인이 헐거우면 밸브 개폐시기가 달라진다.

30 대형건설기계에 해당하는 하중 및 총중량은?

① 총중량 상태에서 윤하중 5ton 초과, 총중량 20ton 초과

② 총중량 상태에서 축하중 10ton 초과, 총중량 20ton 초과

③ **총중량 상태에서 축하중 10ton 초과, 총중량 40ton 초과**

④ 총중량 상태에서 윤하중 10ton 초과, 총중량 10ton 초과

해설

대형건설기계(건설기계 안전기준에 관한 규칙 제2조제33호)
- 길이가 16.7m를 초과하는 건설기계
- 너비가 2.5m를 초과하는 건설기계
- 높이가 4.0m를 초과하는 건설기계
- 최소회전반경이 12m를 초과하는 건설기계
- 총중량이 40ton을 초과하는 건설기계. 다만, 굴착기, 로더 및 지게차는 운전중량이 40ton을 초과하는 경우
- 총중량 상태에서 축하중이 10ton을 초과하는 건설기계. 다만, 굴착기, 로더 및 지게차는 운전중량 상태에서 축하중이 10ton을 초과하는 경우

31 시·도지사가 직권으로 등록말소할 수 있는 사유가 아닌 것은?

① 대통령령으로 정하는 내구연한을 초과한 건설기계

② 거짓이나 그 밖의 부정한 방법으로 등록을 한 경우

③ 방치된 건설기계를 시·도지사가 강제로 폐기한 때

④ 건설기계를 산 사람이 소유권 이전등록을 하지 아니한 때

해설

등록의 말소(건설기계관리법 제6조제1항)

시·도지사는 등록된 건설기계가 다음의 어느 하나에 해당하는 경우에는 그 소유자의 신청이나 시·도지사의 직권으로 등록을 말소할 수 있다. 다만, ①, ⑤, ⑧(건설기계의 강제처리(법 제34조의2제2항)에 따라 폐기한 경우로 한정) 또는 ⑫에 해당하는 경우에는 직권으로 등록을 말소하여야 한다.

① 거짓이나 그 밖의 부정한 방법으로 등록을 한 경우

② 건설기계가 천재지변 또는 이에 준하는 사고 등으로 사용할 수 없게 되거나 멸실된 경우

③ 건설기계의 차대(車臺)가 등록 시의 차대와 다른 경우

④ 건설기계가 건설기계안전기준에 적합하지 아니하게 된 경우

⑤ 정기검사 명령, 수시검사 명령 또는 정비 명령에 따르지 아니한 경우

⑥ 건설기계를 수출하는 경우

⑦ 건설기계를 도난당한 경우

⑧ 건설기계를 폐기한 경우

⑨ 건설기계해체재활용업을 등록한 자(건설기계해체재활용업자)에게 폐기를 요청한 경우

⑩ 구조적 제작 결함 등으로 건설기계를 제작자 또는 판매자에게 반품한 경우

⑪ 건설기계를 교육·연구 목적으로 사용하는 경우

⑫ 대통령령으로 정하는 내구연한을 초과한 건설기계. 다만, 정밀진단을 받아 연장된 경우는 그 연장기간을 초과한 건설기계

⑬ 건설기계를 횡령 또는 편취당한 경우

32 건설기계 정비시설을 갖춘 정비사업자만이 정비할 수 있는 사항은?

① 오일의 보충

② 배터리 교환

③ 유압장치 호스 교환

④ 제동등 전구의 교환

해설

건설기계정비업의 사업범위(건설기계관리법 시행령 [별표 2])

① 건설기계정비업의 분류
   ㉠ 종합건설기계정비업 : 전기종, 굴착기, 지게차, 기중기, 덤프 및 믹서
   ㉡ 부분건설기계정비업
   ㉢ 전문건설기계정비업 : 원동기, 유압, 타워크레인

② 정비항목
   ㉠ 원동기
     • 실린더헤드의 탈착정비
     • 실린더·피스톤의 분해정비
     • 크랭크샤프트·캠샤프트의 분해정비
     • 연료(연료공급 및 분사)펌프의 분해정비
     • 위의 사항을 제외한 원동기 부분의 정비
   ㉡ 유압장치의 탈부착 및 분해정비
   ㉢ 변속기
     • 탈부착
     • 변속기의 분해정비
   ㉣ 전후 차축 및 제동장치의 정비(타이어식으로 된 것)
   ㉤ 차체 부분
     • 프레임 조정
     • 롤러·링크·트랙 슈의 재생
     • 위의 사항을 제외한 차체 부분의 정비
   ㉥ 이동정비
     • 응급조치
     • 원동기의 탈부착
     • 유압장치의 탈부착
     • 원동기의 탈부착 및 유압장치의 탈부착을 제외한 부분의 탈부착

33 임시운행 사유가 아닌 것은?

✔️ **① 정비명령을 받은 건설기계가 정비공장**
　　과 검사소를 운행하는 경우
② 신규 등록을 하기 위하여 건설기계를
　　등록지로 운행하는 경우
③ 신개발 건설기계를 시험 운행하는 경우
④ 확인검사를 받기 위하여 운행하는 경우

해설
미등록 건설기계의 임시운행(건설기계관리법 시행규
칙 제6조제1항)
건설기계의 등록 전에 일시적으로 운행을 할 수 있는
경우는 다음과 같다.
• 등록신청을 하기 위하여 건설기계를 등록지로 운행하
　는 경우
• 신규등록검사 및 확인검사를 받기 위하여 건설기계를
　검사장소로 운행하는 경우
• 수출을 하기 위하여 건설기계를 선적지로 운행하는
　경우
• 수출을 하기 위하여 등록말소한 건설기계를 점검·정
　비의 목적으로 운행하는 경우
• 신개발 건설기계를 시험·연구의 목적으로 운행하는
　경우
• 판매 또는 전시를 위하여 건설기계를 일시적으로 운행
　하는 경우

34 건설기계의 범위 중 틀린 것은?

① 이동식으로 20kW의 원동기를 가진 쇄
　　석기
② 혼합장치를 가진 자주식인 콘크리트믹
　　서트럭
③ 정지장치를 가진 자주식인 모터그레이
　　더
✔️ **④ 적재용량 5ton의 덤프트럭**

해설
건설기계의 범위(건설기계관리법 시행령 [별표 1])

건설기계명	범 위
쇄석기	20kW 이상의 원동기를 가진 이동식 인 것
콘크리트 믹서트럭	혼합장치를 가진 자주식인 것(재료의 투 입·배출을 위한 보조장치가 부착된 것 을 포함)
모터그레이더	정지장치를 가진 자주식인 것
덤프트럭	적재용량 12ton 이상인 것(단, 적재용량 12ton 이상 20ton 미만의 것으로 화물 운송에 사용하기 위하여 자동차관리법 에 의한 자동차로 등록된 것을 제외)

35 다음 중 연소의 3요소가 아닌 것은?

① 가연성 물질
✔️ **② 질 소**
③ 점화원
④ 산 소

해설
연소의 3요소 : 연료(가연물), 산소, 점화원

36 건설기계조종사면허가 취소되거나 효력 정지처분을 받은 후에도 건설기계를 계속하여 조종한 자에 대한 벌칙은?

① 과태료 50만원

✓ **1년 이하의 징역 또는 1,000만원 이하의 벌금**

③ 최소 기간 연장조치

④ 조종사면허 취득 절대 불가

해설
건설기계조종사면허가 취소되거나 건설기계조종사면허의 효력정지처분을 받은 후에도 건설기계를 계속하여 조종한 자는 1년 이하의 징역 또는 1,000만원 이하의 벌금에 처한다(건설기계관리법 제41조제18호).

37 건설기계의 연료 주입구는 배기관의 끝으로부터 얼마 이상 떨어져 설치하여야 하는가?

① 5cm   ② 10cm

✓ 30cm   ④ 50cm

해설
연료장치(건설기계 안전기준에 관한 규칙 제132조제4호)
연료 주입구는 배기관의 끝으로부터 30cm 이상 떨어져 있을 것

38 유압펌프의 압력 조절밸브 스프링 장력이 강하게 조절되었을 때 나타나는 현상으로 가장 적절한 것은?

✓ **유압이 높아진다.**

② 유압이 낮아진다.

③ 토출량이 증가한다.

④ 토출량이 감소한다.

해설
유압펌프의 압력 조절밸브 스프링 장력이 크면 유압이 높아지고, 작으면 낮아진다.

39 유압모터의 단점에 해당되지 않는 것은?

① 작동유에 먼지나 공기가 침입하지 않도록 특히 보수에 주의해야 한다.

② 작동유가 누출되면 작업 성능에 지장이 있다.

③ 작동유의 점도변화에 의하여 유압모터의 사용에 제약이 있다.

✓ **릴리프밸브를 부착하여 속도나 방향을 제어하기가 곤란하다.**

해설
유압모터의 장점
속도나 방향의 제어가 용이하고 릴리프밸브를 달면 기구적 손상을 주지 않고 급정지시킬 수 있다.

40 액추에이터를 순서에 맞추어 작동시키기 위하여 설치할 밸브는?

① 메이크업밸브(Makeup Valve)
② 리듀싱밸브(Reducing Valve)
③ **시퀀스밸브(Sequence Valve)**
④ 언로드밸브(Unload Valve)

해설
① 메이크업밸브 : 실린더진공방지, 체크밸브역할, 오일공급
② 리듀싱(감압)밸브 : 유압회로에서 입구 압력을 감압하여 유압실린더 출구 설정 압력 유압으로 유지하는 밸브
④ 언로드밸브 : 유량을 펌프로 복귀시켜 무부하 펌프가 되게 하는 밸브

41 유압회로에서 작동유의 적정온도는?

① 2~5℃　　　② **45~80℃**
③ 95~115℃　　④ 125~250℃

해설
유압 작동유의 적정온도 : 45~80℃ 이하(80℃ 이상 과열 상태)

42 오일탱크 내의 오일을 전부 배출시킬 때 사용하는 것은?

① 리턴 라인
② 배 플
③ 어큐뮬레이터
④ **드레인 플러그**

해설
① 리턴 라인 : 되돌림 라인
② 배플 : 칸막이 역할
③ 어큐뮬레이터 : 축압기

43 유압실린더의 작동속도가 느릴 경우 그 원인으로 옳은 것은?

① 엔진오일 교환시기가 경과되었을 때
② **유압회로 내에 유량이 부족할 때**
③ 운전실에 있는 가속페달을 작동시켰을 때
④ 릴리프밸브의 세팅 압력이 높을 때

해설
유압실린더의 작동속도는 유량에 따라 달라진다.

44 밀폐용기 속의 유체 일부에 가해진 압력은 각부의 모든 부분에 같은 세기로 전달된다는 것은?

① 베르누이의 정의
② 렌츠의 법칙
③ **파스칼의 원리**
④ 보일 샤를의 법칙

해설
파스칼(Pascal)의 원리
유체(기체나 액체) 역학에서 밀폐된 용기 내에 정지해 있는 유체의 어느 한 부분에서 생기는 압력의 변화가 유체의 다른 부분과 용기의 벽면에 손실 없이 전달된다는 원리

45 정용량형 유압펌프의 기호는?

① ②
③ ④

해설
② 가변용량형 유압펌프
③ 여과기
④ 전동기

46 유압 기본회로에 속하지 않는 것은?

① 오픈회로(Open Circuit)
② 클로즈 회로(Close Circuit)
③ 탠덤 회로(Tandem Circuit)
④ **서지업 회로(Surge Up Circuit)**

해설
유압의 기본회로는 크게 오픈 · 클로즈 · 탠덤 회로로 분류된다.

47 유압회로에서 역류를 방지하고 회로 내의 잔류압력을 유지하는 밸브는?

① **체크밸브**   ② 셔틀밸브
③ 매뉴얼밸브   ④ 스로틀밸브

해설
② 셔틀밸브 : 고압력만 통과시키고 저압력은 통제하는 밸브
③ 매뉴얼밸브 : 오일라인의 압력을 수동으로 작동시키는 밸브
④ 스로틀밸브 : 유량조절밸브

48 적색 원형으로 만들어지는 안전 표지판은?

① 경고표지   ② 안내표지
③ 지시표지   ④ **금지표지**

해설
① 경고표지 : 노란 삼각형
② 안내표지 : 원형 및 사각형
③ 지시표지 : 파란 원형

49 일반적인 작업장에서 작업안전을 위한 복장으로 적합하지 않은 것은?

① 작업복 착용
② 안전모 착용
③ 안전화 착용
☑ **선글라스 착용**

50 전기아크용접에서 눈을 보호하기 위한 보안경 선택으로 맞는 것은?

① 도수 안경
② 방진 안경
☑ **차광용 안경**
④ 실험실용 안경

해설
눈 보호구의 종류 및 사용 구분

종 류	사용 구분
차광 보안경	눈에 해로운 자외선 및 적외선 또는 강렬한 가시광선(유해광선)이 발생하는 장소에서 눈을 보호하기 위한 것
유리 보안경	미분, 칩, 기타 비산물로부터 눈을 보호하기 위한 것
플라스틱 보안경	미분, 칩, 액체 약품 등 기타 비산물로부터 눈을 보호하기 위한 것
도수렌즈 보안경	근시, 원시 혹은 난시인 근로자가 차광 보안경, 유리 보안경을 착용해야 하는 장소에서 작업하는 경우, 빛이나 비산물 및 기타 유해물질로부터 눈을 보호함과 동시에 시력을 교정하기 위한 것

51 작업장의 안전사항 중 틀린 것은?

① 위험한 작업장에는 안전수칙을 부착하여 사고 예방을 한다.
☑ **기름 묻은 걸레는 한쪽으로 쌓아 둔다.**
③ 무거운 구조물은 인력으로 무리하게 이동하지 않는 것이 좋다.
④ 작업이 끝나면 사용 공구는 정위치에 정리, 정돈한다.

해설
사업주는 기름 또는 인쇄용 잉크류 등이 묻은 천 조각이나 휴지 등은 뚜껑이 있는 불연성 용기에 담아 두는 등 화재예방을 위한 조치를 하여야 한다.

52 벨트 취급에 대한 안전사항 중 틀린 것은?

① 벨트 교환 시 회전을 완전히 멈춘 상태에서 한다.
☑ **벨트의 회전을 정지시킬 때 손으로 잡는다.**
③ 벨트에는 적당한 장력을 유지하도록 한다.
④ 고무벨트에는 기름이 묻지 않도록 한다.

해설
벨트의 회전이 완전히 멈춘 상태에서 손으로 잡아야 한다.

53 해머작업의 안전수칙이다. 틀린 것은?

① 장갑을 끼고 해머를 사용하지 말 것
② 해머작업 중에는 수시로 해머 상태를 확인할 것
③ 해머작업 시 타격면을 주시할 것
④ **해머작업에서 열처리된 것은 강하게 때릴 것**

열처리된 재료는 해머로 때리지 않도록 주의하고, 자루가 불안정한 것은 사용하지 않는다.

54 복스렌치가 오픈렌치보다 많이 사용되는 이유로 맞는 것은?

① 값이 싸고, 구입하기 편리하기 때문이다.
② 여러 가지 크기의 볼트, 너트에 사용할 수 있기 때문이다.
③ 복잡한 작업에 사용이 용이하기 때문이다.
④ **볼트, 너트 주위를 완전히 감싸게 되어 있어 사용 중에 잘 미끄러지지 않기 때문이다.**

55 건설 산업현장에서 재해가 자주 발생하는 주요 원인이 아닌 것은?

① 안전의식 부족
② 안전교육 부족
③ **작업의 용이성**
④ 작업 자체의 위험성

건설 산업현장에서 재해가 자주 발생하는 주요 원인 안전의식 부족, 안전교육 부족, 작업 자체의 위험성, 작업량 과다, 작업자의 방심 등

56 안전관리상 인력운반으로 중량물을 들어 올리거나 운반 시 발생할 수 있는 재해와 가장 거리가 먼 것은?

① 낙 하
② 협착(압상)
③ **단전(정전)**
④ 충 돌

① 낙하 : 상부로부터 떨어지는 물건에 사람이 맞은 경우, 본인이 쥐고 있던 물건을 발아래에 떨어뜨린 경우 포함
② 협착(압상) : 물체의 사이에 끼인 경우
④ 충돌 : 사람, 장비가 정지한 물체에 부딪치는 경우

57 상수도관을 도시가스배관 주위에 매설 시 도시가스배관 외면과 상수도관의 최소 이격거리는?

❤ 30cm 이상
② 50cm 이상
③ 60cm 이상
④ 1m 이상

해설
배관의 외면으로부터 도로의 경계까지 수평거리 1m 이상, 도로 밑의 다른 시설물과는 0.3m 이상의 거리를 유지한다(도시가스사업법 시행규칙 [별표 5]).

58 도시가스 매설배관의 최고사용압력에 따른 보호포의 바탕색이 바른 것은?

❤ 저압 – 황색, 중압 이상 – 적색
② 저압 – 흰색, 중압 이상 – 적색
③ 저압 – 적색, 중압 이상 – 황색
④ 저압 – 적색, 중압 이상 – 흰색

해설
보호포(KGS FS551, 2.10.3.3.1)
보호포의 바탕색은 최고사용압력이 저압인 관은 황색, 중압 이상인 관은 적색으로 한다.

59 고압 전선로 주변에서 작업 시 건설기계와 전선로와의 안전 이격거리에 대한 설명 중 틀린 것은?

① 애자 수가 많을수록 멀어져야 한다.
❤ 전압에는 관계 없이 일정하다.
③ 전선이 굵을수록 멀어져야 한다.
④ 전압이 높을수록 멀어져야 한다.

해설
건설기계와 전선로 이격거리는 전압이 높을수록, 전선이 굵을수록, 애자 수가 많을수록 멀어져야 한다.

60 도로에서 파일 항타, 굴착작업 중 지하에 매설된 전력케이블 피복이 손상되었을 때 전력공급에 파급되는 영향 중 가장 적합한 것은?

① 케이블이 절단되어도 전력공급에는 지장이 없다.
② 케이블은 외피 및 내부에 철그물망으로 되어 있어 절대로 절단되지 않는다.
③ 케이블을 보호하는 관은 손상되어도 전력공급에는 지장이 없으므로 별도의 조치는 필요 없다.
❤ 전력케이블에 충격 또는 손상이 가해지면 즉각 전력공급이 차단되거나 일정 시일 경과 후 부식 등으로 전력공급이 중단될 수 있다.

해설
전력케이블에 손상이 가해지면 전력공급이 차단되거나 중단될 수 있으므로 즉시 한국전력공사에 통보해야 한다.

01 운전 중인 엔진의 에어클리너가 막혔을 때 나타나는 현상으로 가장 적당한 것은?

① 배출가스 색은 검고 출력은 저하된다.

② 배출가스 색은 희고 출력은 정상이다.

③ 배출가스 색은 청백색이고 출력은 증가된다.

④ 배출가스 색은 무색이고 출력과는 무관하다.

> **해설**
> 에어클리너가 막히면 공기흡입량이 적어 배출가스 색은 검고 출력은 저하된다.

02 엔진에서 피스톤링의 작용으로 틀린 것은?

① 기밀작용

② 완전연소 억제작용

③ 오일 제어작용

④ 열전도 작용

> **해설**
> 피스톤링의 3대 작용
> • 기밀유지(밀봉)작용 : 압축 링의 주작용
> • 오일 제어(실린더 벽의 오일 긁어내기)작용 : 오일 링의 주작용
> • 열전도(냉각) 작용

03 엔진을 시동하기 전에 점검할 사항과 가장 관계가 먼 것은?

① 연료의 양

② 냉각수 및 엔진오일의 양

③ 엔진오일의 온도

④ 유압유의 양

> **해설**
> 엔진오일의 온도는 시동 후 점검할 사항이다.

04 엔진에서 팬 벨트의 장력이 너무 강할 경우에 발생될 수 있는 현상은?

① 엔진이 과열된다.

② 충전부족 현상이 생긴다.

③ 발전기 베어링이 손상된다.

④ 엔진이 과랭된다.

> **해설**
> 엔진에서 팬 벨트의 장력이 너무 강할 경우 발전기 베어링이 손상된다.

05 방열기에 물이 가득 차 있는데도 엔진이 과열되는 원인으로 맞는 것은?

① 팬 벨트의 장력이 세기 때문
② 사계절용 부동액을 사용했기 때문
③ 정온기가 열린 상태로 고장 났기 때문
✅ **라디에이터의 팬이 고장 났기 때문**

해설
방열기에 물이 가득 차 있는데도 엔진이 과열되는 원인은 라디에이터의 팬이 고장 나 물이 순환되지 않기 때문이다.

06 디젤엔진의 진동 원인과 가장 거리가 먼 것은?

① 각 실린더의 분사 압력과 분사량이 다르다.
② 분사시기, 분사간격이 다르다.
✅ **윤활펌프의 유압이 높다.**
④ 각 피스톤의 중량차가 크다.

07 다음 중 디젤엔진에만 있는 부품은?

① 워터펌프   ② 오일펌프
③ 발전기   ✅ **분사펌프**

해설
분사펌프는 디젤엔진의 연료분사장치이다.

08 디젤엔진의 연료탱크에서 분사노즐까지 연료의 순환 순서로 맞는 것은?

① 연료탱크 → 연료공급펌프 → 분사펌프 → 연료필터 → 분사노즐
② 연료탱크 → 연료필터 → 분사펌프 → 연료공급펌프 → 분사노즐
✅ **연료탱크 → 연료공급펌프 → 연료필터 → 분사펌프 → 분사노즐**
④ 연료탱크 → 분사펌프 → 연료필터 → 연료공급펌프 → 분사노즐

09 디젤 노크의 방지 방법으로 가장 적합한 것은?

① 착화지연시간을 길게 한다.
✅ **압축비를 높게 한다.**
③ 흡기압력을 낮게 한다.
④ 연소실 벽의 온도를 낮게 한다.

해설
디젤 노크의 방지 방법
• 착화성(세탄가 높은)이 좋은 연료를 사용한다.
• 압축비를 크게 한다.
• 분사 초기에 연료량을 적게 한다.
• 와류를 증가시킬 수 있는 구조여야 한다.
• 냉각수 온도를 높게 유지한다.

10 디젤엔진에서 연료장치의 구성 부품이 아닌 것은?

① 분사펌프
② 연료필터
③ **기화기**
④ 연료탱크

해설
기화기는 가솔린엔진의 구성 부품이다.

11 엔진에서 사용되는 오일여과기에 대한 사항으로 틀린 것은?

① 여과기가 막히면 유압이 높아진다.
② **엘리먼트 청소는 압축공기를 사용한다.**
③ 여과능력이 불량하면 부품의 마모가 빠르다.
④ 작업조건이 나쁘면 교환시기를 빨리 한다.

해설
오일여과기의 엘리먼트는 습식이므로 교환하거나 세척하여 사용한다.

12 엔진오일 압력 경고등이 켜지는 경우가 아닌 것은?

① 오일이 부족할 때
② 오일필터가 막혔을 때
③ **가속을 하였을 때**
④ 오일 회로가 막혔을 때

해설
엔진오일량의 부족이 주원인이며, 오일필터나 오일 회로가 막혔을 때 또는 오일 압력 스위치 배선불량, 엔진오일의 압력이 낮은 경우 등이다.

13 운전 중 갑자기 계기판에 충전 경고등이 점등되었다. 이 현상에 대한 설명으로 맞는 것은?

① 정상적으로 충전이 되고 있음을 나타낸다.
② **충전이 되지 않고 있음을 나타낸다.**
③ 충전계통에 이상이 없음을 나타낸다.
④ 주기적으로 점등되었다가 소등되는 것이다.

해설
충전 경고등이 켜지는 것은 벨트의 파손이나 벨트의 느슨함 또는 미끄러짐이 주원인이며, 발전기 또는 전압조정기가 고장 나서 충전이 되지 않음을 나타내는 현상이다.

14 20℃에서 전해액의 비중이 1.280이면 어떤 상태인가?

✔ **① 완전 충전**
② 반충전
③ 완전 방전
④ 2/3 방전

해설
20℃에서 축전지 전해액의 비중이 1.260~1.280이면 완전 충전상태이다.

15 퓨즈에 대한 설명 중 틀린 것은?

① 퓨즈는 정격용량을 사용한다.
② 퓨즈 용량은 A로 표시한다.
✔ **③ 퓨즈는 철사로 대용하여도 된다.**
④ 퓨즈는 표면이 산화되면 끊어지기 쉽다.

해설
퓨즈는 정격용량을 사용해야 하며, 규정품을 사용하지 않으면 전장품의 손상을 초래할 수 있다.

16 건설기계장비의 축전지 케이블 탈거에 대한 설명으로 적합한 것은?

① 절연되어 있는 케이블을 먼저 탈거한다.
② 아무 케이블이나 먼저 탈거한다.
③ (+)케이블을 먼저 탈거한다.
✔ **④ 접지되어 있는 케이블을 먼저 탈거한다.**

17 다음 중 교류발전기의 부품이 아닌 것은?

① 다이오드
② 슬립 링
③ 스테이터 코일
✔ **④ 전류조정기**

해설
교류발전기는 스테이터(스테이터 철심, 스테이터 코일), 로터(로터 철심, 로터 코일, 로터 축, 슬립 링), 정류기, 브러시, 베어링, V벨트 풀리, 팬 등으로 구성된다.

18 건설기계장비가 시동되지 않아 시동장치를 점검하고 있다. 점검요소로 적절하지 않은 것은?

① 마그넷 스위치 점검
② 기동전동기의 고장 여부 점검
✔ **③ 발전기의 성능 점검**
④ 축전지의 (+)선 접촉상태 점검

19 트랙장치에서 트랙과 아이들러의 충격을 완화시키기 위해 설치한 것은?

① 스프로킷
② **리코일 스프링**
③ 상부 롤러
④ 하부 롤러

20 타이어 트레드에 대한 설명으로 틀린 것은?

① 트레드가 마모되면 구동력과 선회능력이 저하된다.
② **트레드가 마모되면 지면과 접촉면적이 크게 됨으로써 마찰력이 증대되어 제동성능은 좋아진다.**
③ 타이어의 공기압이 높으면 트레드의 양단부보다 중앙부의 마모가 크다.
④ 트레드가 마모되면 열의 발산이 불량하게 된다.

해설
트레드가 마모되면 지면과 접촉면적은 크나 마찰력이 감소되어 제동성능이 나빠진다.

21 타이어식 로더에서 엔진 시동 후 동력전달 과정 설명으로 틀린 것은?

① 바퀴는 구동차축에 설치되며 허브에 링 기어가 고정된다.
② 토크변환기는 변속기 앞부분에서 동력을 받고 변속기와 함께 알맞은 회전비와 토크 비율을 조정한다.
③ 종감속기어는 최종감속을 하고 구동력을 증대한다.
④ **차동기어장치에는 차동제한장치는 없고 유성기어장치에 의해 차동제한을 한다.**

해설
종감속장치는 종감속기어와 차동장치로 구성되며, 차동제한장치가 있어 사지·습지 등에서 타이어가 미끄러지는 것을 방지한다.

22 무한궤도식 로더의 주행 방법 중 틀린 것은?

① 가능하면 평탄한 길을 택하여 주행한다.
② **요철이 심한 곳은 신속히 통과한다.**
③ 돌 등이 스프로킷에 부딪치거나 올라타지 않도록 한다.
④ 연약한 땅은 피해서 간다.

해설
요철이 심한 곳에서는 엔진 회전수를 낮추고 천천히 정속 주행한다.

23 동력전달장치에서 클러치판은 어떤 축의 스플라인에 끼워져 있는가?

① 추진축
② 차동기어장치
③ 크랭크축
✔ **④ 변속기 입력축**

클러치판은 변속기 입력축의 스플라인에 조립되어 있다.

24 동력전달장치에서 사용되는 차동기어장치에 대한 설명으로 틀린 것은?

① 선회할 때 좌우 구동바퀴의 회전속도를 다르게 한다.
② 선회할 때 바깥쪽 바퀴의 회전속도를 증대시킨다.
③ 보통 차동기어장치는 노면의 저항을 작게 받는 구동바퀴의 회전속도가 빠르게 될 수 있다.
✔ **④ 엔진의 회전력을 크게 하여 구동바퀴에 전달한다.**

차동기어장치는 자동차의 좌우 바퀴 회전수 변화를 가능하게 하여 울퉁불퉁한 도로를 주행할 때나 선회할 때 무리 없이 원활히 회전하게 하는 장치로서 차동기어 케이스, 차동 피니언, 차동 피니언 축 및 사이드 기어로 구성되어 있다.

25 타이어식 로더가 무한궤도식 로더에 비해 가장 좋은 점은?

✔ **① 기동성**
② 견인력
③ 습지에서의 작업성
④ 비포장도로에서의 작업성

타이어식 로더의 장점
• 기동성이 좋아(약 20~40km/h) 작업속도가 빠르다.
• 무한궤도식에 비해서 방향전환이 좋다.
• 포장된 노면을 손상시키지 않는다.
※ 무한궤도 로더의 단점
　• 기동성이 나빠서 작업속도가 느리다.
　• 급조향 시 트랙이 벗겨질 우려가 있다.
　• 도로이동 시 반드시 트레일러(Trailer) 등의 운반 장치에 실려 이동해야 한다.

26 휠 로더 붐 제어레버의 작동위치가 아닌 것은?

✔ **① 틸 트**　　② 상 승
③ 하 강　　④ 부 동

붐의 상승 및 하강은 리프트 레버로 조작하며, 붐 실린더의 위치는 상승, 유지, 하강, 부동의 위치에 있다.

27 로더의 작업방법으로 맞지 않는 것은?

① 버킷이 흙속으로 깊이 파고 들어갈 때는 붐 제어레버를 당기면서 천천히 버킷을 복귀시킨다.

② 굴삭작업 시에는 버킷을 수평 또는 약 5° 정도 앞으로 기울이는 것이 좋다.

③ 덤프트럭에 흙을 적재하려고 로더의 방향을 바꾸고자 할 때 버킷과 덤프트럭 옆의 거리는 3.0~3.7m 정도에서 방향을 바꾸어야 효과적이다.

④ 운반 시에는 버킷을 지면에서 1m 정도 충분히 올린 후 안전하게 이동해야 한다.

해설
운반 시에는 버킷을 지면에서 40~50cm 정도 뜨게 하여 중심을 낮게 한다.

28 로더의 상차 적재방법 중 좁은 장소에서 주로 이용되며 비교적 효율이 낮은 상차방법은?

① 45° 상차법

② 직·후진 상차법(I형)

③ 90° 회전법(T형)

④ V형 상차법

해설
로더의 작업방법 중 상차작업 종류
• 직·후진법(I형) : 적재물을 버킷에 담고 덤프트럭이 적재물과 로더의 버킷 사이로 들어오면서 상차하는 방법
• 90° 회전법(T형) : 좁은 장소에서 사용되지만 작업효율이 낮은 방법
• V형 상차법(45° 상차법) : 적재물을 버킷에 담고 후진한 후 덤프트럭 적재함 쪽으로 방향을 바꿔 전진하여 상차하는 방법

29 건설기계의 소유자는 다음 중 누구의 명령으로 정하는 바에 의하여 건설기계의 등록을 하여야 하는가?

① 대통령령

② 고용노동부령

③ 총리령

④ 행정안전부령

해설
건설기계의 소유자는 대통령령으로 정하는 바에 따라 건설기계를 등록하여야 한다(건설기계관리법 제3조 제1항).

30 건설기계 구조변경범위에 포함되지 않는 사항은?

① 원동기의 형식변경

② 제동장치의 형식변경

③ 조종장치의 형식변경

④ 충전장치의 형식변경

해설
구조변경범위 등(건설기계관리법 시행규칙 제42조)
주요 구조의 변경 및 개조의 범위는 다음과 같다. 다만, 건설기계의 기종변경, 육상작업용 건설기계규격의 증가 또는 적재함의 용량증가를 위한 구조변경은 이를 할 수 없다.
• 원동기 및 전동기의 형식변경
• 동력전달장치의 형식변경
• 제동장치의 형식변경
• 주행장치의 형식변경
• 유압장치의 형식변경
• 조종장치의 형식변경
• 조향장치의 형식변경
• 작업장치의 형식변경(단, 가공작업을 수반하지 아니하고 작업장치를 선택부착하는 경우에는 작업장치의 형식변경으로 보지 아니한다)
• 건설기계의 길이·너비·높이 등의 변경
• 수상작업용 건설기계의 선체의 형식변경
• 타워크레인 설치기초 및 전기장치의 형식변경

31 원동기 전문건설기계정비업의 사업범위에 속하지 않는 것은?

① 실린더헤드의 탈착정비
② 연료펌프 분해정비
③ 크랭크샤프트 분해정비
④ **변속기 분해정비**

해설

건설기계정비업의 사업범위(건설기계관리법 시행령 [별표 2])

전문건설기계정비업(원동기) 정비항목	
원동기	• 실린더헤드의 탈착정비 • 실린더 · 피스톤의 분해정비 • 크랭크샤프트 · 캠샤프트의 분해정비 • 연료(연료공급 및 분사)펌프의 분해정비 • 위의 사항을 제외한 원동기 부분의 정비
이동 정비	• 응급조치 • 원동기의 탈부착 • 유압장치의 탈부착 • 원동기의 탈부착 및 유압장치의 탈부착을 제외한 부분의 탈부착

32 휠 로더와 비교한 크롤러 로더의 특징으로 옳지 않은 것은?

① 휠 로더보다 크롤러 로더의 견인력이 좋다.
② 휠 로더보다 크롤러 로더가 기동성이 떨어진다.
③ **휠 로더보다 크롤러 로더가 접지력이 좋아 포장 노면을 손상시키지 않는다.**
④ 휠 로더보다 크롤러 로더가 연약지반이나 습지에서 작업이 용이하다.

해설

포장 노면을 손상시키지 않는 것은 휠 로더이다.

33 건설기계의 등록말소 사유에 해당되지 아니한 것은?

① 건설기계가 멸실되었을 때
② **건설기계로 화물을 운송한 때**
③ 부정한 방법으로 등록을 한 때
④ 건설기계를 폐기한 때

해설

등록의 말소(건설기계관리법 제6조제1항)

시 · 도지사는 등록된 건설기계가 다음의 어느 하나에 해당하는 경우에는 그 소유자의 신청이나 시 · 도지사의 직권으로 등록을 말소할 수 있다. 다만, ①, ⑤, ⑧(건설기계의 강제처리(법 제34조의2제2항)에 따라 폐기한 경우로 한정) 또는 ⑫에 해당하는 경우에는 직권으로 등록을 말소하여야 한다.

① 거짓이나 그 밖의 부정한 방법으로 등록을 한 경우
② 건설기계가 천재지변 또는 이에 준하는 사고 등으로 사용할 수 없게 되거나 멸실된 경우
③ 건설기계의 차대(車臺)가 등록 시의 차대와 다른 경우
④ 건설기계가 건설기계안전기준에 적합하지 아니하게 된 경우
⑤ 정기검사 명령, 수시검사 명령 또는 정비 명령에 따르지 아니한 경우
⑥ 건설기계를 수출하는 경우
⑦ 건설기계를 도난당한 경우
⑧ 건설기계를 폐기한 경우
⑨ 건설기계해체재활용업을 등록한 자(건설기계해체 재활용업자)에게 폐기를 요청한 경우
⑩ 구조적 제작 결함 등으로 건설기계를 제작자 또는 판매자에게 반품한 경우
⑪ 건설기계를 교육 · 연구 목적으로 사용하는 경우
⑫ 대통령령으로 정하는 내구연한을 초과한 건설기계. 다만, 정밀진단을 받아 연장된 경우는 그 연장기간을 초과한 건설기계
⑬ 건설기계를 횡령 또는 편취당한 경우

34 대형건설기계의 특별표지 중 경고표지판 부착위치는?

① 작업인부가 쉽게 볼 수 있는 곳

✔ **조종실 내부의 조종사가 보기 쉬운 곳**

③ 교통경찰이 쉽게 볼 수 있는 곳

④ 특별 번호판 옆

해설

대형건설기계에는 조종실 내부의 조종사가 보기 쉬운 곳에 기준에 적합한 경고표지판을 부착하여야 한다(건설기계 안전기준에 관한 규칙 제170조).

35 건설기계의 조종 중 과실로 100만원의 재산피해를 입힌 때 면허정지 처분기준은?

① 1일   ✔ **2일**

③ 3일   ④ 4일

해설

건설기계조종사면허의 취소·정지처분기준(건설기계관리법 시행규칙 [별표 22])

재산피해 : 피해금액 50만원마다 면허효력정지 1일(90일을 넘지 못함)

36 건설기계의 형식승인은 누가 하는가?

✔ **국토교통부장관**

② 시·도지사

③ 시장·군수 또는 구청장

④ 고용노동부장관

해설

건설기계를 제작·조립 또는 수입(이하 "제작 등"이라 한다)하려는 자는 해당 건설기계의 형식에 관하여 국토교통부령으로 정하는 바에 따라 국토교통부장관의 승인을 받아야 한다(건설기계관리법 제18조제2항 전단).

37 유압회로에서 유압유의 점도가 높을 때 발생될 수 있는 현상이 아닌 것은?

① 관 내의 마찰손실이 커진다.

② 동력손실이 커진다.

③ 열 발생의 원인이 될 수 있다.

✔ **유압이 낮아진다.**

해설

유압회로에서 유압유의 점도가 높으면 유압이 높아진다.

38 유압펌프 관련 용어에서 GPM이 나타내는 것은?

① 복동 실린더의 치수

② 계통 내에서 형성되는 압력의 크기

③ 흐름에 대한 저항

✔ **계통 내에서 이동되는 유체(오일)의 양**

39 2개 이상의 분기회로가 있을 때 순차적인 작동을 하기 위한 압력제어밸브는?

✔ ① 시퀀스밸브

② 감압밸브

③ 릴리프밸브

④ 리듀싱밸브

해설
②, ④ 감압(리듀싱)밸브 : 유압회로에서 입구 압력을 감압하여 유압실린더 출구 설정 압력 유압으로 유지하는 밸브
③ 릴리프밸브 : 유압회로의 최고압력을 제한하는 밸브로서, 회로의 압력을 일정하게 유지시키는 밸브

40 유압모터의 용량을 나타내는 것은?

✔ ① 입구 압력(kgf/cm^2)당 토크

② 유압 작동부 압력(kgf/cm^2)당 토크

③ 주입된 동력(HP)

④ 체적(cm^3)

해설
유압모터의 용량은 입구 압력과 회전력(토크)으로 나타내며 용량에 따라 작동부 압력과 토크가 달라진다.

41 유압유 성질 중 가장 중요한 것은?

✔ ① 점 도

② 온 도

③ 습 도

④ 열효율

해설
유압유 성질 중 가장 중요한 것은 점도이다. 온도변화에 따른 점도변화가 작아야 한다.

42 유압유의 압력에너지(힘)를 기계적에너지(일)로 변환시키는 작용을 하는 것은?

① 유압펌프

② 유압밸브

③ 어큐뮬레이터

✔ ④ 액추에이터

해설
① 유압펌프 : 오일탱크에서 기름을 흡입하여 유압밸브에서 소요되는 압력과 유량(일에 필요한 최대의 힘과 속도)을 공급하는 장치
② 유압밸브 : 유압 액추에이터에서 일을 할 경우, 그 요구에 맞도록 기름을 조정하여 액추에이터에 공급하는 장치
③ 어큐뮬레이터 : 유압펌프에서 발생한 유압을 저장하고 맥동을 소멸시키는 장치

43 방향전환밸브의 조작 방식에서 단동 솔레노이드 기호는?

44 건설기계 정비의 유압장치 관련 취급 시 주의사항으로 적절하지 않은 것은?

① 작동유가 부족하지 않은지 점검하여야 한다.

② 유압장치는 워밍업 후 작업하는 것이 좋다.

❸ 오일량을 1주 1회 소량 보충한다.

④ 작동유에 이물질이 포함되지 않도록 관리 취급하여야 한다.

해설
유압장치의 오일량은 매일 점검하여 수시로 보충한다.

45 유압장치의 고장원인과 거리가 먼 것은?

① 작동유의 과도한 온도 상승

② 작동유에 공기, 물 등의 이물질 혼입

③ 조립 및 접속 불완전

❹ 윤활성이 좋은 작동유 사용

46 유압 컨트롤밸브 내에 스풀 형식의 밸브가 사용되는 이유는?

❶ 오일의 흐름 방향을 바꾸기 위해

② 계통 내의 압력을 상승시키기 위해

③ 축압기의 압력을 바꾸기 위해

④ 펌프의 회전방향을 바꾸기 위해

47 화재의 분류에서 전기화재에 해당되는 것은?

① A급 화재

② B급 화재

❸ C급 화재

④ D급 화재

해설
③ C급 화재 : 전기화재
① A급 화재 : 일반(물질이 연소된 후 재를 남기는 일반적인 화재)화재
② B급 화재 : 유류(기름)화재
④ D급 화재 : 금속화재

48 안전모에 대한 설명으로 적합하지 않은 것은?

① 안전모 착용으로 불안전한 상태를 제거한다.

② 올바른 착용으로 안전도를 증가시킬 수 있다.

③ 안전모의 상태를 점검하고 착용한다.

❹ 혹한기에 착용하는 것이다.

해설
안전모 : 낙하, 추락 또는 감전에 의한 머리의 위험을 방지하는 보호구

49 스패너 작업방법으로 안전상 올바른 것은?

① 스패너로 볼트를 죌 때는 앞으로 당기고 풀 때는 뒤로 민다.

② 스패너의 입이 너트의 치수보다 조금 큰 것을 사용한다.

③ 스패너 사용 시 몸의 중심을 항상 옆으로 한다.

✔ 스패너로 죄고 풀 때는 항상 앞으로 당긴다.

51 감전되거나 전기화상을 입을 위험이 있는 곳에서 작업 시 작업자가 착용해야 할 것은?

① 구명구   ✔ 보호구

③ 구명조끼   ④ 비상벨

50 안전관리상 보안경을 사용해야 하는 작업과 가장 거리가 먼 것은?

① 장비 밑에서 정비작업을 할 때

✔ 산소결핍 발생이 쉬운 장소에서 작업을 할 때

③ 철분, 모래 등이 날리는 작업을 할 때

④ 전기용접 및 가스용접 작업을 할 때

해설
산소결핍 발생이 쉬운 장소에서 작업을 할 때는 호흡용 보호구(공기호흡기, 송기마스크)를 착용해야 한다.

52 인력으로 운반작업을 할 때 틀린 것은?

✔ 드럼통과 LPG 봄베는 굴려서 운반한다.

② 공동운반에서는 서로 협조를 하여 운반한다.

③ 긴 물건은 앞쪽을 위로 올린다.

④ 무리한 몸가짐으로 물건을 들지 않는다.

해설
드럼통과 봄베 등을 굴려서 운반해서는 안 된다.

53 안전보건표지의 종류와 형태에서 그림과 같은 표지는?

① 인화성물질 경고
② 금 연
③ 화기금지
④ 산화성물질 경고

해설
안전보건표지(산업안전보건법 시행규칙 [별표 6])

인화성물질 경고	금 연	산화성물질 경고

54 수공구 취급 시 지켜야 할 안전수칙으로 옳은 것은?

① 줄질 후 쇳가루는 입으로 불어 낸다.
② 해머작업 시 손에 장갑을 끼고 한다.
③ 사용 전에 충분한 사용법을 숙지하고 익히도록 한다.
④ 큰 회전력이 필요한 경우 스패너에 파이프를 끼워서 사용한다.

55 작업장에 대한 안전관리상 설명으로 틀린 것은?

① 항상 청결하게 유지한다.
② 작업대 사이 또는 기계 사이의 통로는 안전을 위한 일정한 너비가 필요하다.
③ 공장바닥은 폐유를 뿌려 먼지 등이 일어나지 않도록 한다.
④ 전원 콘센트 및 스위치 등에 물을 뿌리지 않는다.

56 가스장치의 누출 여부 및 위치를 정확하게 확인하는 방법으로 맞는 것은?

① 분말소화기 사용
② 소리로 감지
③ 비눗물 사용
④ 냄새로 감지

해설
가스누설 검사 : 비눗물에 의한 기포 발생 여부 검사

57 도로상에 가스배관이 매설된 것을 표시하는 라인마크에 대한 설명으로 틀린 것은?

① 직경이 9cm 정도인 원형으로 된 동합금이나 황동주물로 되어 있다.

② 도시가스라고 표기되어 있으며, 화살표가 표시되어 있다.

③ 분기점에는 T형 화살표가 표시되어 있고, 직선구간에는 배관길이 50m마다 1개 이상 설치되어 있다.

☑ 청색으로 된 원형 마크로 되어 있고 화살표가 표시되어 있다.

58 그림은 시가지에서 시설한 고압 전선로에서 자가용 수용가에 구내 전주를 경유하여 옥외 수전설비에 이르는 전선로 및 시설의 실체도이다. A로 표시된 곳과 같은 지중전선로 차도 부분의 매설 깊이는 최소 몇 m 이상인가?

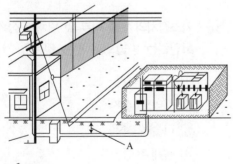

☑ 1.2m   ② 1.0m

③ 0.75m   ④ 0.5m

59 폭 4m 이상, 8m 미만인 도로에 일반 도시가스배관을 매설 시 지면과 도시가스배관 상부와의 최소 이격거리는 몇 m 이상인가?

① 0.6m   ☑ 1.0m

③ 1.2m   ④ 1.5m

가스배관 지하매설 심도(도시가스사업법 시행규칙 [별표 6])

• 공동주택 등의 부지 내 : 0.6m 이상

• 폭 8m 이상의 도로 : 1.2m 이상. 다만, 도로에 매설된 최고사용압력이 저압인 배관에서 횡으로 분기하여 수요가에게 직접 연결되는 배관의 경우에는 1m 이상으로 할 수 있다.

• 폭 4m 이상, 8m 미만인 도로 : 1m 이상. 다만, 다음의 어느 하나에 해당하는 경우에는 0.8m 이상으로 할 수 있다.

 – 호칭지름이 300mm(KS M 3514에 따른 가스용 폴리에틸렌관의 경우에는 공칭외경 315mm를 말한다) 이하로서 최고사용압력이 저압인 배관

 – 도로에 매설된 최고사용압력이 저압인 배관에서 횡으로 분기하여 수요가에게 직접 연결되는 배관

60 154kV 가공 송전선로 주변에서의 작업에 관한 설명으로 맞는 것은?

☑ 건설장비가 선로에 직접 접촉하지 않고 근접만 해도 사고가 발생될 수 있다.

② 전력선은 피복으로 절연되어 있어 크레인 등이 접촉해도 단선되지 않는 이상 사고는 일어나지 않는다.

③ 1회선은 3가닥으로 이루어져 있으며, 1가닥 절단 시에도 전력공급을 계속한다.

④ 사고 발생 시 복구 공사비는 전력설비가 공공재산이므로 배상하지 않는다.

01 라디에이터 캡의 압력스프링 장력이 약화되었을 때 나타나는 현상은?

① 기관 과랭
② **기관 과열**
③ 출력 저하
④ 배압 발생

해설
라디에이터 캡의 압력스프링 장력이 약화되었을 경우 비등점이 낮아져 기관이 과열되기 쉽다.

02 디젤기관의 노킹 방지책으로 틀린 것은?

① 연료의 착화점이 낮은 것을 사용한다.
② 흡기압력을 높게 한다.
③ 흡기온도를 높인다.
④ **실린더 벽의 온도를 낮춘다.**

해설
실린더 벽의 온도를 높여야 한다.

03 엔진오일의 소비량이 많아지는 직접적인 원인은?

① **피스톤링과 실린더의 간극이 너무 크다.**
② 오일펌프 기어가 과도하게 마모되었다.
③ 배기밸브 간극이 너무 작다.
④ 윤활유의 압력이 너무 낮다.

해설
피스톤과 실린더 사이의 간극이 너무 크면 압축압력 저하로 출력이 낮아지고 연소실로 오일이 상승하여 연소되므로 소비가 증가한다.

04 디젤기관에서 흡입행정 시 흡입되는 것은?

① **공 기**
② 연 료
③ 혼합기
④ 윤활유

해설
흡입행정 : 피스톤이 상사점으로부터 하강하면서 실린더 내로 공기만을 흡입한다.

05 다음 중 가솔린엔진에 비해 디젤엔진의 장점으로 볼 수 없는 것은?

① 열효율이 높다.

☑ **압축압력, 폭발압력이 크기 때문에 마력당 중량이 크다.**

③ 유해 배기가스 배출량이 적다.

④ 흡기행정 시 펌핑 손실을 줄일 수 있다.

해설

디젤기관의 장단점

장 점	단 점
• 압축비가 높아 열효율이 높다.	• 압축압력이 크기 때문에 진동과 소음이 크다.
• 값이 싼 저질 중유 사용이 가능하며, 연료유 사용범위가 넓다.	• 마력당 부피가 크고 무겁다.
• 자기점화이므로 대형 기관으로 가능하다.	• 큰 시동장치가 필요하다.
• 2행정 제작이 가능하다.	• 기관 재료비가 비싸다.
• 전기점화장치(고장 잦음)가 필요 없다.	• 매연이 발생한다.
• 인화 및 폭발 위험이 낮다.	• 가솔린기관에 비하여 최고 회전수가 낮다.

06 윤활유 사용 방법으로 옳은 것은?

① SAE번호는 일정하다.

☑ **여름은 겨울보다 SAE번호가 큰 윤활유를 사용한다.**

③ 계절과 윤활유 SAE번호는 관계가 없다.

④ 겨울은 여름보다 SAE 번호가 큰 윤활유를 사용한다.

해설

윤활유의 점도는 SAE번호로 분류하며 여름은 높은 점도, 겨울은 낮은 점도를 사용한다.

07 디젤기관과 관련 없는 것은?

① 착 화

☑ **점 화**

③ 예열플러그

④ 세탄가

해설

가솔린이나 LPG 차량은 점화 플러그가 있어 연소를 도와주고 디젤기관은 예열플러그가 있다.

08 TPS(스로틀 포지션 센서)에 대한 설명으로 틀린 것은?

① 가변 저항식이다.

② 운전자가 가속페달을 얼마나 밟았는지 감지한다.

③ 급가속을 감지하면 컴퓨터가 연료분사 시간을 늘려 실행시킨다.

☑ **분사시기를 결정해 주는 가장 중요한 센서이다.**

해설

④는 크랭크 각 센서(TDC 센서)의 기능이다.

09 예열플러그가 15~20초에서 완전히 가열되었을 경우 가장 적절한 것은?

① 접지되었다.
② 다른 플러그가 모두 단선되었다.
③ 단락되었다.
④ **정상상태이다.**

11 디젤기관에서 시동이 잘 안될 때 원인으로 가장 적합한 것은?

① 냉각수의 온도가 높은 것을 사용할 때
② 보조탱크의 냉각수량이 부족할 때
③ 낮은 점도의 기관오일을 사용할 때
④ **연료계통에 공기가 들어있을 때**

해설
디젤기관의 연료계통에 공기가 들어가면 연료분사가 어려워져서 엔진 시동을 어렵게 만든다.

10 건식 공기청정기의 장점이 아닌 것은?

① 설치 또는 분해·조립이 간단하다.
② 작은 입자의 먼지나 오물을 여과할 수 있다.
③ **구조가 간단하고 여과망을 세척하여 사용할 수 있다.**
④ 기관 회전속도의 변동에도 안정된 공기청정효율을 얻을 수 있다.

해설
습식 공기청정기는 세척유로 세척하고, 건식 공기청정기는 압축공기로 털어 낸다.

12 에어컨의 구성 부품 중 고압의 기체 냉매를 냉각시켜 액화시키는 작용을 하는 것은?

① 압축기
② **응축기**
③ 팽창밸브
④ 증발기

해설
응축기(콘덴서) : 콘덴서는 컴프레서에서 전달되어 온 고온·고압의 기체 상태의 냉매가스를 대기로 방출시켜 액체 상태의 냉매로 변화시킨다.

13 건설기계에서 사용하는 납산축전지 취급 방법으로 적절하지 않은 것은?

① 자연 소모된 전해액은 증류수로 보충한다.

② 과방전은 축전지의 충전을 위해 필요하다.

③ 사용하지 않는 축전지도 주에 1회 정도 충전한다.

④ 필요시 급속충전시켜 사용할 수 있다.

해설

과방전 : 축전지의 방전이 적당량 이상으로 많이 되는 것을 과방전이라고 하며, 과방전 시 황산화가 일어나기 쉬워서 수명을 크게 저하시킨다.

14 실드빔 형식의 전조등을 사용하는 건설기계 장비에서 전조등 밝기가 흐려 야간운전에 어려움이 있을 때 올바른 조치 방법으로 맞는 것은?

① 렌즈를 교환한다.

② 전조등을 교환한다.

③ 반사경을 교환한다.

④ 전구를 교환한다.

해설

실드빔 형은 필라멘트가 끊어지면 렌즈나 반사경에 이상이 없어도 전조등 전체를 교환해야 하는 단점이 있다.

15 작업 중 충전계에 빨간 불이 들어오는 경우는?

① 충전계통에 이상이 없음을 나타낸다.

② 정상적으로 충전이 되고 있음을 나타낸다.

③ 충전이 잘되지 않고 있음을 나타낸다.

④ 충전계통에 이상이 있는지 알 수 없다.

16 충전된 축전지를 방치 시 자기방전(Self-discharge)의 원인과 가장 거리가 먼 것은?

① 음극판의 작용물질이 황산과 화학작용으로 방전

② 전해액 내에 포함된 불순물에 의해 방전

③ 전해액의 온도가 올라가서 방전

④ 양극판의 작용물질 입자가 축전지 내부의 단락으로 인해 방전

해설

자기방전의 원인

• 극판의 작용물질의 탈락에 의한 단락, 파손 때문

• 음극판 작용물질이 황산과의 화학작용으로 누설전류가 흐르기 때문

• 전해액 중 불순물에 의해 국부전지를 형성하기 때문

• 구조상 부득이한 1일당 자기방전량(5℃ = 0.25%, 20℃ = 0.5%, 30℃ = 1%, 40℃ = 1.5%)

※ 자기방전은 전해액의 온도·습도·비중이 높을수록, 날짜가 경과할수록 방전량이 크다.

17 기동전동기 솔레노이드 작동 시험이 아닌 것은?

① 풀인 시험

② 솔레노이드 복원력 시험

☑ **전기자 전류 시험**

④ 홀드인 시험

18 건설기계용 교류발전기의 다이오드가 하는 역할은?

① 전류를 조정하고 교류를 정류한다.

② 전압을 조정하고 교류를 정류한다.

☑ **교류를 정류하고 역류를 방지한다.**

④ 여자정류를 조정하고 역류를 방지한다.

> **해설**
> AC 발전기에서 다이오드의 역할
> • 교류발전기는 고정 설치된 다이오드를 이용하여 정류한다.
> • 다이오드는 축전지로부터 발전기로 전류가 역류되는 것을 방지한다.

19 클러치의 용량은 기관 회전력의 몇 배인가?

☑ **1.5~2.5배**

② 3~5배

③ 4~6배

④ 5~9배

> **해설**
> 클러치 용량이 규정보다 너무 적으면 미끄러지고 너무 크면 출발 시 시동이 꺼지기 쉽다.

20 다이오드의 냉각장치로 맞는 것은?

① 냉각팬

② 냉각 튜브

☑ **히트 싱크**

④ 엔드 프레임에 설치된 오일장치

21 토크컨버터의 최대 회전력의 값을 무엇이라 하는가?

① 회전력

☑ **토크 변환비**

③ 종감속비

④ 변속기어비

22 로더작업 중 그레이딩 작업이란?

① 굴착작업

② 깎아내기 작업

③ **지면고르기 작업**

④ 적재작업

해설

지면고르기 작업(정지, Grading) : 한 번의 고르기를 마친 후 장비를 45° 회전시켜서 반복하는 것이 가장 좋다.

23 타이어식 로더에 차동기 고정장치가 있을 때의 장점은?

① 충격이 완화된다.

② 조향이 원활해진다.

③ **연약한 지반에서 작업이 유리하다.**

④ 변속이 용이해진다.

해설

차동기 고정장치를 작동시키면 좌우 바퀴의 회전이 일정하므로 연약한 지반에서의 작업에 유리하다.

24 로더작업 중 이동할 때 버킷의 높이는 지면에서 약 몇 m 정도로 유지해야 하는가?

① 0.1

② **0.6**

③ 1

④ 1.5

해설

로더의 버킷은 이동 시 지면과 60~90cm 정도를 유지하는 것이 가장 적당하다.

25 조향핸들의 유격이 커지는 원인과 관계 없는 것은?

① 피트먼 암의 헐거움

② **타이어 공기압 과대**

③ 조향기어, 링키지 조정 불량

④ 앞바퀴 베어링 과대 마모

해설

조향핸들의 유격이 커지는 원인

• 피트먼 암의 헐거움

• 조향기어, 링키지 조정 불량

• 앞바퀴 베어링 과대 마모

• 조향바퀴 베어링 마모

• 타이로드의 엔드볼 조인트 마모

26 타이어에서 트레드 패턴과 관련 없는 것은?

① 제동력

② 구동력 및 견인력

③ **편평률**

④ 타이어의 배수효과

해설
타이어 편평률은 타이어의 폭(W)에 대한 높이(H)의 비율을 나타내는 수치이다.

27 조향핸들의 조작이 무거운 원인으로 틀린 것은?

① 유압유 부족 시

② **타이어 공기압 과다 주입 시**

③ 앞바퀴 휠 얼라인먼트 조절 불량 시

④ 유압계통 내의 공기 혼입 시

해설
조향핸들의 조작이 무거운 원인
• 타이어 공기압이 낮을 때
• 유압유 부족 시
• 앞바퀴 휠 얼라인먼트 조절 불량 시
• 유압계통 내의 공기 혼입 시
• 타이어의 과다 마멸 및 유격이 클 때

28 건설기계 조종 중 재산피해를 입혔을 때 피해금액 50만원마다 면허효력정지기간은?

① 5일

② **1일**

③ 3일

④ 2일

해설
건설기계조종사면허의 취소 · 정지처분기준(건설기계관리법 시행규칙 [별표 22])

위반행위	처분기준
건설기계의 조종 중 고의 또는 과실로 중대한 사고를 일으킨 경우	
① 인명피해	
㉠ 고의로 인명피해(사망 · 중상 · 경상 등)를 입힌 경우	취 소
㉡ 과실로 「산업안전보건법」에 따른 중대재해가 발생한 경우	취 소
㉢ 그 밖의 인명피해를 입힌 경우	
• 사망 1명마다	면허효력정지 45일
• 중상 1명마다	면허효력정지 15일
• 경상 1명마다	면허효력정지 5일
② 재산피해 : 피해금액 50만원마다	면허효력정지 1일 (90일을 넘지 못함)
③ 건설기계의 조종 중 고의 또는 과실로 「도시가스사업법」에 따른 가스공급시설을 손괴하거나 가스공급시설의 기능에 장애를 입혀 가스의 공급을 방해한 경우	면허효력정지 180일

29 건설기계관리법상 건설기계에 해당되지 않는 것은?

① 노상안정기
② 자체 중량 2ton 이상의 로더
③ **천장크레인**
④ 콘크리트 살포기

해설
건설기계의 범위(건설기계관리법 시행령 [별표 1])

건설기계명	범 위
1. 불도저	무한궤도 또는 타이어식인 것
2. 굴착기	무한궤도 또는 타이어식으로 굴착장치를 가진 자체중량 1ton 이상인 것
3. 로더	무한궤도 또는 타이어식으로 적재장치를 가진 자체중량 2ton 이상인 것. 다만, 차체굴절식 조향장치가 있는 자체중량 4ton 미만인 것은 제외한다.
4. 지게차	타이어식으로 들어올림장치와 조종석을 가진 것. 다만, 전동식으로 솔리드타이어를 부착한 것 중 도로가 아닌 장소에서만 운행하는 것은 제외한다.
5. 스크레이퍼	흙·모래의 굴착 및 운반장치를 가진 자주식인 것
6. 덤프트럭	적재용량 12ton 이상인 것. 다만, 적재용량 12ton 이상 20ton 미만의 것으로 화물운송에 사용하기 위하여 「자동차관리법」에 의한 자동차로 등록된 것을 제외한다.
7. 기중기	무한궤도 또는 타이어식으로 강재의 지주 및 선회장치를 가진 것. 다만, 궤도(레일)식인 것을 제외한다.
8. 모터 그레이더	정지장치를 가진 자주식인 것
9. 롤러	조종석과 전압장치를 가진 자주식인 것과 피견인 진동식인 것
10. 노상안정기	노상안정장치를 가진 자주식인 것
11. 콘크리트 배칭플랜트	골재저장통·계량장치 및 혼합장치를 가진 것으로서 원동기를 가진 이동식인 것
12. 콘크리트 피니셔	정리 및 사상장치를 가진 것으로 원동기를 가진 것
13. 콘크리트 살포기	정리장치를 가진 것으로 원동기를 가진 것
14. 콘크리트 믹서트럭	혼합장치를 가진 자주식인 것(재료의 투입·배출을 위한 보조장치가 부착된 것을 포함한다)
15. 콘크리트 펌프	콘크리트배송능력이 5m³/h 이상으로 원동기를 가진 이동식과 트럭적재식인 것
16. 아스팔트 믹싱플랜트	골재공급장치·건조가열장치·혼합장치·아스팔트공급장치를 가진 것으로 원동기를 가진 이동식인 것
17. 아스팔트 피니셔	정리 및 사상장치를 가진 것으로 원동기를 가진 것
18. 아스팔트 살포기	아스팔트살포장치를 가진 자주식인 것
19. 골재살포기	골재살포장치를 가진 자주식인 것
20. 쇄석기	20kW 이상의 원동기를 가진 이동식인 것
21. 공기압축기	공기배출량이 2.83m³/min(7kg/cm² 기준) 이상의 이동식인 것
22. 천공기	천공장치를 가진 자주식인 것
23. 항타 및 항발기	원동기를 가진 것으로 해머 또는 뽑는 장치의 중량이 0.5ton 이상인 것
24. 자갈채취기	자갈채취장치를 가진 것으로 원동기를 가진 것
25. 준설선	펌프식·버킷식·디퍼식 또는 그래브식으로 비자항식인 것. 다만, 「선박법」에 따른 선박으로 등록된 것은 제외한다.
26. 특수건설기계	1.부터 25.까지의 규정 및 27.에 따른 건설기계와 유사한 구조 및 기능을 가진 기계류로서 국토교통부장관이 따로 정하는 것
27. 타워크레인	수직타워의 상부에 위치한 지브(Jib)를 선회시켜 중량물을 상하, 전후 또는 좌우로 이동시킬 수 있는 것으로서 원동기 또는 전동기를 가진 것. 다만, 「산업집적활성화 및 공장설립에 관한 법률」 제16조에 따라 공장등록대장에 등록된 것은 제외한다.

30 건설기계를 등록할 때 필요한 서류에 해당하지 않는 것은?

① 건설기계제작증

② 매수증서

③ 수입면장

④ 건설기계검사증 등본원부

해설

등록의 신청 등(건설기계관리법 시행령 제3조)

건설기계를 등록하려는 건설기계의 소유자는 건설기계 등록신청서(전자문서로 된 신청서를 포함)에 다음의 서류(전자문서를 포함)를 첨부하여 건설기계 소유자의 주소지 또는 건설기계의 사용본거지를 관할하는 특별시장·광역시장·도지사 또는 특별자치도지사("시·도지사")에게 제출하여야 한다.

• 다음의 구분에 따른 해당 건설기계의 출처를 증명하는 서류. 다만, 해당 서류를 분실한 경우에는 해당 서류의 발행사실을 증명하는 서류(원본 발행기관에서 발행한 것으로 한정한다)로 대체할 수 있다.

　－ 국내에서 제작한 건설기계 : 건설기계제작증

　－ 수입한 건설기계 : 수입면장 등 수입사실을 증명하는 서류

　－ 행정기관으로부터 매수한 건설기계 : 매수증서

• 건설기계의 소유자임을 증명하는 서류. 다만, 건설기계제작증, 매수증서, 수입면장 등이 건설기계의 소유자임을 증명할 수 있는 경우에는 해당 서류로 갈음할 수 있다.

• 건설기계제원표

• 「자동차손해배상 보장법」 제5조에 따른 보험 또는 공제의 가입을 증명하는 서류(「자동차손해배상 보장법 시행령」 제2조에 해당되는 건설기계의 경우에 한정하되, 법 제25조제2항에 따라 시장·군수 또는 구청장(자치구의 구청장을 말한다)에게 신고한 매매용건설기계를 제외한다)

31 건설기계등록을 말소할 때에는 등록번호표를 며칠 이내에 시·도지사에게 반납하여야 하는가?

④ 10일

② 15일

③ 20일

④ 30일

해설

등록번호표의 반납(건설기계관리법 제9조)

등록된 건설기계의 소유자는 다음의 어느 하나에 해당하는 경우에는 10일 이내에 등록번호표의 봉인을 떼어낸 후 그 등록번호표를 국토교통부령으로 정하는 바에 따라 시·도지사에게 반납하여야 한다. 다만, 건설기계가 천재지변 또는 이에 준하는 사고 등으로 사용할 수 없게 되거나 멸실된 경우, 건설기계를 도난당한 경우 또는 건설기계를 폐기한 경우에는 그러하지 아니하다.

• 건설기계의 등록이 말소된 경우

• 건설기계의 등록사항 중 대통령령으로 정하는 사항이 변경된 경우

• 건설기계 소유자가 등록번호표 또는 그 봉인이 떨어지거나 알아보기 어렵게 된 경우에 시·도지사에게 등록번호표의 부착 및 봉인을 신청하는 경우

32 우리나라에서 건설기계에 대한 정기검사를 실시하는 검사업무 대행기관은?

① 자동차정비업협회

② 교통안전공단

③ 건설기계정비협회

④ 대한건설기계안전관리원

해설

우리나라에서 건설기계에 대한 정기검사를 실시하는 검사업무 대행기관은 대한건설기계안전관리원이다.

33 건설기계형식에 관한 승인을 얻거나 그 형식을 신고한 자는 당사자 간에 별도의 계약이 없는 경우에 건설기계를 판매한 날로부터 몇 개월 동안 무상으로 건설기계를 정비해 주어야 하는가?

① 3
② 6
③ 12
④ 24

해설

건설기계의 사후관리(건설기계관리법 시행규칙 제55조)
건설기계형식에 관한 승인을 얻거나 그 형식을 신고한 자는 건설기계를 판매한 날부터 12개월(당사자 간에 12개월을 초과하여 별도 계약하는 경우에는 그 해당 기간) 동안 무상으로 건설기계의 정비 및 정비에 필요한 부품을 공급하여야 한다. 다만, 취급설명서에 따라 관리하지 아니함으로 인하여 발생한 고장 또는 하자와 정기적으로 교체하여야 하는 부품 또는 소모성 부품에 대하여는 유상으로 정비하거나 정비에 필요한 부품을 공급할 수 있다.

34 건설기계사업을 영위하고자 하는 자는 누구에게 등록하여야 하는가?

① 시장 · 군수
② 전문 건설기계 정비업자
③ 국토교통부 장관
④ 건설기계 폐기업자

해설

건설기계사업의 등록 등(건설기계관리법 제21조)
건설기계사업을 하려는 자(지방자치단체는 제외)는 대통령령으로 정하는 바에 따라 사업의 종류별로 특별자치시장 · 특별자치도지사 · 시장 · 군수 또는 자치구의 구청장(시장 · 군수 · 구청장)에게 등록하여야 한다.

35 건설기계관리법령상 건설기계가 정기검사 신청기간까지 정기검사를 신청한 경우 다음 정기검사 유효기간의 산정 방법으로 옳은 것은?

① 정기검사를 받은 날로부터 기산한다.
② 종전검사 유효기간 만료일의 다음 날부터 기산한다.
③ 종전검사 유효기간 만료일부터 기산한다.
④ 정기검사를 받은 날의 다음 날부터 기산한다.

해설

유효기간의 산정은 정기검사신청기간까지 정기검사를 신청한 경우에는 종전 검사유효기간 만료일의 다음 날부터, 그 외의 경우에는 검사를 받은 날의 다음 날부터 기산한다(건설기계관리법 시행규칙 제23조).

36 신개발 시험, 연구 목적 운행을 제외한 건설기계의 임시운행기간은 며칠 이내인가?

① 5일
② 10일
③ 15일
④ 20일

해설

임시운행기간은 15일 이내로 한다. 다만, 신개발 건설기계를 시험 · 연구의 목적으로 운행하는 경우에는 3년 이내로 한다(건설기계관리법 시행규칙 제6조).

37 유압펌프가 오일을 토출하지 않는 경우는?

① 펌프의 회전이 너무 빠를 때

② 유압유의 점도가 낮을 때

✔ **흡입관으로부터 공기가 흡입되고 있을 때**

④ 릴리프 밸브의 설정압이 낮을 때

[해설]
흡입관으로부터 공기가 흡입되고 있을 때 펌프 내부에서 압축되어 펌프가 작용되지 않기 때문에 오일 토출이 안 된다.
※ 유압펌프에서 오일이 토출되지 않는 원인
  • 회전수가 부족하다.
  • 회전방향이 반대로 되어 있다.
  • 흡입관이 공기를 빨아들인다.
  • 흡입관 또는 스트레이너가 막혔다.

38 유압오일의 온도가 상승할 때 나타날 수 있는 결과가 아닌 것은?

✔ **오일 누설의 저하**

② 점도 저하

③ 밸브류의 기능 저하

④ 펌프 효율 저하

[해설]
온도가 상승하면 점도가 저하되어 오일 누설이 발생한다.

39 전조등의 좌우 램프 간 회로에 대한 설명으로 맞는 것은?

① 직렬 또는 병렬로 되어 있다.

② 병렬과 직렬로 되어 있다.

✔ **병렬로 되어 있다.**

④ 직렬로 되어 있다.

[해설]
일반적인 등화장치는 직렬연결법이 사용되나 전조등 회로는 병렬로 연결된다.

40 릴리프밸브에서 포핏밸브를 밀어 올려 기름이 흐르기 시작할 때의 압력은?

① 설정압력

② 허용압력

✔ **크래킹압력**

④ 전량압력

[해설]
크래킹압력 : 체크밸브 또는 릴리프밸브 등으로 압력이 상승하여 밸브가 열리기 시작하고 어떤 일정한 흐름의 양이 확인되는 압력

41 유압유의 점도가 지나치게 높을 때 나타나는 현상이 아닌 것은?

✔ ① 오일 누설이 증가한다.

② 유동저항이 커져 압력손실이 증가한다.

③ 동력손실이 증가하여 기계효율이 감소한다.

④ 내부마찰이 증가하고 압력이 상승한다.

해설
오일 누설 증가는 유압유의 점도가 지나치게 낮을 때 나타나는 현상이다.

42 유압펌프의 토출량을 나타내는 단위로 맞는 것은?

① psi   ✔ ② LPM

③ kPa   ④ W

해설
유압펌프의 토출량 단위는 LPM(L/min) 또는 GPM이다.

43 다음 중 여과기를 설치위치에 따라 분류할 때 관로용 여과기에 포함되지 않는 것은?

① 라인 여과기

② 리턴 여과기

③ 압력 여과기

✔ ④ 흡입 여과기

해설
여과기
• 탱크용(펌프 흡입 쪽) : 스트레이너, 흡입 여과기
• 관로용
 – 펌프 토출 쪽 : 라인 여과기
 – 되돌아오는 쪽 : 리턴 여과기
 – 순환라인 : 순환 여과기

44 직동형, 평형, 피스톤형 등의 종류가 있으며 회로의 압력을 일정하게 유지시키는 밸브는?

✔ ① 릴리프밸브

② 무부하밸브

③ 시퀀스밸브

④ 메이크업밸브

45 유압장치에서 기어모터에 대한 설명 중 잘못된 것은?

❶ 내부 누설이 적어 효율이 높다.

② 구조가 간단하고 가격이 저렴하다.

③ 일반적으로 스퍼기어를 사용하나 헬리컬기어도 사용한다.

④ 유압유에 이물질이 혼합되어도 고장 발생이 적다.

해설
기어모터는 누설유량이 많고 수명이 짧다.

46 유압기기의 작동속도를 높이기 위하여 무엇을 어떻게 변화시켜야 하는가?

❶ 유압펌프의 토출유량을 증가시킨다.

② 유압모터의 압력을 높인다.

③ 유압펌프의 토출압력을 높인다.

④ 유압모터의 크기를 작게 한다.

47 유압실린더의 지지방식이 아닌 것은?

① 플랜지형

② 풋 형

③ 트러니언형

❹ 유니언형

해설
유압실린더의 지지방식
• 나사형(Screw)
• 풋형(Foot)
• 크레비스형
• 트러니언형 : 로드측 트러니언형, 중간 트러니언형, 헤드측 트러니언형
• 플랜지형 : 전면 플랜지형, 후면 플랜지형

48 피스톤펌프의 특징으로 옳지 않은 것은?

① 일반적으로 토출압력이 높다.

② 펌프 효율이 높다.

❸ 구조가 간단하고 값이 싸다.

④ 베어링에 부하가 크다.

해설
피스톤펌프는 가격이 고가이며 구조가 복잡하다.

49 100만 근로시간당 몇 건의 재해가 발생했는가의 재해율 산출을 무엇이라 하는가?

① 연천인율

✔ ② 도수율

③ 강도율

④ 천인율

> **해설**
>
> $$\text{도수율(빈도율)} = \frac{\text{연간재해발생건수}}{\text{연근로총시간수}} \times 1,000,000$$

50 드릴작업 시 재료 밑의 받침으로는 무엇이 적당한가?

✔ ① 나무판

② 연강판

③ 스테인리스판

④ 벽 돌

51 소화설비를 설명한 내용으로 맞지 않는 것은?

✔ ① 포말소화설비는 저온압축한 질소가스를 방사시켜 화재를 진화한다.

② 분말소화설비는 미세한 분말소화제를 화염에 방사시켜 화재를 진화시킨다.

③ 물분무소화설비는 연소물의 온도를 인화점 이하로 냉각시키는 효과가 있다.

④ 이산화탄소소화설비는 질식작용에 의해 화염을 진화시킨다.

> **해설**
>
> 포말소화설비는 연소면을 포말로 덮어 산소의 공급을 차단하는 질식작용 원리를 이용한 소화방식이다.

52 산업안전보건법상 안전보건표지에서 색채와 용도가 틀리게 짝지어진 것은?

① 파란색 : 지시

② 녹색 : 안내

✔ ③ 노란색 : 위험

④ 빨간색 : 금지, 경고

> **해설**
>
> ③ 노란색 : 경고

53 귀마개가 갖추어야 할 조건으로 틀린 것은?

① 내습·내유성을 가질 것
② 적당한 세척 및 소독에 견딜 수 있는 것
③ 가벼운 귓병이 있어도 착용할 수 있을 것
✏️ **안경이나 안전모와 함께 착용을 하지 못할 것**

54 풀리에 벨트를 걸거나 벗길 때 안전하게 하기 위한 작동상태는?

① 중속인 상태
✏️ **정지한 상태**
③ 역회전 상태
④ 고속인 상태

55 사용한 공구를 정리 보관할 때의 방법으로 가장 옳은 것은?

① 사용한 공구는 종류별로 묶어서 보관한다.
② 사용한 공구는 녹슬지 않게 기름칠을 잘해서 작업대 위에 진열해 놓는다.
③ 사용 시 기름이 묻은 공구는 물로 깨끗이 씻어서 보관한다.
✏️ **사용한 공구는 면 걸레로 깨끗이 닦아서 공구상자 또는 공구 보관장소로 지정된 곳에 보관한다.**

56 가스용접 작업 시 안전수칙으로 바르지 못한 것은?

① 산소용기는 화기로부터 지정된 거리를 둔다.
② 40℃ 이하의 온도에서 산소용기를 보관한다.
③ 산소용기 운반 시 충격을 주지 않도록 주의한다.
✏️ **토치에 점화할 때 성냥불이나 담뱃불로 직접 점화한다.**

[해설]
토치에 점화할 때 토치 전용 라이터를 사용한다.

57 인체에 전류가 흐를 때 위험 정도의 결정 요인 중 가장 관계가 적은 것은?

① 인체에 전류가 흐른 시간
② 전류가 인체에 통과한 경로
✓ **인체의 연령**
④ 인체에 흐른 전류 크기

해설
감전의 위험요소
• 1차적 감전 위험요인 : 통전전류의 크기, 통전경로, 통전시간, 통전전원의 종류, 주파수 및 파형
• 2차적 감전 위험요인 : 전압의 크기, 인체의 조건, 계절, 개인차

58 도시가스배관을 지하 매설 시 특수한 사정으로 규정에 의한 심도를 유지할 수 없어 보호관을 사용하였을 때 보호관 외면이 지면과 최소 얼마 이상의 깊이를 유지하여야 하는가?

✓ ① 0.3m   ② 0.4m
③ 0.5m   ④ 0.6m

해설
도시가스배관을 지하에 매설 시 특수한 사정으로 규정에 의한 심도를 유지할 수 없어 보호관을 사용하였을 때 보호관 외면이 지면과 최소 0.3m 이상의 깊이를 유지하여야 한다(KGS FS551, 2.5.8.2.1).

59 가스배관용 폴리에틸렌관의 특징으로 틀린 것은?

① 지하매설용으로 상용된다.
② 일광, 열에 약하다.
✓ **도시가스 고압관으로 사용된다.**
④ 부식이 잘되지 않는다.

해설
PE관은 도시가스배관 중 공동 주택단지 내에 설치되는 저압배관용으로 주로 사용된다.

60 전력케이블이 매설되어 있음을 표시하기 위한 표지 시트는 차도에서 지표면 아래 몇 cm 깊이에 설치되어 있는가?

① 10   ✓ 30
③ 50   ④ 100

01 건설기계관리법령상 건설기계정비업소가 아닌 곳에서 작업하면 안 되는 것은?

① 오일의 보충 및 창유리의 교체
② 배터리·전구 교체
③ 에어클리너 엘리먼트 및 필터류 교체
☑ 피스톤링과 실린더의 간극 조정

> **해설**
> 건설기계정비업의 범위에서 제외되는 행위(건설기계관리법 시행규칙 제1조의3)
> • 오일의 보충
> • 에어클리너 엘리먼트 및 필터류의 교환
> • 배터리·전구의 교환
> • 타이어의 점검·정비 및 트랙의 장력 조정
> • 창유리의 교환

02 다음 중 경고표지가 아닌 것은?

① 급성독성물질 경고
☑ 방진마스크 경고
③ 낙하물 경고
④ 인화성물질 경고

> **해설**
> 방진마스크 착용은 지시표지에 속한다(산업안전보건법 시행규칙 [별표 6]).
>
> | 급성독성물질 경고 | 낙하물 경고 | 인화성물질 경고 |
> |---|---|---|
> | ☠ | ⚠ | 🔥 |

03 무한궤도식 로더의 특징으로 가장 옳지 않은 것은?

☑ 접지압이 높아 습지, 모래 지형에서 작업하기 어렵다.
② 견인력이 크고, 트랙 깊이의 수중에서도 작업이 가능하다.
③ 비교적 기동성이 떨어진다.
④ 먼 거리 이동 시 트레일러 등 운반기구를 사용해야 한다.

> **해설**
> 무한궤도식 로더
> 타이어 대신에 무한궤도를 설치한 것으로, 견인력이 크고 접지압이 낮아 습지, 사지에서 작업하기 용이하나 기동성이 낮아 장거리 작업에는 불리하다.

04 로더 조종레버를 a 방향으로 당기면서 d 방향으로 조작했을 때, 작업장치의 이동 방향은?

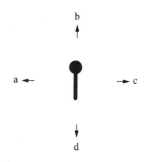

① 버킷은 전경되고, 붐은 상승한다.
② 버킷은 전경되고, 붐은 하강한다.
☑ 버킷은 후경되고, 붐은 상승한다.
④ 버킷은 후경되고, 붐은 하강한다.

05 2줄 걸이로 화물을 인양 시 인양각도가 커지면 로프에 걸리는 장력은?

① 감소한다.

☑ **증가한다.**

③ 변화가 없다.

④ 장소에 따라 다르다.

> **해설**
> 로프(Rope)의 매단 각도에 따른 장력

매단 각도	장 력
0	1.00배
30	1.04배
60	1.16배
90	1.41배
120	2.00배

06 디젤엔진 냉간 시 시동을 도와주는 부품으로 적절한 것은?

☑ **히트레인지**　　② 디퓨저

③ 발전기　　　　　④ 과급장치

> **해설**
> 디젤기관의 시동 보조기구
> • 감압장치 : 실린더 내의 압축압력을 감압시켜 기동전 동기에 무리가 가는 것을 방지하는 장치
> • 예열장치
>   – 흡기가열 방식 : 흡기히터, 히트레인지
>   – 예열플러그 방식 : 예열플러그, 예열플러그 파일럿, 예열플러그 저항기, 히트릴레이 등

07 연료 연소실에서 질소산화물(NOx) 발생의 원인으로 가장 밀접한 관계가 있는 것은?

① 가속 불량　　　☑ **높은 연소 온도**

③ 흡입 공기 부족　④ 소연 경계층

> **해설**
> 질소산화물(NOx)은 연소실의 온도가 높고, 산소 분압이 충분히 높을 경우(공기 과잉)에 주로 발생한다.

08 자갈, 모래 등으로 미끄러운 바닥에서 타이어식 로더로 작업할 때 주의사항으로 옳지 않은 것은?

① 슬립이 일어날 수 있으므로 급출발하지 않는다.

② 컷 슬립 타이어로 교체한다.

☑ **험로용 타이어로 교체한다.**

④ 좌우 타이어 마멸 상태를 확인하여 편차가 없도록 교체한다.

> **해설**
> 험로용 타이어는 진동을 줄여 승차감을 좋게 하고 안정성을 향상시키므로 주로 거칠고 딱딱한 노면에서 사용한다.

09 작업별 필요한 안전장비에 대한 설명으로 적절하지 않은 것은?

① 10m 이상의 높이 : 안전벨트

✔ ② 아크용접 : 도수가 있는 투명한 보안경

③ 산소가 부족한 환경 : 공기마스크

④ 그라인딩 작업 : 보안경

해설
아크용접 작업을 할 때는 차광 보안경을 착용해야 한다.

10 건설기계등록이 말소된 때에는 등록번호표를 며칠 이내에 시·도지사에게 반납하여야 하는가?

✔ ① 10일

② 15일

③ 20일

④ 30일

해설
등록번호표의 반납(건설기계관리법 제9조)
등록된 건설기계의 소유자는 다음의 어느 하나에 해당하는 경우에는 10일 이내에 등록번호표의 봉인을 떼어낸 후 그 등록번호표를 국토교통부령으로 정하는 바에 따라 시·도지사에게 반납하여야 한다. 다만, 건설기계가 천재지변 또는 이에 준하는 사고 등으로 사용할 수 없게 되거나 멸실된 경우, 건설기계를 도난당한 경우 또는 건설기계를 폐기한 경우의 사유로 등록을 말소하는 경우에는 그러하지 아니하다.
• 건설기계의 등록이 말소된 경우
• 건설기계의 등록사항 중 등록번호, 등록된 건설기계 소유자의 주소지 또는 사용 본거지(시·도 간의 변경이 있는 경우에 한함)가 변경된 경우
• 등록번호표의 부착 및 봉인을 신청하는 경우

11 유압유의 점도가 지나치게 높았을 때 나타나는 현상이 아닌 것은?

✔ ① 오일 누설이 증가한다.

② 유동저항이 커져 압력손실이 증가한다.

③ 동력손실이 증가하여 기계효율이 감소한다.

④ 내부마찰이 증가하고 압력이 상승한다.

해설
오일 누설의 증가는 유압유의 점도가 지나치게 낮았을 때 나타나는 현상이다.

12 해머 작업 시 안전사항으로 틀린 것은?

① 장갑을 끼지 않는다.

② 작업에 알맞은 무게의 해머를 사용한다.

✔ ③ 해머는 처음부터 힘차게 때린다.

④ 자루가 단단한 것을 사용한다.

해설
해머로 타격할 때에는 처음과 마지막에 힘을 많이 가하지 말아야 한다.

13 일반적인 유압실린더의 종류에 해당하지 않는 것은?

① 단동 실린더 피스톤(Piston)형

② 단동 실린더 램(Ram)형

✔ ③ 단동 실린더 레이디얼(Radial)형

④ 복동 실린더 양로드(Double Rod)형

해설
레이디얼형은 유압펌프나 모터의 종류이다.

14 다음은 유압식 액추에이터의 정의이다. 빈 칸에 들어갈 용어로 적절한 것은?

> 유압펌프로부터 공급된 작동유(가압된 것) 의 유압에너지를 기계적인 일, 즉 직선운동 이나 회전운동으로 변환시키는 장치이다. 유압 액추에이터는 직선운동을 하는 유압 실린더와 연속 회전운동을 하는 (   )로 나눌 수 있다.

① 유압호스　　　✔ **유압모터**
③ 유압파이프　　④ 축압기

[해설]
유체의 압력에너지에 의해서 모터는 회전운동을, 실린 더는 직선운동을 한다.

15 건설기계관리법령상 건설기계 검사의 종 류로 적절하지 않은 것은?

① 신규등록검사　　② 정기검사
③ 수시검사　　　　✔ **계속검사**

[해설]
건설기계 검사의 종류(건설기계관리법 제13조)
• 신규등록검사 : 건설기계를 신규로 등록할 때 실시하 는 검사
• 정기검사 : 건설공사용 건설기계로서 3년의 범위에서 국토교통부령으로 정하는 검사유효기간이 끝난 후에 계속하여 운행하려는 경우에 실시하는 검사와 「대기 환경보전법」 제62조 및 「소음·진동관리법」 제37조 에 따른 운행차의 정기검사
• 구조변경검사 : 제17조에 따라 건설기계의 주요 구조 를 변경하거나 개조한 경우 실시하는 검사
• 수시검사 : 성능이 불량하거나 사고가 자주 발생하는 건설기계의 안전성 등을 점검하기 위하여 수시로 실시 하는 검사와 건설기계 소유자의 신청을 받아 실시하는 검사

16 다이오드의 냉각장치로 맞는 것은?

① 냉각팬
② 냉각 튜브
✔ **히트 싱크**
④ 엔드 프레임에 설치된 오일장치

17 12V 축전지의 구성(셀 수)은?

① 약 4V의 셀이 3개로 되어 있다.
② 약 3V의 셀이 4개로 되어 있다.
③ 약 6V의 셀이 2개로 되어 있다.
✔ **약 2V의 셀이 6개로 되어 있다.**

[해설]
6V용 축전지는 내부에 3개의 셀로 나누어지며, 12V용 축전지는 내부에 6개의 셀이 직렬로 접속되어 있다.

18 다음 중 화재의 분류와 그 내용이 알맞지 않게 짝지어진 것은?

① A급 화재 : 일반화재
② B급 화재 : 유류(기름)화재
③ C급 화재 : 전기화재
✔ **D급 화재 : 가스화재**

[해설]
④ D급 화재 : 금속화재

19 타이어식 로더가 무한궤도식 로더에 비해 좋은 점은?

① 견인력
② 습지에서의 작업성
③ **기동성**
④ 좁은 공간에서의 선회성

해설
타이어식 로더의 장점
• 기동성이 좋아(약 20~40km/h) 작업속도가 빠르다.
• 무한궤도식에 비해서 방향 전환이 좋다.
• 포장된 노면을 손상시키지 않는다.

20 다음 중 건설기계 면허 취득을 위한 적성 검사 기준으로 적절하지 않은 것은?

① 두 눈을 동시에 뜨고 잰 시력(교정시력을 포함)이 0.7 이상일 것
② **시각은 120° 이상일 것**
③ 55dB(보청기를 사용하는 사람은 40dB)의 소리를 들을 수 있을 것
④ 언어분별력이 80% 이상일 것

해설
시각은 150° 이상일 것(건설기계관리법 시행규칙 제76조)

21 다음에서 회로 내의 압력을 설정치 이하로 유지하는 밸브로 맞는 것은?

ㄱ. 릴리프밸브(Relief Valve)
ㄴ. 리듀싱밸브(Reducing Valve)
ㄷ. 시퀀스밸브(Sequence Valve)
ㄹ. 언로더밸브(Unloader Valve)

① **ㄱ, ㄴ, ㄹ**　　② ㄴ, ㄷ
③ ㄷ, ㄹ　　　　　④ ㄱ, ㄴ, ㄷ

해설
시퀀스밸브는 두 개 이상의 분기회로에서 실린더나 모터의 작동 순서를 결정하는 자동제어밸브로 방향제어밸브에 속한다.

22 다음 그림이 의미하는 유압기호는?

① 어큐뮬레이터
② 정용량형 유압펌프
③ 가변용량형 유압펌프
④ **유압압력계**

해설

어큐뮬레이터	정용량형 유압펌프	가변용량형 유압펌프

23 다음 그림의 계기판이 지시하는 내용으로 옳은 것은?

① 냉각수의 온도가 낮다.
② **연료 보충이 필요하다.**
③ 엔진오일의 압력이 낮다.
④ 냉각수의 보충이 필요하다.

해설
그림의 계기판은 연료계로 연료의 잔량을 표시한다.

24 건설기계 소유자 또는 점유자가 건설기계를 도로에 계속 버려두거나 정당한 사유 없이 타인의 토지에 버려둔 경우의 처벌은?

① 1년 이하의 징역 또는 500만원 이하의 벌금
② 6개월 이하의 징역 또는 500만원 이하의 벌금
③ **1년 이하의 징역 또는 1,000만원 이하의 벌금**
④ 2년 이하의 징역 또는 2,000만원 이하의 벌금

해설
건설기계를 도로나 타인의 토지에 버려둔 건설기계의 소유자 또는 점유자는 1년 이하의 징역 또는 1,000만원 이하의 벌금에 처한다(건설기계관리법 제41조).

25 다음 중 압력의 단위가 아닌 것은?

① psi
② bar
③ kgf/cm²
④ **dyne**

해설
psi는 pounds per square inch의 약자로서 압력의 단위이다.
1psi = 68,947.571878dyne/cm² = 0.068948bar
= 0.070307kgf/cm²

26 디젤기관을 시동시킨 후 충분한 시간이 지났는데도 냉각수 온도가 정상적으로 상승하지 않을 경우, 그 고장의 원인이 될 수 있는 것은?

① 냉각팬 벨트의 헐거움
② **열린 채 고장 난 수온조절기**
③ 물 펌프의 고장
④ 라디에이터 코어 막힘

해설
수온조절기가 열린 채 고장 나면 냉각수의 온도가 상승하는 데 시간이 오래 걸린다.

27 로더의 동력전달 순서로 맞는 것은?

① **엔진 → 토크컨버터 → 유압변속기 → 종감속장치 → 구동륜**
② 엔진 → 유압변속기 → 종감속장치 → 토크컨버터 → 구동륜
③ 엔진 → 유압변속기 → 토크컨버터 → 종감속장치 → 구동륜
④ 엔진 → 토크컨버터 → 종감속장치 → 유압변속기 → 구동륜

28 건설기계 운행 중 고의로 1명에게 중상을 입힌 건설기계를 조종한 자의 면허 취소·정지처분기준은?

① 면허효력정지 30일

② 취 소

③ 면허효력정지 60일

④ 면허효력정지 90일

해설

건설기계조종사면허의 취소·정지처분기준(건설기계관리법 시행규칙 [별표 22])

위반행위	처분기준
건설기계의 조종 중 고의 또는 과실로 중대한 사고를 일으킨 경우	
• 인명피해	
– 고의로 인명피해(사망·중상·경상 등)를 입힌 경우	취 소
– 과실로 「산업안전보건법」에 따른 중대재해가 발생한 경우	취 소
– 그 밖의 인명피해를 입힌 경우	
ⓐ 사망 1명마다	면허효력정지 45일
ⓑ 중상 1명마다	면허효력정지 15일
ⓒ 경상 1명마다	면허효력정지 5일
• 재산피해 : 피해금액 50만원마다	면허효력정지 1일 (90일을 넘지 못함)
• 건설기계의 조종 중 고의 또는 과실로 「도시가스사업법」에 따른 가스공급시설을 손괴하거나 가스공급시설의 기능에 장애를 입혀 가스의 공급을 방해한 경우	면허효력정지 180일

29 유압유의 성질에 대한 설명으로 옳지 않은 것은?

① 강인한 유막을 형성할 것

② 점성과 온도와의 관계가 양호할 것

③ 인화점이 낮을 것 ✓

④ 비중이 적당할 것

해설

인화점이 낮으면 열에 의해서 열화 또는 연소될 수 있다.

30 호이스트형 유압호스 연결부에 가장 많이 사용하는 것은?

① 엘보 조인트

② 유니언 조인트 ✓

③ 소켓 조인트

④ 니플 조인트

31 작업장에서 휘발유로 인한 화재가 발생한 경우 가장 적합한 소화방법은?

① 소다 소화기의 사용

② 탄산가스 소화기의 사용 ✓

③ 불의 확대를 막는 덮개의 사용

④ 물 호스의 사용

해설

유류화재 시에는 탄산가스 소화기를 이용한다.

32 작업장에서의 복장에 대한 유의사항으로 틀린 것은?

① 상의의 옷자락이 밖으로 나오지 않도록 한다.

② 작업복은 몸에 맞는 것을 입는다.

③ 기름이 묻은 작업복은 될 수 있는 한 입지 않는다.

☑ 수건은 허리춤에 끼거나 목에 감는다.

해설
수건은 기계에 말려 들어갈 수 있으므로 착용하지 않는다.

33 인양 물체의 중심을 측정하여 인양하는 작업 시 가장 잘못된 것은?

① 인양 물체를 서서히 올려 지상 약 30cm 지점에서 정지를 확인한다.

② 인양 물체의 중심이 높으면 물체가 기울 수 있다.

☑ 와이어로프나 매달기용 체인이 벗겨질 우려가 있으면 되도록 높이 인양한다.

④ 형상이 복잡한 물체의 무게중심을 목측한다.

해설
인양 물체의 중심이 높으면 물체가 기울 수 있고, 와이어로프나 매달기용 체인이 벗겨질 우려가 있으므로 중심은 가능한 한 낮게 매달아 인양한다.

34 로더로 지면고르기 작업 시 한 번 고르기 작업을 마친 후 장비를 몇 도(°) 회전시켜서 반복하는 것이 가장 좋은가?

① 30°　　　　☑ 45°

③ 90°　　　　④ 120°

해설
로더의 작업방법
• 굴착작업 : 굴착작업 전 지면을 평탄하게 작업한다. 이때의 굴착작업은 무한궤도식이 유리하다. 또한 토사를 가득 채웠을 경우 버킷을 뒤로 오므려 큰 힘을 받도록 한다.
• 토사깎기 작업 : 깎이는 깊이의 조정은 붐을 상승시키거나 버킷을 복귀시켜야 하며, 버킷에는 로더의 자체 중량이 함께 작용하도록 작업한다. 이때 버킷 각도는 5° 정도 기울여 깎는다. 특별한 상황을 제외한 경우에는 로더가 항상 평행이 되도록 작업한다.
• 지면고르기 작업 : 파인 지면은 작업 전 메워 놓고, 한 번의 작업을 마친 후에는 로더를 45° 회전시켜 반복하여 작업한다.
• 상차작업 : V형 작업, T형 작업, I형 작업 등이 있다.
• 토공작업 : 토사 등을 직접 굴착, 적재, 운반, 운송, 살포 및 다짐하는 작업을 말한다.

35 로더의 토사깎기 작업방법으로 잘못된 것은?

① 특수 상황 외에는 항상 로더가 지면과 평행이 되도록 한다.

② 로더의 무게가 버킷과 함께 작용되도록 한다.

③ 깎이는 깊이의 조정은 붐을 약간 상승시키거나 버킷을 복귀시켜서 한다.

☑ 버킷의 각도는 40~45°로 깎기 시작하는 것이 좋다.

해설
로더의 토사깎기 작업 시 버킷의 각도는 5° 정도 기울여 깎기 시작하는 것이 좋다.

36 다음의 조명에 관련된 용어의 설명으로 틀린 것은?

① 광도의 단위는 칸델라이다.
② 피조면의 밝기는 조도이다.
③ 빛의 세기를 광도라 한다.
④ **조도의 단위는 루멘이다.**

> **해설**
> 조도의 단위는 럭스(lx)이다.

37 전해액을 만들 때의 설명으로 옳은 것은?

① 황산을 가열하여야 한다.
② 황산에 물을 부어야 한다.
③ **물에 황산을 부어야 한다.**
④ 철제 용기를 사용하여야 한다.

> **해설**
> 전해액을 만들 때는 황산을 증류수에 부어야 한다. 만일 증류수를 황산에 부으면 폭발할 수 있다.

38 압력식 라디에이터 캡에 대한 설명으로 적합한 것은?

① 냉각장치 내부압력이 부압되면 공기밸브가 열린다.
② 냉각장치 내부압력이 규정보다 높을 때 진공밸브가 열린다.
③ **냉각장치 내부압력이 부압되면 진공밸브가 열린다.**
④ 냉각장치 내부압력이 규정보다 낮을 때 공기밸브가 열린다.

> **해설**
> 냉각장치 내부압력이 규정보다 높으면 공기밸브가 열리고, 부압되면 진공밸브가 열린다.

39 분사펌프의 플런저와 배럴 사이의 윤활을 담당하는 것은?

① 기관오일
② **경 유**
③ 유압유
④ 그리스

> **해설**
> 디젤 연료에는 연료 속의 윤활제가 포함되어 정밀 부품인 인젝터, 노즐, 플런저 등이 작동할 때 윤활 역할을 한다.

40 전선로 주변에서의 굴착작업에 대한 설명 중 맞는 것은?

① 전선로 주변에서는 어떠한 경우에도 작업할 수 없다.

✔ **붐이 전선에 근접되지 않도록 한다.**

③ 붐의 길이는 무시해도 된다.

④ 버킷이 전선에 근접하는 것은 괜찮다.

해설

도로에서 파일 향타, 굴착작업 중 지하에 매설된 전력케이블에 충격 또는 손상이 가해지면 전력공급이 차단되거나 일정 시일 경과 후 부식 등으로 전력공급이 중단될 수 있다. 따라서 굴착으로부터 전력케이블을 보호하기 위하여 표지 시트, 지중선로 표시기, 보호판 등을 시설하는 것이 좋다.

41 연삭기의 안전한 사용방법이 아닌 것은?

① 숫돌 측면에서는 사용을 제한한다.

② 보안경과 방진마스크를 착용한다.

③ 숫돌 덮개를 설치한 후 작업한다.

✔ **숫돌과 받침대 간격은 6mm 이상 유지한다.**

해설

연삭기 작업 안전수칙

• 작업 시 연삭숫돌의 측면을 사용하여 작업하지 말 것

• 연삭기의 덮개 노출각도는 90°이거나 전체 원주의 1/4을 초과하지 말 것

• 연삭숫돌의 교체 시에는 3분 이상 시운전할 것

• 사용 전에 연삭숫돌을 점검하여 균열이 있는 것은 사용하지 말 것

• 연삭숫돌과 받침대 간격은 3mm 이내로 유지할 것

• 작업 시 연삭숫돌 정면으로부터 150° 정도 비켜서 작업할 것

• 가공물은 급격한 충격을 피하고 점진적으로 접촉시킬 것

• 소음이나 진동이 심하면 즉시 점검할 것

• 작업모, 안전화, 보안경, 방진마스크, 보호장갑을 착용할 것

42 다음 그림이 나타내는 안전표지의 내용은?

✔ **지시표지**

② 금지표지

③ 경고표지

④ 안내표지

43 전기기기에 의한 감전사고를 막기 위하여 필요한 설비로 가장 중요한 것은?

① 고압계 설비

✔ **접지설비**

③ 방폭등 설비

④ 대지 전위 상승 설비

해설

감전사고를 막기 위해 전기장치는 반드시 접지하여야 한다.

44 작업 중 기계장치에서 이상한 소리가 날 경우 가장 적절한 작업자의 행위는?

① 작업 종료 후 조치한다.

✔ **즉시 작동을 멈추고 점검한다.**

③ 속도가 너무 빠르지 않나 살핀다.

④ 장비를 멈추고 열을 식힌 후 계속 작업한다.

45 유압실린더의 누유 검사방법 중 틀린 것은?

① 각 유압실린더를 몇 번씩 작동 후 점검한다.

② 정상적인 작동온도에서 실시한다.

③ 얇은 종이를 펴서 로드에 대고 앞뒤로 움직여 본다.

✓ **얇은 가죽이나 V패킹으로 교환한다.**

해설
규격품이 아닌 얇은 가죽이나 V패킹으로 교환하면 누설이 되므로 정상적으로 누유 검사를 할 수 없다.

46 다음 중 압력, 힘, 면적의 관계식으로 올바른 것은?

① 압력 = 부피 / 면적

② 압력 = 면적 × 힘

✓ **압력 = 힘 / 면적**

④ 압력 = 부피 × 힘

해설
압력은 힘 / 면적이며, kgf/cm² 로 표시한다.

47 유압장치의 취급방법으로 옳지 않은 것은?

① 추운 날씨에는 충분한 준비 운전 후 작업한다.

✓ **종류가 다른 오일이라도 부족하면 보충할 수 있다.**

③ 오일량이 부족하지 않도록 점검·보충한다.

④ 가동 중 이상음이 발생하면 즉시 작업을 중지한다.

해설
종류가 다른 오일이 혼합되면 이물질의 생성, 유화, 변색, 젤화 등의 현상이 나타나 윤활장치에 문제가 발생할 수 있다.

48 건설기계관리법령상 소형 건설기계에 해당하는 것은?

① 5ton 미만의 지게차

② 5ton 미만의 굴삭기

✓ **5ton 미만의 로더**

④ 5ton 미만의 트럭적재식 천공기

해설
국토교통부령으로 정하는 소형 건설기계(건설기계관리법 시행규칙 제73조)
• 5ton 미만의 불도저
• 5ton 미만의 로더
• 5ton 미만의 천공기(트럭적재식은 제외)
• 3ton 미만의 지게차
• 3ton 미만의 굴착기
• 3ton 미만의 타워크레인
• 공기압축기
• 콘크리트펌프(이동식에 한정)
• 쇄석기
• 준설선

49 로더를 운전하려고 시동을 할 때 점검할 사항으로 잘못된 것은?

① 연료 및 각종 오일을 점검한다.

② 붐과 버킷 레버를 중립에 둔다.

③ 주차 브레이크를 잠금 위치에 둔다.

④ **유압계의 압력을 정상으로 조정한다.**

50 타이어식 로더의 운전 시 주의해야 할 사항 중 틀린 것은?

① 새로 구축한 구조물 주변 부분은 연약지반이므로 주의한다.

② **경사지를 내려갈 때는 클러치를 분리하거나 변속레버를 중립에 놓는다.**

③ 토양의 조건과 엔진의 회전수를 고려하여 운전한다.

④ 버킷의 움직임과 흙의 부하에 따라 변화있게 대처하여 작업한다.

해설

경사지에서 내려올 때는 변속레버를 저속 위치로 하고 엔진 브레이크를 충분히 활용하여 주행해야 한다. 변속레버의 속도단이 바르지 않을 때 토크컨버터의 윤활유가 과열될 수 있다.

51 건설기계관리법령상 건설기계가 정기검사신청기간까지 정기검사를 신청한 경우 다음 정기검사 유효기간의 산정 방법으로 옳은 것은?

① 정기검사를 받은 날로부터 기산한다.

② **종전검사 유효기간 만료일의 다음 날부터 기산한다.**

③ 종전검사 유효기간 만료일부터 기산한다.

④ 정기검사를 받은 날의 다음 날부터 기산한다.

해설

유효기간의 산정은 정기검사신청기간까지 정기검사를 신청한 경우에는 종전 검사유효기간 만료일의 다음 날부터, 그 외의 경우에는 검사를 받은 날의 다음 날부터 기산한다(건설기계관리법 시행규칙 제23조).

52 일반적으로 건설기계의 유압펌프는 무엇에 의해 구동되는가?

① **엔진의 플라이휠에 의해 구동된다.**

② 캠축에 의해 구동된다.

③ 에어 컴프레서에 의해 구동한다.

④ 변속기 PTO 장치에 의해 구동된다.

53 폭발의 우려가 있는 가스 또는 분진이 발생하는 장소에서 지켜야 할 사항에 해당하지 않는 것은?

✔ **불연성 재료의 사용금지**

② 화기의 사용금지

③ 인화성물질의 사용금지

④ 점화의 원인이 될 수 있는 기계의 사용금지

해설
오히려 불연성 재료의 사용이 권장된다.

54 렌치 작업 시의 주의사항에 대한 설명 중 틀린 것은?

① 렌치를 해머로 두드려서는 안 된다.

② 높거나 좁은 장소에서는 몸을 안전하게 하고 작업한다.

✔ **너트보다 큰 치수를 사용한다.**

④ 너트에 렌치를 깊이 물린다.

해설
렌치 작업 시 너트에 맞는 치수를 사용해야 한다.

55 도로 굴착 중 황색의 도시가스 보호포가 나왔다. 매설된 도시가스배관의 압력은?

① 보호포의 색상만으로는 알 수 없다.

✔ **저 압**

③ 고 압

④ 중 압

해설
도시가스배관의 색상 기준(도시가스사업법 시행규칙 [별표 5])
도시가스배관의 표면 색상은 지상배관은 황색으로, 매설배관은 최고사용압력이 저압인 배관은 황색, 중압인 배관은 적색으로 할 것. 다만, 지상배관 중 건축물의 내·외벽에 노출된 것으로서 바닥(2층 이상 건물의 경우에는 각 층의 바닥을 말한다)으로부터 1m의 높이에 폭 3cm의 황색 띠를 2중으로 표시한 경우에는 표면 색상을 황색으로 하지 아니할 수 있다.

56 방향제어밸브에서 내부 누유에 영향을 미치는 요소가 아닌 것은?

① 유압유의 점도

② 밸브 간극의 크기

✔ **관로의 유량**

④ 밸브 양단의 압력차

해설
방향제어밸브에서 내부 누유에 영향을 미치는 요소에는 밸브 간극의 크기, 밸브 양단의 압력 차이, 유압유의 점도 등이 있다.

57 건설기계에 사용되는 12V, 80A 축전지 2개를 병렬로 연결하면 전압과 전류는 어떻게 변하는가?

① 24V, 160A가 된다.
② 12V, 80A가 된다.
③ 24V, 80A가 된다.
✔ **12V, 160A가 된다.**

해설
축전지를 병렬로 연결하면 용량은 2배가 되고, 전압은 한 개일 때와 같다.

58 건설기계형식신고서에 첨부해야 할 서류가 아닌 것은?

① 건설기계의 외관도
② 한국교통안전공단 발행 시험성적서
③ 건설기계제원표
✔ **건설기계운전면허증**

해설
건설기계형식신고서에 첨부할 서류(건설기계관리법 시행규칙 제44조의2)
• 건설기계제원표
• 건설기계의 외관도
• 변경 전후의 제원대비표(변경신고에 한함)
• 건설기계제원표의 기재내용이 건설기계 안전기준에 관한 규칙에 따른 기준에 적합함을 확인할 수 있는 서류(변경신고의 경우에는 변경된 부분을 확인할 수 있는 서류에 한하며, 한국교통안전공단·외국시험기관 또는 해당 건설기계의 제작회사가 발행한 시험성적서 또는 인증서 등으로 갈음할 수 있음)
• 도로 이동 시의 분해·운송방법(「도로법 시행령」 제79조제2항제1호에 해당하는 건설기계에 한정)
• 제작자 등이 확보하여야 할 사후관리에 필요한 시설과 기술인력의 기준에 의한 사후관리시설과 기술인력의 확보 사실을 증명할 수 있는 서류(건설기계의 제작 등을 위하여 최초로 형식신고를 하는 경우에 한함). 단, 제작하거나 조립하려는 자가 국토교통부령으로 정하는 시설 및 기술인력을 갖춘 경우에는 그러하지 아니하다.

59 소화 작업에 대한 설명 중 틀린 것은?

① 가열물질의 공급을 차단시킨다.
✔ **유류화재 시 표면에 물을 붓는다.**
③ 산소의 공급을 차단한다.
④ 점화원을 발화점 이하의 온도로 낮춘다.

해설
유류화재 시 물을 사용하면 기름과 물은 섞이지 않아 기름이 물을 타고 화재가 더 확산되어 위험하다.

60 로더의 동력조향장치 구성 부품이 아닌 것은?

① 유압펌프
② 복동 유압실린더
③ 제어밸브
✔ **하이포이드 피니언**

해설
하이포이드 피니언 기어는 차동기어장치에 사용된다.

01 다음은 어느 장치를 형태에 따라 구분한 것인가?

> 직접분사식, 예연소실식, 와류실식, 공기실식

① 연료분사장치
② **연소실** ✓
③ 기관구성
④ 동력전달장치

02 기관에서 압축압력이 저하되는 주 원인은?

① 오일량의 과다
② 냉각수 부족
③ **실린더벽의 마모** ✓
④ 점화시기의 빠름

해설
기관에서 압축압력이 저하되는 주요 원인은 피스톤 링의 마모와 실린더 벽의 마모이다.

03 기관에서 냉각계통으로 배기가스가 누설되는 원인은?

① **실린더헤드 개스킷 불량** ✓
② 매니폴더의 개스킷 불량
③ 워터펌프의 불량
④ 냉각팬의 벨트 유격 과대

해설
기관 내에서 실린더헤드 개스킷 불량이나, 기관의 균열에 의해서 냉각계통으로 배기가스가 누설된다.

04 에어클리너가 막혔을 때 발생하는 현상으로 옳은 것은?

① 배기 색은 무색이며, 출력은 정상이다.
② 배기 색은 흰색이며, 출력은 증가한다.
③ **배기 색은 검은색이며, 출력은 저하된다.** ✓
④ 배기 색은 흰색이며, 출력은 저하된다.

해설
에어클리너가 막히면 공기흡입량이 줄어들어 출력이 저하되고 연료에 비해 공기량 부족으로 농후한 혼합비 때문에 배기 색은 검은색이 된다.

05 냉각장치의 수온조절기는 냉각수 수온이 약 몇 도(℃)일 때 처음 열려 몇 도(℃)에서 완전히 열리는가?

① 35~55℃

② 65~85℃

③ 45~65℃

④ 95~112℃

> **해설**
> 수온조절기는 65℃ 정도에서 열리기 시작하여 85℃에서는 완전히 열린다.

06 겨울철에 연료탱크를 가득 채우는 이유는?

① 연료가 적으면 증발하여 손실되므로

② 연료가 적으면 출렁거리기 때문에

③ 공기 중의 수분이 응축되어 물이 생기기 때문에

④ 연료 게이지에 고장이 발생하기 때문에

> **해설**
> 겨울철에는 기온이 내려가면서 연료탱크 안에 있는 습기가 모여 물이 생길 수 있으므로 가능하면 탱크에 연료를 가득 채우는 것이 좋다.

07 피스톤의 구비조건으로 옳지 않은 것은?

① 고온고압에 견딜 것

② 열전도가 잘될 것

③ 열팽창률이 적을 것

④ 피스톤 중량이 클 것

> **해설**
> 피스톤 중량은 가벼워야 한다.

08 건설기계 운전 중 엔진 부조를 하다가 시동이 꺼진 원인이 아닌 것은?

① 연료필터 막힘

② 연료에 물 혼입

③ 분사노즐이 막힘

④ 연료장치의 오버플로 호스가 파손

> **해설**
> 건설기계 운전 중 엔진이 부조를 하다가 시동이 꺼진 원인은 연료 공급이 제대로 되지 않기 때문이고 오버플로 호스가 파손된 원인은 시동을 한 후 남아서 되돌아가는 연료가 회송되지 않기 때문이다.

09 윤활유 공급펌프에서 공급된 윤활유 전부가 엔진오일필터를 거쳐 윤활부로 가는 방식은?

① 분류식   ② 자력식

③ 전류식   ④ 샨트식

> **해설**
> 전류식은 기관에 공급된 연료가 전부 필터를 거치는 것이고, 일부가 필터를 거치면 분류식이다.

10 배기관이 불량하여 배압이 높을 때 기관에 생기는 현상으로 옳지 않은 것은?

① 기관이 과열된다.

❷ 냉각수 온도가 내려간다.

③ 기관의 출력이 감소한다.

④ 피스톤의 운동을 방해한다.

해설
배압(Back Pressure)이 높아지면 배출되지 못한 가스 열에 의해 과열되며 온도가 상승한다.

11 전조등의 좌우 램프 간 회로에 대한 설명으로 맞는 것은?

① 직렬 또는 병렬로 되어 있다.

② 병렬과 직렬로 되어 있다.

❸ 병렬로 되어 있다.

④ 직렬로 되어 있다.

해설
일반적인 등화장치는 직렬연결이지만 전조등 회로는 병렬연결이다.

12 축전지를 탈거 및 설치할 때 옳은 것은?

① (+, −)선을 함께 연결

② 절연선을 나중에 연결

❸ 접지선을 나중에 연결

④ (+)선을 먼저 탈거

해설
축전지 설치 시 (−)선을 먼저 연결하고 접지선은 나중에 연결한다.

13 야간 작업 시 전구를 병렬로 규정보다 더 많이 연결하여 사용하였다면, 발생될 수 있는 문제점으로 옳지 않은 것은?

① 전류가 많이 소모된다.

② 퓨즈가 소손된다.

❸ 전구가 자주 소손된다.

④ 회로의 배선이 열을 받는다.

해설
전구가 자주 소손되는 것은 전압 강하에 의한 경우이다.

14 엔진을 정지하고 계기판 전류계의 지침을 살펴보니 정상에서 (−)방향을 지시하고 있다. 그 원인이 아닌 것은?

① 전조등 스위치가 점등 위치에 있다.

② 배선에서 누전되고 있다.

③ 시동스위치가 엔진 예열장치를 동작시키고 있다.

❹ 축전지 본선(Main Line)이 단선되어 있다.

해설
축전지 본선이 단선되었으면 전류계 자체가 움직이지 않는다.

15 예열플러그를 빼서 보았더니 심하게 오염 되었다. 그 원인으로 옳은 것은?

✔ **불완전연소 또는 노킹**
② 엔진 과열
③ 플러그의 용량 과다
④ 냉각수 부족

16 조명에 관련된 용어의 설명으로 옳지 않은 것은?

✔ **조도의 단위는 루멘이다.**
② 피조면의 밝기는 조도로 나타낸다.
③ 광도의 단위는 cd이다.
④ 빛의 밝기를 광도라 한다.

> 해설
> 조도의 단위는 럭스(lx)이다.

17 디젤기관에서만 볼 수 있는 회로는?

✔ **예열플러그 회로**
② 시동 회로
③ 충전 회로
④ 등화 회로

18 제동장치의 구비조건 중 옳지 않은 것은?

① 작동이 확실하고 잘 되어야 한다.
② 신뢰성과 내구성이 뛰어나야 한다.
③ 점검 및 조정이 용이해야 한다.
✔ **마찰력이 작아야 한다.**

> 해설
> 제동장치의 구비조건
> • 최소속도와 차량중량에 대해 항상 충분한 제동작용을 하며 작동이 확실할 것
> • 신뢰성이 높고 내구력이 클 것
> • 조작이 간단하고 운전자에게 피로감을 주지 않을 것
> • 브레이크를 작동시키지 않을 때에는 각 바퀴의 회전이 방해되지 않을 것

19 로더의 동력전달 순서로 옳은 것은?

✔ **엔진 → 토크컨버터 → 유압변속기 → 종감속장치 → 구동륜**
② 엔진 → 유압변속기 → 종감속장치 → 토크컨버터 → 구동륜
③ 엔진 → 유압변속기 → 토크컨버터 → 종감속장치 → 구동륜
④ 엔진 → 토크컨버터 → 종감속장치 → 유압변속기 → 구동륜

20 조향기어 백래시가 클 경우 발생할 수 있는 현상은?

✔ **핸들의 유격이 커진다.**

② 조향핸들의 축 방향 유격이 커진다.

③ 조향각도가 커진다.

④ 핸들이 한쪽으로 쏠린다.

해설
조향기어 백래시가 작으면 핸들이 무거워지고, 너무 크면 핸들의 유격이 커진다.

21 기계장치 및 동력전달장치 계통에서의 안전수칙으로 옳지 않은 것은?

① 벨트를 빨리 걸기 위해서 회전하는 풀리에 걸어서는 안 된다.

② 기어가 회전하고 있는 곳은 커버를 잘 덮어서 위험을 방지한다.

✔ **천천히 회전하고 있을 때 벨트를 손으로 잡고 풀리에 걸어야 한다.**

④ 동력전달기를 사용할 때는 안전방호장치를 장착하고 작업을 수행하여야 한다.

해설
벨트를 풀리에 걸 때는 회전을 정지시키고 걸어야 한다.

22 브레이크에 페이드 현상이 일어났을 때의 조치 방법으로 옳은 것은?

① 브레이크를 자주 밟아 열을 발생시킨다.

② 속도를 조금 올려준다.

✔ **작동을 멈추고 열이 식도록 한다.**

④ 주차 브레이크를 대신 사용한다.

해설
페이드 현상 : 주행 중 계속해서 브레이크를 사용함으로써 온도 상승으로 제동마찰제의 기능이 저하되어 마찰력이 약해지는 현상이다. 페이드 현상이 발생하면 안전한 곳에 주차 후 시동을 끄고 라이닝과 드럼 또는 디스크의 온도가 떨어질 때까지 기다렸다 진행한다.

23 타이어의 트레드에 대한 설명으로 틀린 것은?

① 트레드가 마모되면 구동력과 선회능력이 저하된다.

✔ **트레드가 마모되면 지면과 접촉면적이 크게 됨으로써 마찰력이 증대되어 제동 성능은 좋아진다.**

③ 타이어의 공기압이 높으면 트레드의 양 단부보다 중앙부의 마모가 크다.

④ 트레드가 마모되면 열의 발산이 불량하게 된다.

해설
트레드가 마모되면 지면과 접촉면적은 크나 마찰력이 감소되어 제동 성능이 나빠진다.

24 타이어식 건설기계장비에서 타이어 접지압을 바르게 표현한 것은?

① 접지면적(cm²)/ 공차상태의 무게(kgf)

② 접지길이(cm)/ 공차상태의 무게(kgf)

③ 접지면적(cm²)/ 작업장치의 무게

④ 접지길이(cm)/ 공차상태의 무게 + 예비타이어 무게

25 유압식 브레이크 장치에서 제동이 잘 풀리지 않는 원인은?

① 브레이크 오일 점도가 낮기 때문

② 파이프 내 공기의 침입

③ 체크밸브의 접촉 불량

④ 마스터 실린더의 리턴 구멍 막힘

> **해설**
> 마스터 실린더의 리턴 구멍이 막히면 브레이크 라이닝 슈가 벌어진 상태에서 되돌아오지 못하여 제동상태가 풀리지 않는다.

26 타이어식 로더에 차동기 고정장치가 있을 때의 장점은?

① 충격이 완화된다.

② 조향이 원활해진다.

③ 연약한 지반에서의 작업에 유리하다.

④ 변속이 용이해진다.

> **해설**
> 차동기 고정장치를 작동시키면 좌우 바퀴의 회전이 일정하므로 연약한 지반에서의 작업에 유리하다.

27 휠 로더의 휠 허브에 있는 유성기어장치에서 유성기어가 핀과 용착되었을 때 일어나는 현상은?

① 바퀴의 회전속도가 빨라진다.

② 바퀴의 회전속도가 늦어진다.

③ 바퀴가 돌지 않는다.

④ 평소와 관계없다.

28 로더의 작업 중 그레이딩 작업이란?

① 굴착작업

② 깎아내기 작업

③ 지면고르기 작업

④ 적재작업

> **해설**
> ③ 지면고르기(그레이딩) 작업
> ② 토사깎아내기(스크레이핑) 작업

29 타이어식 로더의 운전 시 주의해야 할 사항 중 틀린 것은?

① 새로 구축한 주변 부분은 연약지반이므로 주의한다.

✔️ **경사지를 내려갈 때는 클러치를 분리하거나 변속레버를 중립에 놓는다.**

③ 토양의 조건과 엔진의 회전수를 고려하여 운전한다.

④ 버킷의 움직임과 흙의 부하에 따라 변화 있게 대처하여 작업한다.

> **해설**
> 경사지에서 내려올 때는 변속레버를 저속 위치로 하고 엔진 브레이크를 충분히 활용하여 주행해야 한다. 변속 레버의 속도단이 바르지 않을 때 토크컨버터의 윤활유가 과열될 수 있다.

30 로더를 운전하려고 시동을 걸 때 점검사항으로 옳지 않은 것은?

① 연료 및 각종 오일을 점검한다.

② 붐과 버킷 레버를 중립에 둔다.

③ 변속기 레버를 중립에 둔다.

✔️ **유압계의 압력을 정상으로 조정한다.**

31 펌프에서 진동과 소음이 발생하고 양정과 효율이 급격히 저하되며 날개차 등에 부식을 일으키는 등 수명을 단축시키는 현상은?

① 펌프의 비속도

✔️ **펌프의 공동현상**

③ 펌프의 동력 저하

④ 펌프의 서징현상

> **해설**
> 공동현상 : 유압장치 내에 국부적인 높은 압력과 소음 및 진동이 발생하는 현상이다.

32 유압회로의 압력에 의해 유압 액추에이터의 작동 순서를 제어하는 밸브는?

① 언로더밸브

✔️ **시퀀스밸브**

③ 감압밸브

④ 릴리프밸브

> **해설**
> 시퀀스밸브 : 2개 이상의 분기회로를 갖는 회로 내에서 작동 순서를 회로의 압력 등에 의하여 제어하는 밸브이다.

33 유압기기의 작동속도를 높이기 위하여 무엇을 변화시켜야 하는가?

✔️ **유압펌프의 토출유량을 증가시킨다.**

② 유압모터의 압력을 높인다.

③ 유압펌프의 토출압력을 높인다.

④ 유압모터의 크기를 작게 한다.

> **해설**
> 일의 속도는 토출유량으로, 일의 크기는 토출압력으로 조절된다.

34 역류를 방지하는 밸브는?

① 변환밸브

② 압력조절밸브

✓ **체크밸브**

④ 흡기밸브

체크밸브 : 유압유의 흐름을 한쪽으로만 허용하고 반대
방향의 흐름을 제어하는 밸브이다.

35 건설기계에 사용되는 유압실린더는 어떠
한 원리를 응용한 것인가?

① 베르누이의 정리

✓ **파스칼의 원리**

③ 지렛대의 원리

④ 훅의 법칙

① 베르누이의 정리 : 운동하고 있는 유체 내에서의
압력과 유속(流速) 그리고 임의의 수평면에 대한
높이 사이의 관계를 나타내는 유체역학의 정리
④ 훅의 법칙 : 용수철 저울을 비롯해 여러 가지 탄성
압력계 등이 이 법칙을 응용한 것으로, 탄성체의
변형은 변형력에 비례한다는 법칙

36 안쪽 로터가 회전하면 바깥쪽 로터도 동시
에 회전하는 유압펌프는?

① 레이디얼 피스톤펌프(Radial Piston
Pump)

② 사판형 피스톤펌프(Swash Plate Piston
Pump)

③ 액시얼 피스톤펌프(Axial Piston Pump)

✓ **트로코이드 펌프(Trochoid Pump)**

트로코이드 펌프 : 트로코이드 곡선을 사용한 내접식
펌프이며, 안쪽 기어 로터가 전동기에 의해 회전하면
바깥쪽 로터도 따라서 회전하게 된다.

37 그림에서 드레인 배출기의 기호 표시는?

①   ②

✓   ④

① 펌프, 압축기, 모터
② 밸브
③ 드레인 배출기
④ 조정 가능한 경우

38 피스톤 모터의 특징으로 옳은 것은?

① 효율이 낮다.

② 내부 누설이 많다.

✓ **고압 작동에 적합하다.**

④ 구조가 간단하고 수리가 쉽다.

피스톤 모터는 펌프의 최고 토출압력, 평균효율이 가장
높아 고압 대출력에 사용하는 유압모터이다.

39 유압유에 요구되는 성질이 아닌 것은?

① 넓은 온도 범위에서 점도변화가 적을 것
② 윤활성과 방청성이 있을 것
③ 산화안정성이 있을 것
④ 사용되는 재료에 대하여 불활성이 아닐 것

④ 사용되는 재료에 대하여 불활성일 것

40 유압유의 첨가제가 아닌 것은?

① 소포제
② 유동점 강하제
③ 산화방지제
④ 점도지수 방지제

유압유의 첨가제로 점도지수 향상제가 있다.

41 건설기계관리법상 건설기계조종사의 면허를 받을 수 있는 자는?

① 심신 장애자
② 마약 또는 알코올중독자
③ 사지의 활동이 비정상적인 자
④ 파산자로서 복권되지 아니한 자

건설기계조종사면허의 결격사유(법 제27조)
• 18세 미만인 사람
• 건설기계 조종상의 위험과 장해를 일으킬 수 있는 정신질환자 또는 뇌전증환자로서 국토교통부령(「치매관리법」 제2조제1호에 따른 치매, 조현병, 조현정동장애, 양극성 정동장애(조울병), 재발성 우울장애 등의 정신질환 또는 정신 발육지연, 뇌전증(腦電症) 등으로 인하여 해당 분야 전문의가 정상적으로 건설기계를 조종할 수 없다고 인정하는 사람)으로 정하는 사람
• 앞을 보지 못하는 사람, 듣지 못하는 사람 그 밖에 국토교통부령(다리·머리·척추나 그 밖의 신체장애로 인하여 앉아 있을 수 없는 사람)이 정하는 장애인
• 건설기계 조종상의 위험과 장해를 일으킬 수 있는 마약·대마·향정신성의약품 또는 알코올중독자로서 국토교통부령(마약·대마·향정신성의약품 또는 알코올 관련 장애 등으로 인하여 해당 분야 전문의가 정상적으로 건설기계를 조종할 수 없다고 인정하는 사람)으로 정하는 사람
• 건설기계조종사면허가 취소된 날부터 1년(거짓이나 그 밖의 부정한 방법으로 건설기계조종사면허를 받은 경우 및 건설기계조종사면허의 효력정지기간 중 건설기계를 조종한 경우의 사유로 취소된 경우에는 2년)이 지나지 아니하였거나 건설기계조종사면허의 효력정지처분을 받고 있는 사람

42 건설기계등록신청은 건설기계를 취득한 날로부터 얼마의 기간 이내에 하여야 하는가?

① 10일 이내
② 1월 이내
③ 2주 이내
④ **2월 이내**

등록의 신청 등(건설기계관리법 시행령 제3조)
건설기계등록신청은 건설기계를 취득한 날(판매를 목적으로 수입된 건설기계의 경우에는 판매한 날을 말한다)부터 2월 이내에 하여야 한다. 다만, 전시·사변 기타이에 준하는 국가비상사태하에 있어서는 5일 이내에 신청하여야 한다.

44 수시검사를 명할 수 있는 자는?

① 행정자치부 장관
② **시·도지사**
③ 경찰서장
④ 검사 대행자

검사 등(건설기계관리법 제13조)
시·도지사는 제1항제4호에 따른 안전성 등을 점검하기 위하여 국토교통부령으로 정하는 바에 따라 수시검사를 받을 것을 명령할 수 있다.

43 건설기계검사소에서 검사를 받아야 하는 건설기계는?

① 콘크리트 살포기
② **트럭적재식 콘크리트펌프**
③ 지게차
④ 스크레이퍼

건설기계검사소에서 검사를 받아야 하는 건설기계(시행규칙 제32조)
• 덤프트럭
• 콘크리트믹서트럭
• 콘크리트펌프(트럭적재식)
• 아스팔트살포기
• 트럭지게차(영 별표 1 제26호에 따라 국토교통부장관이 정하는 특수건설기계인 트럭지게차를 말한다)

45 건설기계 정비시설을 갖춘 정비사업자만이 정비할 수 있는 사항은?

① 오일의 보충
② 배터리 교환
③ **유압장치 호스 교환**
④ 제동등 전구의 교환

건설기계정비업의 범위에서 제외되는 행위(건설기계관리법 시행규칙 제1조의3)
• 오일의 보충
• 에어클리너 엘리먼트 및 필터류의 교환
• 배터리·전구의 교환
• 타이어의 점검·정비 및 트랙의 장력 조정
• 창유리의 교환

46 등록번호표의 반납사유가 발생하였을 경우에는 며칠 이내에 반납하여야 하는가?

① 5
② 10
③ 15
④ 30

해설
등록번호표의 반납(건설기계관리법 제9조)
등록된 건설기계의 소유자는 건설기계의 등록이 말소되거나 건설기계의 등록사항 중 대통령령이 정하는 사항의 변경이 있거나 등록번호표의 부착 및 봉인을 신청하는 때에는 10일 이내에 등록번호표의 봉인을 떼어낸 후 그 등록번호표를 국토교통부령이 정하는 바에 따라 시·도지사에게 반납하여야 한다. 건설기계를 수출하는 경우, 건설기계를 도난당한 경우, 건설기계를 폐기한 경우에는 그러하지 아니하다.

47 건설기계로 등록된 10년 된 덤프트럭의 검사유효기간은?

① 6개월
② 1년
③ 1년 6개월
④ 2년

해설
정기검사 유효기간(건설기계관리법 시행규칙 [별표 7])

기 종	연 식	검사 유효 기간
1. 굴착기	타이어식	1년
2. 로더	타이어식	
	20년 이하	2년
	20년 초과	1년
3. 지게차	1톤 이상	
	20년 이하	2년
	20년 초과	1년
4. 덤프트럭	–	
	20년 이하	1년
	20년 초과	6개월
5. 기중기	–	1년

기 종	연 식	검사 유효 기간
6. 모터그레이더	–	
	20년 이하	2년
	20년 초과	1년
7. 콘크리트믹서 트럭	–	
	20년 이하	1년
	20년 초과	6개월
8. 콘크리트펌프	트럭 적재식	
	20년 이하	1년
	20년 초과	6개월
9. 아스팔트살포기	–	1년
10. 천공기	–	1년
11. 항타 및 항발기	–	1년
12. 타워크레인	–	6개월
13. 특수건설기계		
가. 도로보수트럭	타이어식	
	20년 이하	1년
	20년 초과	6개월
나. 노면파쇄기	타이어식	
	20년 이하	2년
	20년 초과	1년
다. 노면측정장비	타이어식	
	20년 이하	2년
	20년 초과	1년
라. 수목이식기	타이어식	
	20년 이하	2년
	20년 초과	1년
마. 터널용 고소 작업차	–	1년
바. 트럭지게차	타이어식	
	20년 이하	1년
	20년 초과	6개월
사. 그 밖의 특수 건설기계	–	
	20년 이하	3년
	20년 초과	1년
14. 그 밖의 건설 기계	–	
	20년 이하	3년
	20년 초과	1년

[비고]
• 신규등록 후의 최초 유효기간의 산정은 등록일부터 기산한다.
• 연식은 신규등록일(수입된 중고건설기계의 경우에는 제작연도의 12월 31일)부터 기산한다.
• 타워크레인을 이동설치하는 경우에는 이동설치할 때마다 정기검사를 받아야 한다.

48 건설기계등록신청을 받을 수 있는 자는?

① 행정자치부장관

② 읍·면·동장

③ **서울특별시장**

④ 경찰서장

건설기계를 등록하려는 건설기계의 소유자는 건설기계 등록신청서(전자문서로 된 신청서를 포함한다)에 서류(전자문서를 포함한다)를 첨부하여 건설기계 소유자의 주소지 또는 건설기계의 사용본거지를 관할하는 특별시장·광역시장·도지사 또는 특별자치도지사에게 제출하여야 한다.

49 검사소에서 검사를 받아야 할 건설기계 중 해당 건설기계가 위치한 장소에서 검사를 할 수 있는 경우가 아닌 것은?

① 도서지역에 있는 경우

② 자체중량이 40ton 이상 또는 축하중이 10ton 이상인 경우

③ **너비가 2.0m 이상인 경우**

④ 최고속도가 시간당 35km 미만인 경우

건설기계가 위치한 장소에서 검사를 할 수 있는 요건(건설기계관리법 시행규칙 제32조)
• 도서지역에 있는 경우
• 자체중량이 40ton을 초과하거나 축하중이 10ton을 초과하는 경우
• 너비가 2.5m를 초과하는 경우
• 최고속도가 시간당 35km 미만인 경우

50 건설기계의 기종별 기호 표시방법으로 맞지 않는 것은?

① 07 : 기중기

② **01 : 아스팔트살포기**

③ 03 : 로더

④ 13 : 콘크리트살포기

01은 불도저, 18은 아스팔트살포기이다.

51 폭발의 우려가 있는 가스발생장치 작업장에서 지켜야 할 사항으로 옳지 않은 것은?

① **불연성 재료 사용금지**

② 화기 사용금지

③ 인화성물질 사용금지

④ 점화원이 될 수 있는 기계 사용금지

불연성 재료를 사용하여야 한다.

52 중량물을 들어 올리는 방법 중 안전상 가장 올바른 것은?

① 최대한 힘을 모아 들어 올린다.

② 지렛대를 이용한다.

③ 로프로 묶고 잡아당긴다.

④ **체인블록을 이용하여 들어 올린다.**

체인블록이나 호이스트를 사용하여 이동시킨다.

53 일반가연성 물질의 화재로서 물질이 연소된 후에 재를 남기는 일반적인 화재는?

✔ ① A급 화재
② B급 화재
③ C급 화재
④ D급 화재

해설
화재분류(KS B 6259)

용 어	정 의
A급	보통 잔재의 작열에 의해 발생하는 연소에서 보통 유기 성질의 고체물질을 포함한 화재
B급	액체 또는 액화할 수 있는 고체를 포함한 화재 및 가연성 가스 화재
C급	통전 중인 전기설비를 포함한 화재
D급	금속을 포함한 화재

54 안전관리상 감전의 위험이 있는 곳의 전기를 차단하여 수리점검을 할 때의 조치와 관계가 없는 것은?

✔ ① 스위치에 통전장치를 한다.
② 기타 위험에 대한 방지를 한다.
③ 스위치에 안전장치를 한다.
④ 필요한 곳에 통전 금지기간에 관한 사항을 게시한다.

해설
스위치에는 안전장치를 해야 한다.

55 작업장의 안전사항으로 옳지 않은 것은?

① 공구는 제자리에 정리한다.
✔ ② 기름 묻은 걸레는 한쪽으로 쌓아둔다.
③ 무거운 구조물은 반드시 사람의 힘으로 옮기지 않아도 된다.
④ 작업이 끝나면 모든 사용 공구는 정위치에 정리정돈한다.

해설
사업주는 기름 또는 인쇄용 잉크류 등이 묻은 천조각이나 휴지 등은 뚜껑이 있는 불연성 용기에 담아두는 등 화재예방을 위한 조치를 하여야 한다.

56 다음 그림과 같은 안전표지판의 의미는?

① 비상구
✔ ② 출입금지
③ 인화성물질 경고 ④ 보안경 착용

해설
안전보건표지(산업안전보건법 시행규칙 [별표 6])

비상구	인화성물질 경고	보안경 착용

57 산업재해 방지 대책을 수립하기 위하여 위험요인을 발견하는 방법으로 옳은 것은?

✔ **① 안전점검**
② 재해 사후조치
③ 경영층 참여와 안전조직 진단
④ 안전대책 회의

> **해설**
> 안전점검의 주목적은 작업장 내 안전 상태를 점검하는 것으로 작업 중 발생할 수 있는 안전사고를 방지하여 작업자의 안전과 회사의 자산을 보호하는 데 있다.

58 건설기계 작업 시 주의사항으로 옳지 않은 것은?

① 운전석을 떠날 경우에는 기관을 정지한다.
② 주행 시 작업장치는 진행방향으로 한다.
③ 주행 시 가능한 한 평탄한 지면으로 주행한다.
✔ **④ 후진 시, 후진 후 사람 및 장애물 등을 확인한다.**

> **해설**
> 후진 시, 후진 전에 사람 및 장애물 등을 확인한다.

59 스패너 작업 시 유의할 점으로 옳지 않은 것은?

① 스패너의 입이 너트의 치수에 맞는 것을 사용해야 한다.
② 스패너 자루에 파이프를 이어서 사용해서는 안 된다.
✔ **③ 스패너와 너트 사이에는 쐐기를 넣고 사용하는 것이 편리하다.**
④ 너트에 스패너를 깊이 물리고 조금씩 앞으로 당기는 식으로 풀고 조인다.

> **해설**
> 스패너와 너트가 맞지 않을 때 쐐기를 넣어 사용하지 않아야 한다.

60 건설기계 운전 중 주의사항으로 옳지 않은 것은?

① 기관을 필요 이상 공회전시키지 않는다.
② 급가속·급브레이크는 장비에 악영향을 주므로 피한다.
③ 커브 주행은 커브에 도달하기 전에 속력을 줄이고, 주의하여 주행한다.
✔ **④ 주행 중에 이상소음, 냄새 등의 이상을 느낀 경우에는 작업 후에 점검한다.**

> **해설**
> 운전자는 운행 중 이상음, 진동 등의 이상을 느낀 경우에는 즉시 정지하여 점검해야 한다.

01 엔진의 회전수를 나타낼 때 rpm이란?

① 시간당 엔진 회전수

☑ **분당 엔진 회전수**

③ 초당 엔진 회전수

④ 10분간 엔진 회전수

> **해설**
> rpm : 엔진 1분당 회전수

02 기관에서 피스톤링의 작용으로 틀린 것은?

① 기밀작용

☑ **완전연소 억제작용**

③ 오일 제어작용

④ 열전도 작용

> **해설**
> 피스톤링의 3대 작용
> • 기밀유지(밀봉)작용 : 압축 링의 주작용
> • 오일 제어(실린더 벽의 오일 긁어내기)작용 : 오일링의 주작용
> • 열전도(냉각) 작용

03 부동액이 구비하여야 할 조건이 아닌 것은?

① 물과 쉽게 혼합될 것

② 침전물의 발생이 없을 것

③ 부식성이 없을 것

☑ **비등점이 물보다 낮을 것**

> **해설**
> 비등점이 물보다 높아야 과열로 인한 피해를 방지할 수 있다.

04 다음 중 디젤기관에만 있는 부품은?

① 워터펌프

② 오일펌프

③ 발전기

☑ **분사펌프**

> **해설**
> 분사펌프는 디젤엔진의 연료분사장치이다.

05 연료분사의 3대 요소에 속하지 않는 것은?

① 무 화

② 관통력

☑ **발 화**

④ 분 포

> **해설**
> 연료분사의 3대 요소는 관통력, 분포, 무화상태이다.

06 기관의 속도에 따라 자동적으로 분사시기를 조정하여 운전을 안정되게 하는 것은?

① 타이머   ② 노 즐
③ 과급기   ④ 디컴프

해설
① 타이머 : 분사시기 조절
② 노즐 : 연료분사
③ 과급기 : 공기공급
④ 디컴프 : 시동을 쉽게 함

07 디젤기관에서 연료가 공급되지 않아 시동이 꺼지는 현상이 발생하였다. 그 원인으로 적합하지 은는 것은?

① 연료파이프 손상
② 프라이밍펌프 고장
③ 연료필터 막힘
④ 연료탱크 내 오물 과다

해설
프라이밍펌프는 엔진의 최초 기동 시 또는 연료공급라인의 탈 · 장착 시 연료탱크로부터 분사펌프까지의 연료라인 내에 연료를 채우고 연료 속에 들어 있는 공기를 빼내는 역할을 한다.

08 라디에이터 캡(Radiator Cap)에 설치되어 있는 밸브는?

① 진공밸브와 체크밸브
② 압력밸브와 진공밸브
③ 체크밸브와 압력밸브
④ 부압밸브와 체크밸브

해설
라디에이터 캡의 압력밸브는 물의 비등점을 높이고, 진공밸브는 냉각 상태를 유지할 때 과랭현상이 되는 것을 막아주는 일을 한다.

09 기관에 사용되는 윤활유의 성질 중 가장 중요한 것은?

① 온 도   ② 점 도
③ 습 도   ④ 건 도

해설
점도(Viscosity) : 윤활유의 물리 · 화학적 성질 중 가장 기본이 되는 성질로서, 액체가 유동할 때 나타나는 내부 저항(마찰저항)을 말한다.

10 밸브 간극이 작을 때 일어나는 현상으로 가장 적당한 것은?

① 기관이 과열된다.
② 밸브 시트의 마모가 심하다.
③ 밸브가 적게 열리고 닫히기는 꽉 닫힌다.
④ 실화가 일어날 수 있다.

해설
밸브의 간극

밸브 간극이 클 때의 영향	밸브 간극이 작을 때의 영향
• 소음이 발생된다. • 흡입 송기량이 부족하게 되어 출력이 감소한다. • 밸브의 양정이 작아진다.	• 후화가 발생된다. • 열화나 실화가 발생된다. • 밸브의 열림 기간이 길어진다. • 밸브 스템이 휘어질 가능성이 있다. • 블로바이로 기관 출력이 감소하고 유해배기가스 배출이 많다.

11 건설기계 엔진에 사용되는 시동모터가 회전이 안 되거나 회전력이 약한 원인이 아닌 것은?

① 시동스위의 접촉 불량이다.
② 배터리 단자와 터미널의 접촉이 나쁘다.
③ **브러시가 정류자에 잘 밀착되어 있다.**
④ 배터리 전압이 낮다.

해설
③ 브러시가 정류자에 잘 밀착되어 있어야 회전력이 상승된다.

12 납산축전지의 용량은 어떻게 결정되는가?

① **극판의 크기, 극판의 수, 황산의 양에 의해 결정된다.**
② 극판의 크기, 극판의 수, 셀의 수에 따라 결정된다.
③ 극판의 수, 셀의 수, 발전기의 충전 능력에 따라 결정된다.
④ 극판의 수와 발전기의 충전 능력에 따라 결정된다.

해설
축전지의 용량은 극판의 크기, 극판의 수, 황산(전해액)의 양에 의해 결정된다.

13 축전지 커버에 붙은 전해액을 세척하려 할 때 사용하는 중화제로 가장 좋은 것은?

① 증류수
② 비눗물
③ 암모니아수
④ **베이킹 소다수**

해설
천연중화제인 베이킹 소다는 산성을 중화시키는 데 사용된다.

14 좌·우측 전조등 회로의 연결 방법으로 옳은 것은?

① 직렬연결
② 단식 배선
③ **병렬연결**
④ 직·병렬연결

해설
일반적인 등화장치는 직렬연결법이 사용되나 전조등 회로는 병렬연결이다.

15 기관이 작동되는 상태에서 점검 가능한 사항이 아닌 것은?

① 냉각수의 온도
② 충전상태
③ 기관오일의 압력
④ **엔진오일량**

해설
엔진오일량은 기관이 작동되기 전에 점검한다.

16 건설기계 정비에서 기관을 시동한 후 정상 운전 가능 상태를 확인하기 위해 운전자가 가장 먼저 점검해야 할 것은?

① 속도계
② 엔진오일량
③ 냉각수 온도계
④ 오일 압력계

해설
건설기계 정비에서 기관을 시동한 후 오일 압력계가 정상이 아니면 시동을 정지해야 한다.

17 디젤기관에만 해당되는 회로는?

① 예열플러그 회로
② 시동회로
③ 충전회로
④ 등화회로

해설
가솔린이나 LPG차량은 점화플러그가 있어 연소를 도와주고 디젤은 예열플러그만 있다. 디젤은 자기착화 엔진이라 하여 연료 자체 발화로 시동이 걸린다.

18 디젤기관의 예열장치에서 코일형 예열플러그와 비교한 실드형 예열플러그의 설명 중 틀린 것은?

① 발열량이 크고 열용량도 크다.
② 예열플러그들 사이의 회로는 병렬로 결선되어 있다.
③ 기계적 강도 및 가스에 의한 부식에 약하다.
④ 예열플러그 하나가 단선되어도 나머지는 작동된다.

해설
디젤기관의 예열장치
• 코일형
  – 직렬로 되어 있고, 히트 코일이 연소실에 노출되어 있다.
  – 항상 연소실에 들어가 있어 기계적 강도 및 가스에 의한 부식에 약하다.
• 실드형
  – 병렬로 결선되어 있으며 튜브 속에 열선이 들어 있어 연소실에 노출되지 않는다.
  – 발열부가 코일이 아니라 열선으로 되어 있으며 발열량도 크고 열용량도 크다.
  – 내구성도 있으며 하나가 단선되어도 작동하고 예열플러그 저항기가 필요치 않다.
  – 예열시간은 60~90초 사이로 해야 한다. 넘으면 단선의 위험이 있다.

19 다음 중 팬 벨트와 연결되지 않은 것은?

① 크랭크축 풀리
② 발전기 풀리
③ 워터펌프 풀리
④ 기관 오일펌프 풀리

해설
오일펌프는 기관의 캠축 기어나 타이밍 기어와 함께 작동한다.

20 디스크식 클러치판에 있는 토션스프링의 역할로 가장 적절한 것은?

① 압력판의 마멸을 방지한다.
✔ **클러치 작용 시의 충격을 흡수한다.**
③ 클러치판의 밀착을 좋게 한다.
④ 클러치판의 마멸을 방지한다.

21 브레이크 장치의 베이퍼 로크 발생 원인이 아닌 것은?

① 긴 내리막길에서 과도한 브레이크 사용
✔ **엔진브레이크를 장시간 사용할 때**
③ 드럼과 라이닝의 끌림에 의한 가열
④ 오일의 변질에 의한 비등점 저하

해설
브레이크 장치의 베이퍼 로크(증기폐쇄현상) 발생은 열이 오일에 전달될 때로, 엔진브레이크 사용과는 관계가 없다.

22 동력 조향장치의 장점으로 적합하지 않은 것은?

① 작은 조작력으로 조향 조작을 할 수 있다.
② 조향 기어비는 조작력에 관계없이 선정할 수 있다.
③ 굴곡 노면에서의 충격을 흡수하여 조향 핸들에 전달되는 것을 방지한다.
✔ **조작이 서툴러도 엔진이 정지되지 않는다.**

23 타이어식 건설기계에서 전·후 주행이 되지 않을 때 점검하여야 할 곳으로 틀린 것은?

✔ **타이로드 엔드를 점검한다.**
② 변속장치를 점검한다.
③ 유니버설 조인트를 점검한다.
④ 주차 브레이크 잠김 여부를 점검한다.

해설
타이로드 엔드 불량 시 핸들의 흔들림 및 타이어 이상 마모현상이 생긴다.

24 타이어 트레드에 대한 설명으로 틀린 것은?

① 트레드가 마모되면 구동력과 선회능력이 저하된다.
✔ **트레드가 마모되면 지면과 접촉 면적이 크게 됨으로써 마찰력이 증대되어 제동 성능은 좋아진다.**
③ 타이어의 공기압이 높으면 트레드의 양 단부보다 중앙부의 마모가 크다.
④ 트레드가 마모되면 열의 발산이 불량하게 된다.

해설
② 트레드가 마모되면 마찰력이 적어진다.
※ 트레드가 마모되면 지면과 접촉면적은 크나 마찰력이 감소되어 제동성능이 나빠진다.

25 휠형 건설기계 타이어의 정비점검 중 틀린 것은?

① 적절한 공구와 절차를 이용하여 수행한다.

② 휠, 부속품의 균열이 있는 것은 재가공, 용접, 땜질, 열처리를 하여 사용한다.

③ 휠 너트를 풀기 전에 차체에 고임목을 고인다.

④ 타이어와 림의 정비 및 교환 작업은 위험하므로 반드시 숙련공이 한다.

해설
휠이나 림 등에 균열이 있는 것은 바로 교체해야 한다.

26 로더에서 허리꺾기 조향식의 설명으로 가장 거리가 먼 것은?

① 최근 많이 사용된다.

② 좁은 장소에서의 작업에 유리하다.

③ 유압실린더를 사용하여 굴절하는 형식이다.

④ 후륜 조향식에 비해 선회반경이 크다.

해설
회전반경이 작아 좁은 장소에서의 작업이 용이하다.

27 트랙의 구성부품이 아닌 것은?

① 슈 판

② 스윙기어

③ 링 크

④ 핀

해설
트랙은 무한궤도식에서 하부구동체이고, 스윙기어는 상부회전체 부품이다.
트랙의 구성부품 : 슈, 슈볼트, 링크, 부싱, 핀

28 트랙장치에서 트랙과 아이들러의 충격을 완화시키기 위해 설치한 것은?

① 스프로킷

② 리코일 스프링

③ 상부 롤러

④ 하부 롤러

해설
리코일 스프링은 주행 중 트랙 전면에서 오는 충격을 완화하여 차체 파손을 방지하고, 운전을 원활하게 해 준다.

29 타이어식 로더가 트럭에 적재할 때 덤핑 클리어런스를 올바르게 설명한 것은?

① 덤핑 클리어런스가 있으면 안 된다.

② 후진 시 덤핑 클리어런스가 필요하다.

③ **덤핑 클리어런스는 적재함보다 높아야 한다.**

④ 무조건 낮은 것이 좋다.

해설
덤핑 클리어런스는 버킷을 상승시켰을 때 버킷 투스 하단과 지면과의 거리로, 적재함보다 높아야 한다.

30 로더 장비로 작업할 수 있는 가장 적합한 것은?

① **트럭과 호퍼에 토사 적재작업**

② 훅 작업

③ 스노 플로 작업

④ 백호 작업

해설
① 로더의 작업 중 효과적인 작업은 토사 적재작업이다.
※ 로더는 굴착, 성토, 정지용 건설기계로 토사나 자갈 등을 트럭에 적재하거나 이동시키는 데 쓰인다.

31 유압유에 요구되는 성질이 아닌 것은?

① 넓은 온도 범위에서 점도변화가 적을 것

② 윤활성과 방청성이 있을 것

③ 산화안정성이 있을 것

④ **보관 중에 성분의 분리가 있을 것**

해설
유압유는 보관 중에도 성분이 분리되지 않아야 한다.

32 유압 작동유의 점도가 지나치게 높을 때 나타날 수 있는 현상으로 가장 적합한 것은?

① **내부마찰이 증가하고 압력이 상승한다.**

② 누유가 많아진다.

③ 파이프 내의 마찰손실이 작아진다.

④ 펌프의 체적효율이 감소한다.

해설
유압유의 점도가 지나치게 높았을 때 나타나는 현상
• 내부마찰이 증가하고 압력이 상승한다.
• 유동저항이 커져 압력손실이 증가한다.
• 동력손실이 증가하여 기계효율이 감소한다.

33 제동 유압장치의 작동원리는 어느 이론에 바탕을 둔 것인가?

① 열역학 제1법칙
② 보일의 법칙
③ **파스칼의 원리**
④ 가속도 법칙

해설

파스칼(Pascal)의 원리 : 유체(기체나 액체) 역학에서 밀폐된 용기 내에 정지해 있는 유체의 어느 한 부분에서 생기는 압력의 변화가 유체의 다른 부분과 용기의 벽면에 손실 없이 전달된다는 원리

34 플런저식 유압펌프의 특징이 아닌 것은?

① 기어펌프에 비해 최고압력이 높다.
② **피스톤이 회전운동을 한다.**
③ 축은 회전 또는 왕복운동을 한다.
④ 가변용량이 가능하다.

해설

② 캠축에 의해 플런저를 상하 왕복운동시킨다.

35 유압장치 내에 국부적인 높은 압력과 소음 · 진동이 발생하는 현상은?

① 필터링
② 오버 랩
③ **캐비테이션**
④ 하이드로 로킹

해설

캐비테이션(공동현상) : 압력이 낮은 펌프의 흡입 측(베인 입구 및 회전차 날개의 뒷면이나 흡입 관로의 임의 지점)에서의 정압이 수온에 해당하는 포화증기압보다 낮아지면 증발이 일어나 기포가 발생되는데 이 기포가 펌프 토출 측, 즉 고압 영역으로 넘어가면 순간적으로 파괴 · 소멸된다. 이때 나타나는 현상으로는 소음과 진동 발생, 양정곡선 및 효율곡선의 저하, 깃(Vane)의 침식(Pitting, 점부식)이 있다.

36 유압장치에 사용되고 있는 제어밸브가 아닌 것은?

① 방향제어밸브
② 유량제어밸브
③ **스프링제어밸브**
④ 압력제어밸브

해설

제어밸브
• 방향제어밸브 : 일의 방향 제어
• 유량제어밸브 : 일의 속도 제어
• 압력제어밸브 : 일의 크기 제어

37 릴리프밸브에서 볼이 밸브의 시트를 때려 소음을 발생시키는 현상은?

① 채터링(Chattering) 현상

② 베이퍼 로크(Vaper Lock) 현상

③ 페이드(Fade) 현상

④ 노킹(Knocking) 현상

해설

채터링(Chattering) : 유압기의 밸브 스프링 약화로 인해 밸브면에 생기는 강제 진동과 고유 진동의 쇄교로 밸브가 시트에 완전 접촉을 하지 못하고 바르르 떠는 현상

38 작동유와 관련 사항으로 플러싱 후의 처리 방법으로 틀린 것은?

① 전체 라인에 작동유가 공급되도록 한다.

② 작동유는 24시간 경과 후에 넣어야 한다.

③ 작동유 탱크 내부를 청소한다.

④ 라인필터 엘리먼트를 교환한다.

해설

② 작동유 보충은 플러싱 완료 후 즉시 하는 것이 좋다.

39 실린더에 마모가 생겼을 때 나타나는 현상이 아닌 것은?

① 압축효율 저하

② 크랭크실 내의 윤활유 오염 및 소모

③ 출력 저하

④ 조속기의 작동 불량

해설

조속기는 로터 회전수를 일정하게 유지하기 위한 안정 장치로 실린더 마모와 관련이 없다.

40 유압장치에서 드레인 배출기의 기호표시로 알맞은 것은?

①

②

③

④

해설

③ 드레인 배출기

① 펌프, 압축기, 모터

② 밸 브

④ 조정 가능한 경우

41 건설기계관리법상 건설기계등록 신청은 누구에게 하여야 하는가?

① 국토교통부 장관
② 소유자 주소지의 시장, 군수 또는 구청장
③ 소유자 주소지의 경찰서장
④ **소유자 주소지의 시·도지사**

등록의 신청 등(건설기계관리법 시행령 제3조)
건설기계를 등록하려는 건설기계의 소유자는 건설기계 등록신청서에 다음의 서류를 첨부하여 건설기계 소유자의 주소지 또는 건설기계의 사용본거지를 관할하는 특별시장·광역시장·도지사 또는 특별자치도지사(이하 "시·도지사"라 한다)에게 제출하여야 한다.
① 다음의 구분에 따른 해당 건설기계의 출처를 증명하는 서류. 다만, 해당 서류를 분실한 경우에는 해당 서류의 발행사실을 증명하는 서류(원본 발행기관에서 발행한 것으로 한정한다)로 대체할 수 있다.
  ㉠ 국내에서 제작한 건설기계 : 건설기계제작증
  ㉡ 수입한 건설기계 : 수입면장 등 수입사실을 증명하는 서류. 다만, 타워크레인의 경우에는 건설기계제작증을 추가로 제출하여야 한다.
  ㉢ 행정기관으로부터 매수한 건설기계 : 매수증서
② 건설기계의 소유자임을 증명하는 서류. 다만, ①의 서류가 건설기계의 소유자임을 증명할 수 있는 경우에는 당해 서류로 갈음할 수 있다.
③ 건설기계제원표
④ 「자동차손해배상 보장법」 제5조에 따른 보험 또는 공제의 가입을 증명하는 서류(「자동차손해배상 보장법 시행령」 제2조에 해당되는 건설기계의 경우에 한정하되, 법 제25조제2항에 따라 시장·군수 또는 구청장(자치구의 구청장을 말한다. 이하 같다)에게 신고한 매매용 건설기계를 제외한다)

42 건설기계 등록번호표의 표시내용이 아닌 것은?

① 기 종
② 등록번호
③ 용 도
④ **장비 연식**

건설기계등록번호표에는 용도·기종 및 등록번호를 표시해야 한다(시행규칙 제13조).

43 등록된 건설기계의 소유자는 등록번호의 반납사유가 발생하였을 경우에는 며칠 이내에 반납하여야 하는가?

① 20일
② **10일**
③ 15일
④ 30일

등록번호표의 반납
등록된 건설기계의 소유자는 건설기계의 등록이 말소된 경우, 건설기계의 등록사항 중 대통령령이 정하는 사항이 변경된 경우, 등록번호표의 부착 및 봉인을 신청하는 경우에는 10일 이내에 등록번호표의 봉인을 떼어낸 후 그 등록번호표를 국토교통부령이 정하는 바에 따라 시·도지사에게 반납하여야 한다.

44 건설기계의 구조변경 가능 범위에 속하지 않는 것은?

① 수상작업용 건설기계 선체의 형식변경
② **적재함의 용량 증가를 위한 변경**
③ 건설기계의 깊이, 너비, 높이 변경
④ 조종장치의 형식변경

구조변경범위 등(시행규칙 제42조)
주요 구조의 변경 및 개조의 범위는 다음과 같다. 다만, 건설기계의 기종변경, 육상작업용 건설기계규격의 증가 또는 적재함의 용량 증가를 위한 구조 변경은 이를 할 수 없다.
• 원동기 및 전동기의 형식변경
• 동력전달장치의 형식변경
• 제동장치의 형식변경
• 주행장치의 형식변경
• 유압장치의 형식변경
• 조종장치의 형식변경
• 조향장치의 형식변경
• 작업장치의 형식변경. 다만, 가공작업을 수반하지 아니하고 작업장치를 선택부착하는 경우에는 작업장치의 형식변경으로 보지 아니한다.
• 건설기계의 길이·너비·높이 등의 변경
• 수상작업용 건설기계의 선체의 형식변경
• 타워크레인 설치기초 및 전기장치의 형식변경

45 성능이 불량하거나 사고가 자주 발생하는 건설기계의 안전성 등을 점검하기 위하여 실시하는 심사는?

① 예비검사   ② 구조변경검사

③ 수시검사   ④ 정기검사

해설

건설기계 검사의 종류
- 신규등록검사 : 건설기계를 신규로 등록할 때 실시하는 검사
- 정기검사 : 건설공사용 건설기계로서 3년의 범위에서 국토교통부령으로 정하는 검사유효기간(이하 "검사유효기간"이라 한다)이 끝난 후에 계속하여 운행하려는 경우에 실시하는 검사와 「대기환경보전법」 제62조 및 「소음·진동관리법」 제37조에 따른 운행차의 정기검사
- 구조변경검사 : 건설기계의 주요 구조를 변경하거나 개조한 경우 실시하는 검사
- 수시검사 : 성능이 불량하거나 사고가 자주 발생하는 건설기계의 안전성 등을 점검하기 위하여 수시로 실시하는 검사와 건설기계 소유자의 신청을 받아 실시하는 검사

46 정기검사 대상 건설기계의 정기검사신청 기간으로 맞는 것은?

① 건설기계의 정기검사 유효기간 만료일 전 16일 이내에 신청한다.

② 건설기계의 정기검사 유효기간 만료일 전 5일 이내에 신청한다.

③ 건설기계의 정기검사 유효기간 만료일 전 15일 이내에 신청한다.

④ 건설기계의 정기검사 유효기간 만료일 전후 각각 31일 이내에 신청한다.

해설

정기검사를 받으려는 자는 검사유효기간 만료일 전후 각각 31일 이내의 기간에 정기검사신청서를 시·도지사에게 제출해야 한다.

47 특별표지판 부착 대상인 대형 건설기계가 아닌 것은?

① 길이가 15m인 건설기계

② 너비가 2.8m인 건설기계

③ 높이가 6m인 건설기계

④ 총중량 45ton인 건설기계

해설

특별표지판을 부착하는 대형건설기계의 범위(건설기계 안전기준에 관한 규칙)
- 길이가 16.7m를 초과하는 건설기계
- 너비가 2.5m를 초과하는 건설기계
- 높이가 4.0m를 초과하는 건설기계
- 최소회전반경이 12m를 초과하는 건설기계
- 총중량이 40ton을 초과하는 건설기계, 다만, 굴착기, 로더 및 지게차는 운전중량이 40ton을 초과하는 경우를 말한다.
- 총중량 상태에서 축하중이 10ton을 초과하는 건설기계, 다만, 굴착기, 로더 및 지게차는 운전중량 상태에서 축하중이 10ton을 초과하는 경우를 말한다.

48 건설기계조종사면허의 결격사유에 해당되지 않는 것은?

① 18세 미만인 사람

② 정신병자 · 지적장애인 · 간질병자

③ 마약 · 대마 · 향정신성의약품 또는 알코올중독자

④ 파산자로서 복권되지 않은 사람

건설기계조종사면허의 결격사유(건설기계관리법 제27조) 다음의 어느 하나에 해당하는 사람은 건설기계조종사면허를 받을 자격이 없다.

• 18세 미만인 사람
• 건설기계 조종상의 위험과 장해를 일으킬 수 있는 정신질환자 또는 뇌전증환자로서 국토교통부령(「치매관리법」에 따른 치매, 조현병, 조현정동장애, 양극성 정동장애(조울병), 재발성 우울장애 등의 정신질환 또는 정신 발육지연, 뇌전증 등으로 인하여 해당 분야 전문의가 정상적으로 건설기계를 조종할 수 없다고 인정하는 사람)으로 정하는 사람
• 앞을 보지 못하는 사람, 듣지 못하는 사람 그 밖에 국토교통부령(다리 · 머리 · 척추나 그 밖의 신체장애로 인하여 앉아 있을 수 없는 사람)이 정하는 장애인
• 건설기계 조종상의 위험과 장해를 일으킬 수 있는 마약 · 대마 · 향정신성의약품 또는 알코올중독자로서 국토교통부령(마약 · 대마 · 향정신성의약품 또는 알코올 관련 장애 등으로 인하여 해당 분야 전문의가 정상적으로 건설기계를 조종할 수 없다고 인정하는 사람)으로 정하는 사람
• 건설기계조종사면허가 취소된 날부터 1년(거짓이나 그 밖의 부정한 방법으로 건설기계조종사면허를 받은 경우 및 건설기계조종사면허의 효력정지기간 중 건설기계를 조종한 경우의 사유로 취소된 경우에는 2년)이 지나지 아니하였거나 건설기계조종사면허의 효력정지처분기간 중에 있는 사람

49 술에 취한 상태에서 건설기계를 조종한 자에 대한 면허의 취소 · 정지처분 내용은?

① 면허취소

② 면허효력정지 60일

③ 면허효력정지 50일

④ 면허효력정지 70일

술에 취하거나 마약 등 약물을 투여한 상태에서 조종한 경우 처분기준(건설기계관리법 시행규칙 [별표 22])

• 술에 취한 상태(혈중알코올농도 0.03% 이상 0.08% 미만)에서 건설기계를 조종한 경우 : 면허효력정지 60일
• 술에 취한 상태에서 건설기계를 조종하다가 사고로 사람을 죽게 하거나 다치게 한 경우 : 취소
• 술에 만취한 상태(혈중알코올농도 0.08% 이상)에서 건설기계를 조종한 경우 : 취소
• 2회 이상 술에 취한 상태에서 건설기계를 조종하여 면허효력정지를 받은 사실이 있는 사람이 다시 술에 취한 상태에서 건설기계를 조종한 경우 : 취소
• 약물(마약, 대마, 향정신성의약품 및 「유해화학물질관리법 시행령」 제25조에 따른 환각물질)을 투여한 상태에서 건설기계를 조종한 경우 : 취소
※ 저자 의견 : 해설 마지막 내용에서 「유해화학물질관리법」은 「화학물질관리법」으로 명칭이 변경되었고 해당 법의 시행령 25조도 삭제되었으나, 현 시점에서 「건설기계관리법 시행규칙 [별표 22]」에 반영되어 있지 않은 관계로 [별표 22]의 내용을 그대로 게재합니다.

50 건설기계의 조종 중 과실로 100만원의 재산피해를 입힌 때 면허처분기준은?

① 1일

✔ **2일**

③ 3일

④ 4일

재산피해금액 50만원마다 면허효력정지 1일(90일을 넘지 못함)

51 원동기 전문건설기계정비업의 사업범위에 속하지 않는 것은?

① 실린더헤드의 탈착정비

② 연료펌프 분해정비

③ 크랭크샤프트 분해정비

✔ **변속기 분해정비**

원동기 전문건설기계정비업의 사업범위

원동기	• 실린더헤드의 탈착정비 • 실린더·피스톤의 분해정비 • 크랭크샤프트·캠샤프트의 분해정비 • 연료(연료공급 및 분사)펌프의 분해정비 • 위의 사항을 제외한 원동기 부분의 정비
이동 정비	• 응급조치 • 원동기의 탈부착

52 등록되지 아니한 건설기계를 사용하거나 운행한 자의 벌칙은?

① 1년 이하의 징역 또는 100만원 이하의 벌금

✔ **2년 이하의 징역 또는 2,000만원 이하의 벌금**

③ 20만원 이하의 벌금

④ 10만원 이하의 벌금

2년 이하의 징역 또는 2,000만원 이하의 벌금에 처하는 경우
다음의 어느 하나에 해당하는 자는 2년 이하의 징역 또는 2,000만원 이하의 벌금에 처한다.

• 등록되지 아니한 건설기계를 사용하거나 운행한 자
• 등록이 말소된 건설기계를 사용하거나 운행한 자
• 시·도지사의 지정을 받지 아니하고 등록번호표를 제작하거나 등록번호를 새긴 자
• 검사대행자 또는 그 소속 직원에게 재물이나 그 밖의 이익을 제공하거나 제공 의사를 표시하고 부정한 검사를 받은 자
• 건설기계의 주요 구조나 원동기, 동력전달장치, 제동장치 등 주요 장치를 변경 또는 개조한 자
• 무단 해체한 건설기계를 사용·운행하거나 타인에게 유상·무상으로 양도한 자
• 제작결함의 시정에 따른 시정명령을 이행하지 아니한 자
• 등록을 하지 아니하고 건설기계사업을 하거나 거짓으로 등록을 한 자
• 등록이 취소되거나 사업의 전부 또는 일부가 정지된 건설기계사업자로서 계속하여 건설기계사업을 한 자

53 사고의 직접원인으로 가장 적합한 것은?

① 유전적인 요소
② 성격 결함
③ 사회적 환경 요인
④ **불안전한 행동 및 상태**

불안전한 행동 및 상태는 사고의 직접원인 중 인적원인
에 속한다.
사고의 원인

직접 원인	물적 원인	불안전한 상태(1차 원인)
	인적 원인	불안전한 행동(1차 원인)
	천재지변	불가항력
간접 원인	교육적 원인	개인적 결함(2차 원인)
	기술적 원인	
	관리적 원인	사회적 환경, 유전적 요인

54 재해 유형에서 중량물을 들어 올리거나 내
릴 때 손 또는 발이 취급 중량물과 물체에
끼어 발생하는 것은?

① 전 도
② 낙 하
③ 감 전
④ **협 착**

해설
재해 유형
• 전도 : 사람 또는 사물이 평면상으로 넘어졌을 때
• 낙하 : 물건이 주체가 되어 사람이 맞는 경우
• 감전 : 전기 접촉이나 방전에 의해 사람이 충격을 받은
  경우
• 협착 : 물건에 끼워진 상태 또는 말려든 상태

55 산업안전보건법상 산업재해의 정의로 맞
는 것은?

① 운전 중 본인의 부주의로 교통사고가
  발생된 것을 말한다.
② 고의로 물적 시설을 파손한 것도 산업재
  해에 포함하고 있다.
③ 일상 활동에서 발생하는 사고로서 인적
  피해뿐만 아니라 물적 손해까지 포함하
  는 개념이다.
④ **근로자가 업무에 관계되는 작업이나 기
  타 업무에 기인하여 사망 또는 부상하거
  나 질병에 걸리게 된 것을 말한다.**

해설
산업재해 : 노무를 제공하는 사람이 업무에 관계되는
건설물・설비・원재료・가스・증기・분진 등에 의하
거나 작업 또는 그 밖의 업무로 인하여 사망 또는 부상하
거나 질병에 걸리는 것을 말한다.

56 퓨즈에 대한 설명 중 틀린 것은?

① 퓨즈는 정격용량을 사용한다.
② 퓨즈 용량은 A로 표시한다.
③ **퓨즈는 철사로 대용하여도 된다.**
④ 퓨즈는 표면이 산화되면 끊어지기 쉽다.

해설
퓨즈는 정격용량을 사용해야 하며, 규정품을 사용하지
않으면 전장품의 손상을 초래할 수 있다.

57 산업안전보건법령상 안전보건표지의 종류 중 다음 그림에 해당하는 것은?

① 산화성물질 경고
✅ **인화성물질 경고**
③ 폭발성물질 경고
④ 급성독성물질 경고

해설
안전보건표지

산화성물질 경고	폭발성물질 경고	급성독성물질 경고

58 안전관리상 보안경을 사용해야 하는 작업과 가장 거리가 먼 것은?

① 장비 밑에서 정비작업을 할 때
✅ **산소 결핍 발생이 쉬운 장소에서 작업을 할 때**
③ 철분, 모래 등이 날리는 작업을 할 때
④ 전기용접 및 가스용접 작업을 할 때

해설
산소 결핍 발생이 쉬운 장소에서 작업을 할 때는 호흡용 보호구(공기호흡기, 송기마스크)를 착용해야 한다.
※ 안면보호구(보안경, 보안면)는 물체가 날아오거나 유해한 액체의 비산 또는 자외선, 강렬한 가시광선, 적외선 등의 위험으로부터 눈과 얼굴을 보호하기 위하여 착용하는 보호구이다.

59 전기화재 시 가장 좋은 소화기는?

① 포말소화기
✅ **이산화탄소소화기**
③ 중조산식소화기
④ 알칼리소화기

해설
전기화재에는 이산화탄소소화기가 적합하다. 일반화재나 유류화재 시 유용한 포말소화기는 전기화재에는 적합하지 않다.

60 스패너나 렌치 작업방법으로 적합지 않은 것은?

① 볼트, 너트를 풀거나 조일 때 규격에 맞는 것을 사용한다.
② 렌치를 잡아당길 수 있는 위치에서 작업하도록 한다.
✅ **스패너나 렌치는 뒤로 밀면서 돌려 조이는 것이 좋다.**
④ 파이프렌치는 한쪽 방향으로만 힘을 가하여 사용한다.

해설
스패너나 렌치를 사용할 때는 몸쪽으로 당겨서 사용하도록 한다.

교육은 우리 자신의 무지를 점차 발견해 가는 과정이다.

– 윌 듀란트 –

PART

02

모의고사

제1회~제7회 모의고사
정답 및 해설

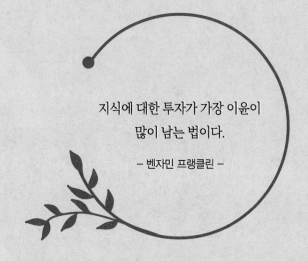

지식에 대한 투자가 가장 이윤이
많이 남는 법이다.

— 벤자민 프랭클린 —

↻ 정답 및 해설 p.185

01 엔진에서 배기상태가 불량하여 배압이 높을 때 발생하는 현상과 관련 없는 것은?

① 엔진이 과열된다.
② 냉각수의 온도가 내려간다.
③ 엔진의 출력이 감소된다.
④ 피스톤의 운동을 방해한다.

02 디젤엔진 연소과정에서 연소 4단계와 거리가 먼 것은?

① 전기연소기간(전연소기간)
② 화염전파기간(폭발연소기간)
③ 직접연소기간(제어연소기간)
④ 후기연소기간(후연소기간)

03 디젤엔진 연료계통에 응축액이 생기면 시동이 어렵게 되는데, 응축액은 주로 어느 계절에 많이 생기는가?

① 봄   ② 여 름
③ 가 을   ④ 겨 울

04 디젤엔진의 윤활장치에서 오일여과기의 역할은?

① 오일의 역순환 방지 작용
② 오일에 필요한 방청 작용
③ 오일에 포함된 불순물 제거 작용
④ 오일계통에 압력 증대 작용

05 라디에이터 캡(Radiator Cap)에 설치되어 있는 밸브는?

① 진공밸브와 체크밸브
② 압력밸브와 진공밸브
③ 체크밸브와 압력밸브
④ 부압밸브와 체크밸브

06 윤활유의 점도가 너무 높은 것을 사용했을 때의 설명으로 맞는 것은?

① 좁은 공간에 잘 침투하므로 충분한 주유가 된다.
② 엔진 시동을 할 때 필요 이상의 동력이 소모된다.
③ 점차 묽어지기 때문에 경제적이다.
④ 겨울철에 특히 사용하기 좋다.

07 다음 중 연소실과 연소의 구비조건이 아닌 것은?

① 분사된 연료를 가능한 한 긴 시간 동안 완전연소시킬 것
② 평균 유효압력이 높을 것
③ 고속회전에서의 연소 상태가 좋을 것
④ 노크 발생이 적을 것

08 디젤엔진에서의 직접분사식 연소실의 장점이 아닌 것은?

① 냉간 시동이 용이하다.
② 연소실 구조가 간단하다.
③ 연료소비율이 낮다.
④ 저질 연료의 사용이 가능하다.

09 밸브 간극이 작을 때 일어나는 현상으로 가장 적절한 것은?

① 엔진이 과열된다.
② 밸브 시트의 마모가 심하다.
③ 밸브가 작게 열리고 닫힐 때는 꽉 닫힌다.
④ 실화가 일어날 수 있다.

10 다음 중 엔진의 과열 원인으로 적절하지 않은 것은?

① 배기계통의 막힘이 많이 발생함
② 연료 혼합비가 너무 농후하게 분사됨
③ 점화시기가 지나치게 늦게 조정됨
④ 수온조절기가 열린 채로 고착됨

11 엔진에서 흡입 효율을 높이는 장치는?

① 소음기
② 과급기
③ 압축기
④ 기화기

12 4행정 사이클 디젤엔진 동력행정의 연료 분사 진각에 관한 설명 중 맞지 않은 것은?

① 엔진 회전속도에 따라 진각이 된다.
② 진각에는 연료의 점화가 늦는 것이 영향을 미친다.
③ 진각에는 연료 자체의 압축률이 영향을 미친다.
④ 진각에는 연료 통로의 유동저항이 영향을 미친다.

13 기동전동기가 저속으로 회전할 때의 고장 원인으로 틀린 것은?

① 전기자 또는 정류자에서의 단락
② 경음기의 단선
③ 전기자코일의 단선
④ 배터리의 방전

14 다음 램프 중 조명용인 것은?

① 주차등
② 번호판등
③ 후진등
④ 후미등

15 급속충전 시에 유의할 사항이 아닌 것은?

① 통풍이 잘되는 곳에서 충전한다.
② 건설기계에 설치된 상태로 충전한다.
③ 충전시간을 짧게 한다.
④ 전해액 온도가 45℃를 넘지 않게 한다.

16 디젤엔진의 예열장치에서 연소실 내의 압축공기를 직접 예열하는 형식은?

① 히트릴레이식
② 예열플러그식
③ 흡기히트식
④ 히트레인지식

17 교류발전기에서 회전체에 해당하는 것은?

① 스테이터
② 브러시
③ 엔드프레임
④ 로 터

18 축전지의 전해액에 관한 내용으로 옳지 않은 것은?

① 전해액의 온도가 1℃ 변화함에 따라 비중은 0.0007씩 변한다.
② 온도가 올라가면 비중이 올라가고 온도가 내려가면 비중이 내려간다.
③ 전해액은 증류수에 황산을 혼합하여 희석시킨 묽은 황산이다.
④ 축전지 전해액 점검은 비중계로 한다.

19 로더에서 기동전동기를 탈착하고자 할 때 안전한 방법은?

① 로더 버킷을 들어 올린 다음, 배터리 접지선을 떼어 낸 후 탈착한다.
② 경사진 곳에서 사이드 브레이크를 잠그고 탈착한다.
③ 버킷을 내려놓은 후 바퀴에 고임목을 받치고, 배터리 접지선을 떼어 낸 후 탈착한다.
④ 엔진을 가동한 상태에서 사이드 브레이크를 잠그고 탈착한다.

20 휠 로더의 붐과 버킷 레버를 동시에 당기면 작동은?

① 붐만 상승한다.
② 버킷만 오므려진다.
③ 붐은 상승하고, 버킷은 오므려진다.
④ 작동이 안 된다.

21 휠 로더의 휠 허브에 있는 유성기어장치에서 유성기어가 핀과 용착되었을 때 일어나는 현상은?

① 바퀴의 회전속도가 빨라진다.
② 바퀴의 회전속도가 느려진다.
③ 바퀴가 돌지 않는다.
④ 변화가 없다.

22 드라이브 라인에 슬립이음을 사용하는 이유는?

① 회전력을 직각으로 전달하기 위해
② 출발을 원활하게 하기 위해
③ 추진축의 길이에 변화를 주기 위해
④ 추진축의 각도 변화에 대응하기 위해

23 무한궤도식 장비에서 프런트 아이들러의 작용에 대한 설명으로 옳은 것은?

① 회전력을 발생하여 트랙에 전달한다.
② 트랙의 진로를 조정하면서 주행방향으로 트랙을 유도한다.
③ 구동력을 트랙으로 전달한다.
④ 파손을 방지하고 원활한 운전을 하게 한다.

24 긴 내리막길을 내려갈 때 베이퍼 로크를 방지하는 좋은 운전 방법은?

① 변속레버를 중립으로 놓고 브레이크 페달을 밟고 내려간다.
② 시동을 끄고 브레이크 페달을 밟고 내려간다.
③ 엔진 브레이크를 사용한다.
④ 클러치를 끊고 브레이크 페달을 계속 밟아 속도를 조정하며 내려간다.

25 작업장치를 갖춘 건설기계의 작업 전 점검 사항으로 틀린 것은?

① 제동장치 및 조종장치 기능의 이상 유무
② 하역장치 및 유압장치 기능의 이상 유무
③ 유압장치의 과열 여부
④ 전조등, 후미등, 방향지시등 및 경보장치의 이상 유무

26 로더의 버킷에 흙을 담아 컨트롤 레버를 중립에 위치시킨 후 이동할 때, 작업장치가 불안정하게 움직이는 원인이 아닌 것은?

① 링키지의 핀과 부싱에 과도한 부하가 걸렸을 때
② 펌프 PTO 장치가 구동되지 않을 때
③ 덤프 실린더의 피스톤 실이 불량할 때
④ 덤프 실린더 아래쪽의 안전밸브가 불량할 때

27 로더(Loader)에 관한 설명으로 옳지 않은 것은?

① 붐 리프트 레버는 전경과 후경의 2가지 위치가 있다.
② 버킷 틸트 레버는 전경, 후경, 유지의 3가지 위치가 있다.
③ 버킷 틸트 레버에는 버킷을 지면에 내려놓았을 때 굴착각도가 적당히 되게 미리 설정해 주는 포지션 장치가 있다.
④ 붐 실린더에는 자동적으로 상승의 위치에서 유지 위치로 돌아가도록 하는 킥아웃 장치가 있다.

28 로더의 토사작업에서 적재물 운반작업 시의 유의사항으로 옳지 않은 것은?

① 토사를 깎으며 출발할 때는 버킷을 5° 정도 기울여 출발한다.
② 버킷이 토사에 충분히 파고들면 전진하면서 붐을 상승시킨다. 이때 버킷을 수평으로 유지하면서 토사를 담는다.
③ 토사에 파고들기 어려울 때는 버킷의 투스 부분을 상하로 움직이며 전진한다.
④ 적재물 운반 시 장비가 전방으로 전도되면 즉시 버킷을 하강시켜 균형을 유지하도록 한다.

29 기계식 스키드 로더로 덤프 작업을 할 때 올바른 버킷 조정법은?

① 페달의 뒷부분을 누른다.
② 페달의 앞부분을 누른다.
③ 레버를 앞으로 민다.
④ 레버를 뒤로 당긴다.

30 건설기계의 조종 중 과실로 사망 1명의 인명피해를 입힌 자의 처분기준은?

① 면허효력정지 45일
② 면허효력정지 30일
③ 면허효력정지 15일
④ 면허효력정지 5일

31 건설기계관리법상 건설기계 형식에 관한 승인을 얻거나 그 형식을 신고한 자는 당사자 간 별도의 계약이 없는 경우에 건설기계를 판매한 날로부터 몇 개월 동안 무상으로 건설기계를 정비해 주어야 하는가?

① 6개월   ② 12개월
③ 24개월   ④ 36개월

32 건설기계 등록번호표를 가리거나 훼손하여 알아보기 곤란하게 한 자 또는 그러한 건설기계를 운행한 자에게 부과하는 과태료 기준으로 옳은 것은?

① 50만원 이하
② 100만원 이하
③ 300만원 이하
④ 1,000만원 이하

33 건설기계조종사면허를 취소하거나 정지시킬 수 있는 사유에 해당하지 않는 것은?

① 거짓이나 그 밖의 부정한 방법으로 건설기계조종사면허를 받은 경우
② 면허증을 다른 사람에게 빌려준 경우
③ 조종 중 과실로 중대한 사고를 일으킨 경우
④ 여행을 목적으로 1개월 이상 해외로 출국하였을 경우

34 등록이전 신고를 해야 하는 경우는?

① 건설기계 사용 본거지에 시·도 간의 변경이 있었을 때
② 건설기계 소재지에 변동이 있을 때
③ 건설기계 등록사항을 변경하고자 할 때
④ 건설기계 소유권을 이전하고자 할 때

35 건설기계 검사소에서 검사를 받아야 하는 건설기계는?

① 콘크리트살포기
② 트럭적재식 콘크리트펌프
③ 지게차
④ 스크레이퍼

36 등록된 건설기계의 소유자는 등록번호의 반납사유가 발생하였을 경우에는 며칠 이내에 반납하여야 하는가?

① 20일   ② 10일
③ 15일   ④ 30일

37 유압건설기계의 고압호스가 자주 파열되는 원인으로 가장 적합한 것은?

① 유압펌프의 고속 회전
② 오일의 점도 저하
③ 릴리프밸브의 설정 압력 불량
④ 유압모터의 고속 회전

38 내경이 10cm인 유압실린더에 20kgf/cm^{2}의 압력이 작용할 때 유압실린더가 최대로 들어 올릴 수 있는 무게는 얼마인가?(단, 손실은 무시한다)

① 1,000kgf
② 1,570kgf
③ 2,000kgf
④ 2,750kgf

39 기어펌프의 장단점이 아닌 것은?

① 소형이며, 구조가 간단하다.
② 피스톤펌프에 비해 흡입력이 나쁘다.
③ 피스톤펌프에 비해 수명이 짧고 진동 소음이 크다.
④ 초고압에는 사용이 곤란하다.

40 유압이 진공에 가까워져 기포가 생기며 이로 인해 국부적인 고압이나 소음이 발생하는 현상을 무엇이라 하는가?

① 담금질 현상
② 시효경화 현상
③ 캐비테이션 현상
④ 오리피스 현상

41 다음 중 압력의 단위가 아닌 것은?

① bar
② atm
③ Pa
④ J

42 유압장치에서 오일의 역류를 방지하기 위한 밸브는?

① 변환밸브
② 압력조절밸브
③ 체크밸브
④ 흡기밸브

43 유압모터의 장점이 아닌 것은?

① 작동이 신속, 정확하다.
② 관성력이 크며, 소음이 크다.
③ 전동모터에 비하여 급속 정지가 쉽다.
④ 광범위한 무단변속을 얻을 수 있다.

44 유압장치 중에서 회전운동을 하는 것은?

① 급속 배기밸브
② 유압모터
③ 하이드롤릭 실린더
④ 복동 실린더

45 체크밸브가 내장되는 밸브로서 유압회로의 한 방향의 흐름에 대해서는 설정된 배압을 생기게 하고, 다른 방향의 흐름은 자유롭게 흐르도록 한 밸브는?

① 셔틀밸브
② 언로더밸브
③ 슬로리턴밸브
④ 카운터밸런스밸브

46 건설기계 운전 시 갑자기 유압이 발생되지 않을 때 점검내용으로 가장 거리가 먼 것은?

① 오일 개스킷 파손 여부 점검
② 유압실린더의 피스톤 마모 점검
③ 오일 파이프 및 호스 파열 여부 점검
④ 오일량 점검

47 전기화재 시 가장 적합한 소화기는?

① 포말소화기
② 이산화탄소소화기
③ 중조산식소화기
④ 알칼리소화기

48 화상을 입었을 때 응급조치로 가장 적절한 것은?

① 옥도정기를 바른다.
② 메틸알코올에 담근다.
③ 아연화연고를 바르고, 붕대를 감는다.
④ 찬물에 담갔다가 아연화연고를 바른다.

49 유압장치 작동 시 안전 및 유의사항으로 틀린 것은?

① 규정에 맞는 오일을 사용한다.
② 냉간 시에는 난기 운전 후 작업한다.
③ 작동 중 이상음이 생기면 작업을 중단한다.
④ 오일이 부족하면 종류가 다른 오일이라도 보충한다.

50 중량물 운반작업 시 착용하여야 할 운전화는?

① 중작업용
② 보통작업용
③ 경작업용
④ 절연용

51 운반작업을 하는 작업장의 통로에서 통과 우선순위로 가장 적당한 것은?

① 짐차 → 빈 차 → 사람
② 빈 차 → 짐차 → 사람
③ 사람 → 짐차 → 빈 차
④ 사람 → 빈 차 → 짐차

52 재해조사의 직접적인 목적에 해당되지 않는 것은?

① 동종재해의 재발 방지
② 유사재해의 재발 방지
③ 재해 관련 책임자 문책
④ 재해 원인의 규명 및 예방 자료 수집

53 일반 공구의 안전한 사용법으로 적합하지 않은 것은?

① 언제나 깨끗한 상태로 보관한다.
② 엔진의 헤드 볼트 작업에는 소켓렌치를 사용한다.
③ 렌치의 조정 조에 잡아당기는 힘이 가해져야 한다.
④ 파이프렌치에는 연장대를 끼워서 사용하지 않는다.

54 해머작업 시 주의사항으로 잘못된 것은?

① 타격범위에 장애물이 없도록 한다.
② 작업자가 서로 마주 보고 두드린다.
③ 녹슨 재료 사용 시 보안경을 착용한다.
④ 작게 시작하여 차차 큰 행정으로 작업하는 것이 좋다.

55 인력 운반으로 중량물을 운반하거나 들어올릴 때 발생할 수 있는 재해로 가장 거리가 먼 것은?

① 낙 하
② 협착(압상)
③ 단전(정전)
④ 충 돌

56 중장비기계 작업 후 점검사항으로 거리가 먼 것은?

① 파이프나 실린더의 누유를 점검한다.
② 작동 시 필요한 소모품의 상태를 점검한다.
③ 겨울철엔 가급적 연료탱크를 가득 채운다.
④ 다음 날 계속 작업하므로 차의 내외부는 그대로 둔다.

57 도시가스사업법령상 정의된 배관이 아닌 것은?

① 본 관   ② 공급관
③ 내 관   ④ 가정관

58 가공 전선로 주변에서 건설기계작업을 하기 위하여 현수애자를 확인하니 한 줄에 10개로 되어 있을 때, 예측 가능한 공칭전압은?

① 22.9kV   ② 66kV
③ 154kV   ④ 345kV

59 철탑 부근에서 굴착작업 시 유의하여야 할 사항으로 옳은 것은?

① 철탑 기초가 드러나지만 않으면 굴착하여도 무방하다.
② 철탑 부근이라 하여 특별히 주의해야 할 사항은 없다.
③ 한국전력에서 철탑에 대한 안전 여부를 검토한 후 작업을 해야 한다.
④ 철탑은 강한 충격을 주어야만 넘어질 수 있으므로 주변 굴착은 무방하다.

60 가스관련법상 가스배관 주위를 굴착하고자 할 때 가스배관 주위 좌우 몇 m 이내는 인력으로 굴착하여야 하는가?

① 0.3   ② 0.5
③ 1   ④ 1.2

정답 및 해설 p.189

01 건설기계 엔진에서 부동액으로 사용될 수 없는 것은?

① 에틸렌글리콜　　② 글리세린

③ 메 탄　　　　　④ 알코올

02 다음 중 커먼레일 디젤엔진의 연료분사장치 구성부품이 아닌 것은?

① 커먼레일　　　　② 공급펌프

③ 고압펌프　　　　④ 인젝터

03 디젤엔진에서 사용되는 공기청정기에 관한 설명으로 틀린 것은?

① 공기청정기가 막히면 연소가 나빠진다.

② 공기청정기가 막히면 배기 색은 흑색이 된다.

③ 공기청정기가 막히면 출력이 감소한다.

④ 공기청정기는 실린더 마멸과 관계 없다.

04 운전석의 계기판에 있는 유압계로 확인할 수 있는 것은?

① 오일량의 많고 적음을 알 수 있다.

② 오일의 누설 상태를 알 수 있다.

③ 오일의 순환 압력을 알 수 있다.

④ 오일의 연소 상태를 알 수 있다.

05 4행정 사이클 디젤엔진의 동력행정에 관한 설명 중 틀린 것은?

① 피스톤이 상사점에 도달하기 전에 분사를 시작한다.

② 디젤엔진의 진각에는 연료의 착화 능률이 고려된다.

③ 연료는 분사됨과 동시에 연소를 시작한다.

④ 연료분사 시작점은 회전속도에 따라 진각이 된다.

06 엔진 방열기에 연결된 보조탱크의 역할을 설명한 것으로 가장 적합하지 않은 것은?

① 장기간 냉각수 보충이 필요 없다.
② 냉각수 온도를 적절하게 조절한다.
③ 오버플로(Overflow)가 되어도 증기만 방출된다.
④ 냉각수의 체적팽창을 흡수한다.

07 4행정 디젤엔진에서 흡입행정 시 실린더 내에 흡입되는 것은?

① 혼합기   ② 공 기
③ 스파크   ④ 연 료

08 엔진의 밸브 장치 중 밸브 가이드 내부를 상하 왕복운동하여 밸브 헤드가 받는 열을 가이드를 통해 방출하고, 밸브의 개폐를 돕는 부품의 명칭은?

① 밸브 스템 엔드
② 밸브 스템
③ 밸브 페이스
④ 밸브 시트

09 엔진에서 압축가스가 누설되어 압축압력이 저하될 수 있는 원인에 해당되는 것은?

① 냉각팬의 벨트 유격 과대
② 매니폴드 개스킷의 불량
③ 워터펌프의 불량
④ 실린더헤드 개스킷 불량

10 배기가스의 색과 엔진의 상태를 연결한 것으로 틀린 것은?

① 백색 또는 회색 – 윤활유의 연소
② 황색 – 공기청정기의 막힘
③ 무색 – 정상
④ 검은색 – 농후한 혼합비

11 엔진오일 압력 경고등이 켜지는 경우가 아닌 것은?

① 오일필터가 막혔을 때
② 오일 통로가 막혔을 때
③ 엔진을 급가속시켰을 때
④ 오일이 부족할 때

12 엔진에서 연료압력이 너무 낮다. 그 원인이 아닌 것은?

① 연료압력 레귤레이터에 있는 밸브의 밀착이 불량하여 리턴펌프 쪽으로 연료가 누설되었다.
② 연료펌프의 공급압력이 누설되었다.
③ 리턴호스에서 연료가 누설되었다.
④ 연료필터가 막혔다.

13 교류발전기의 특징으로 틀린 것은?

① 저속 시에도 충전이 가능하다.
② 속도변화에 따른 적용 범위가 넓고 소형, 경량이다.
③ 다이오드를 사용하기 때문에 정류 특성이 좋다.
④ 정류자를 사용한다.

14 같은 축전지 2개를 직렬로 접속하면 어떻게 되는가?

① 전압은 2배가 되고 용량은 같다.
② 전압과 용량 모두 2배가 된다.
③ 전압과 용량의 변화가 없다.
④ 전압은 같고 용량은 2배가 된다.

15 축전지의 용량만을 크게 하는 방법으로 맞는 것은?

① 직·병렬연결법
② 논리회로 연결법
③ 병렬연결법
④ 직렬연결법

16 축전지 터미널의 식별 방법이 아닌 것은?

① 문자(P, N)로 분별
② 요철로 분별
③ 부호(+, −)로 분별
④ 굵기로 분별

17 기동전동기에서 토크가 발생하는 부분은?

① 전기자코일
② 계 자
③ 솔레노이드 스위치
④ 계자코일

18 건설기계 연료탱크에서 연료잔량 센서에 대한 설명으로 맞는 것은?

① 서미스터가 연료에 잠겨 있다면 인디케이터의 펌프는 점등된다.
② 서미스터가 노출되면 저항이 감소하여 인디케이터의 펌프는 소등된다.
③ 서미스터가 연료에 잠겨 있으면 저항이 상승되어 전류가 커진다.
④ 온도가 상승하면 저항값이 감소하는 부특성 서미스터를 이용한다.

19 트랙을 구성하는 부품이 아닌 것은?

① 링 크
② 핀
③ 로 드
④ 부 싱

20 로더 장비의 적재방법이 아닌 것은?

① I방식
② V방식
③ T방식
④ M방식

21 건설기계에서 로더의 유압탱크 점검 결과 오일이 부족하여 점도가 다른 오일로 보충하려고 할 때, 발생할 수 있는 현상으로 가장 옳은 것은?

① 제작사가 같으면 점도는 달라도 큰 문제는 없다.
② 혼합하는 비율만 일치시키면 기능상 문제는 없다.
③ 첨가제의 작용으로 열화현상을 일으킬 수 있다.
④ 경제적이고 체적계수가 커 액추에이터의 효율이 높아진다.

22 로더 장비를 이용한 가장 효과적인 작업은?

① 트럭과 호퍼에 토사 적재작업
② 훅 작업
③ 스노 플로 작업
④ 백호 작업

23 무한궤도식 건설기계에서 트랙 장력이 너무 팽팽하게 조정되었을 때, 마모가 가속되는 부분을 보기에서 찾아 모두 나열한 것은?

┌─보기─────────────────────┐
│ ㄱ. 트랙 핀의 마모   │
│ ㄴ. 부싱의 마모   │
│ ㄷ. 스프로킷 마모   │
│ ㄹ. 블레이드 마모   │
└─────────────────────────┘

① ㄱ, ㄴ, ㄷ　　② ㄱ, ㄴ, ㄹ
③ ㄱ, ㄹ　　　　④ ㄱ, ㄴ, ㄷ, ㄹ

24 자동변속기의 메인압력이 떨어지는 이유가 아닌 것은?

① 오일필터 막힘
② 오일펌프 내 공기 생성
③ 오일 부족
④ 클러치판 마모

25 로더를 경사지에서 주행할 때 주의해야 할 사항으로 틀린 것은?

① 방향전환을 위해 급선회하지 않는다.
② 주행속도 스위치를 저속으로 하여 서행한다.
③ 불가피한 정차 시 버킷을 지면에 내리고 고임목을 받쳐 준다.
④ 경사지에서의 작업은 위험하므로 작업 허용 운전 경사각 30°를 초과하면 안 된다.

26 휠형 건설기계 타이어의 정비 및 점검에 대한 설명으로 틀린 것은?

① 적절한 공구와 절차를 이용하여 수행한다.
② 휠이나 부속품에 균열이 있는 것은 재가공, 용접, 땜질, 열처리 등의 조치를 하여 사용한다.
③ 휠 너트를 풀기 전에 차체에 고임목을 고인다.
④ 타이어와 림의 정비 및 교환 작업은 위험하므로 반드시 숙련공이 한다.

27 타이어식 로더의 앞쪽 타이어를 손쉽게 교환할 수 있는 방법은?

① 뒤쪽 타이어를 빼고 장비를 기울여서 교환한다.
② 버킷을 들고 작업을 한다.
③ 잭으로만 고인다.
④ 버킷을 이용하여 차체를 들고 잭을 고인다.

28 타이어형 로더로 바위가 있는 현장에서 작업할 때 주의사항으로 틀린 것은?

① 슬립(Slip)이 일어나지 않도록 한다.
② 타이어 공기압을 높여 준다.
③ 컷(Cut) 방지용 타이어를 사용한다.
④ 홈이 깊은 타이어를 사용한다.

29 건설기계조종사면허의 적성검사 기준으로 틀린 것은?

① 청력은 10m의 거리에서 60dB을 들을 수 있을 것
② 두 눈을 동시에 뜨고 잰 시력이 0.7 이상일 것
③ 두 눈의 시력이 각각 0.3 이상일 것
④ 시각은 150° 이상일 것

30 건설기계를 조종하여 과실로 중상 2명의 인명피해를 입힌 자의 처분기준은?

① 면허효력정지 20일
② 면허효력정지 60일
③ 면허효력정지 30일
④ 면허효력정지 90일

31 건설기계관리법상 건설기계 등록신청은 누구에게 하여야 하는가?

① 국토교통부장관
② 소유자 주소지의 시장, 군수 또는 구청장
③ 소유자 주소지의 경찰서장
④ 소유자 주소지의 시·도지사

32 건설기계의 소유자는 건설기계를 획득한 날부터 얼마 이내에 건설기계 등록신청을 해야 하는가?

① 10일 이내
② 1월 이내
③ 2주 이내
④ 2월 이내

33 국토교통부령으로 정하는 소형건설기계가 아닌 것은?

① 5ton 미만의 불도저
② 3ton 미만의 덤프트럭
③ 3ton 미만의 굴착기
④ 3ton 미만의 지게차

34 건설기계 등록말소 사유 중 반드시 시·도지사가 직권으로 등록말소하여야 하는 것은?

① 건설기계의 용도를 폐지한 때
② 건설기계를 수출하는 때
③ 건설기계가 건설기계안전기준에 적합하지 않게 되었을 때
④ 거짓이나 그 밖의 부정한 방법으로 등록을 한 때

35 건설기계를 등록할 때 건설기계의 소유자가 건설기계등록신청서에 첨부하여야 하는 서류에 해당하지 않는 것은?

① 건설기계제작증
② 수입면장
③ 매수증서
④ 건설기계검사증 등본원부

36 그림에서 건설기계관련법령상 로더의 전경각을 바르게 나타낸 기호는?

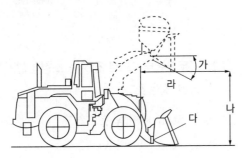

① 가
② 나
③ 다
④ 라

37 그림의 공유압 기호가 나타내는 것은?

① 공기압동력원
② 원동기
③ 전동기
④ 유압동력원

38 유압모터를 선택할 때의 고려사항과 가장 거리가 먼 것은?

① 부 하
② 효 율
③ 동 력
④ 점 도

39 유압장치에서 고압 소용량, 저압 대용량 펌프를 조합 운전할 때, 작동압이 규정 압력 이상으로 상승 시 동력 절감을 하기 위해 사용하는 밸브는?

① 감압밸브
② 무부하밸브
③ 시퀀스밸브
④ 릴리프밸브

40 유압실린더에서 피스톤 행정이 끝날 때 발생하는 충격을 흡수하기 위해 설치하는 장치는?

① 쿠션 기구
② 스로틀밸브
③ 압력보상장치
④ 서보밸브

41 유압오일에서 온도에 따른 점도변화의 정도를 표시하는 것은?

① 점도 분포   ② 관성력
③ 윤활성   ④ 점도지수

42 오일펌프의 플런저가 구동축 방향으로 작동하는 것은?

① 로터리펌프
② 기어펌프
③ 액시얼 피스톤펌프
④ 베인펌프

43 다음 중 여과기를 설치위치에 따라 분류할 때 관로용 여과기에 포함되지 않는 것은?

① 라인 여과기
② 압력 여과기
③ 흡입 여과기
④ 리턴 여과기

44 유압장치에서 방향제어밸브에 대한 설명으로 적절하지 않은 것은?

① 액추에이터의 속도를 제어한다.
② 유압실린더나 유압모터의 작동 방향을 바꾸는 데 사용된다.
③ 유체의 흐름 방향을 변환한다.
④ 유체의 흐름 방향을 한쪽으로만 허용한다.

45 유압장치의 장점이 아닌 것은?

① 작은 동력원으로 큰 힘을 낼 수 있다.
② 운동 방향을 쉽게 변경할 수 있다.
③ 과부하 방지가 용이하다.
④ 고장원인의 발견이 쉽고, 구조가 간단하다.

46 일정 온도의 윤활유에 흡수되는 가스의 체적은 무엇에 반비례하는가?

① 가스의 압력　　② 가스의 비열
③ 가스의 온도　　④ 가스의 체적

47 감전재해 발생 시 취해야 할 행동이 아닌 것은?

① 피해자 구출 후 상태가 심할 경우 인공호흡 등 응급조치를 한 후 작업을 직접 마무리하도록 도와준다.
② 설비의 전기 공급원 스위치를 내린다.
③ 피해자가 지닌 금속체가 전선 등에 접촉되었는가를 확인한다.
④ 전원을 끄지 못했을 때는 고무장갑이나 고무장화를 착용하고 피해자를 구출한다.

48 안전보건표지의 종류와 형태에서 그림의 안전표지판이 사용되는 곳은?

① 방사능물질이 있는 장소
② 발전소나 고전압이 흐르는 장소
③ 폭발성물질이 있는 장소
④ 레이저광선에 노출될 우려가 있는 장소

49 스크루(Screw) 또는 머리에 틈이 있는 볼트를 박거나 뺄 때 사용하는 스크루드라이버의 크기는 무엇으로 표시하는가?

① 손잡이를 포함한 전체 길이
② 생크(Shank)의 두께
③ 포인트의 너비
④ 손잡이를 제외한 길이

50 사고의 직접원인으로 가장 적합한 것은?

① 사회·환경적 요인
② 유전적인 요소
③ 불안전한 행동 및 상태
④ 성격 결함

51 수공구 중 드라이버의 사용상 주의사항으로 틀린 것은?

① 날 끝이 수평이어야 한다.
② 전기 작업 시 절연된 자루를 사용한다.
③ 날 끝이 홈의 폭과 길이가 같은 것을 사용한다.
④ 전기 작업 시 금속 부분이 자루 밖으로 나와 있어야 한다.

52 장갑을 끼고 작업을 할 때 위험한 작업은?

① 건설기계 운전 작업
② 오일 교환 작업
③ 해머 작업
④ 타이어 교환 작업

53 동력기계 장치의 표준 방호덮개의 설치 목적이 아닌 것은?

① 동력전달장치와 신체의 접촉 방지
② 가공물, 공구 등의 낙하에 의한 위험 방지
③ 방음이나 집진
④ 주유나 검사의 편리성

54 연소 조건에 대한 설명으로 틀린 것은?

① 산화되기 쉬운 것일수록 타기 쉽다.
② 열전도율이 적은 것일수록 타기 쉽다.
③ 발열량이 적은 것일수록 타기 쉽다.
④ 산소와의 접촉면이 클수록 타기 쉽다.

55 해머작업의 안전수칙으로 틀린 것은?

① 해머를 사용할 때에는 자루 부분을 확인할 것
② 장갑을 끼고 해머작업을 하지 말 것
③ 공동으로 해머작업 시에는 흐름을 맞출 것
④ 열처리된 장비의 부품은 강하므로 힘껏 때릴 것

56 산업안전보건법상 산업재해의 정의로 맞는 것은?

① 운전 중 본인의 부주의로 교통사고가 발생된 것을 말한다.
② 고의로 물적 시설을 파손한 것도 산업재해에 포함하고 있다.
③ 일상 활동에서 발생하는 사고로서 인적 피해뿐만 아니라 물적 손해까지 포함하는 개념이다.
④ 노무를 제공하는 사람이 업무에 관계되는 건설물·설비·원재료·가스·증기·분진 등에 의하거나 작업 또는 그 밖의 업무로 인하여 사망 또는 부상하거나 질병에 걸리는 것을 말한다.

57 콘크리트 전주 주변에서 건설기계로 굴착 작업을 할 때의 설명으로 맞는 것은?

① 전주 및 지선 주위는 굴착해서는 안 된다.

② 전주는 지선을 이용하여 지지되어 있어 전주 굴착과는 무관하다.

③ 전주 밑동은 근가를 이용하여 지지되어 있어 지선의 단선과는 무관하다.

④ 작업 중 지선이 끊어지면 같은 굵기의 철선을 이으면 된다.

59 굴착공사 시 도시가스배관의 안전조치와 관련된 사항 중 다음 (   ) 안에 적합한 것은?

> 도시가스사업자는 굴착 예정지역의 매설배관 위치를 굴착공사자에게 알려 주어야 하며, 굴착공사자는 매설배관 위치를 매설배관 (   )의 지면에 (   ) 페인트로 표시할 것

① 좌측부, 적색

② 직상부, 황색

③ 좌하부, 황색

④ 우측부, 황색

58 가스배관 주위의 굴착공사 시 누구의 입회 하에 공사를 실시하여야 하는가?

① 한국가스안전공사직원

② 안전관리총책임자

③ 안전관리전담자

④ 시공업체책임자

60 교통신호등 시설 시 도로를 횡단하는 가공 전선 높이는 최소 몇 m 이상인가?(단, 횡단보도교는 제외한다)

① 3   ② 12

③ 6   ④ 1

↻ 정답 및 해설 p.195

01 냉각장치에서 라디에이터의 구비조건으로 틀린 것은?

① 공기의 흐름저항이 클 것
② 단위면적당 방열량이 클 것
③ 가볍고 작으며, 강도가 클 것
④ 냉각수의 흐름저항이 적을 것

02 공회전 상태의 엔진에서 크랭크축의 회전과 관계없이 작동되는 기구는?

① 발전기
② 캠샤프트
③ 플라이휠
④ 스타트 모터

03 4행정 사이클 엔진의 윤활방식 중 피스톤과 피스톤핀까지 윤활유를 압송하여 윤활하는 방식은?

① 전 압력식
② 전 압송식
③ 전 비산식
④ 압송 비산식

04 수랭식에서 냉각수를 순환시키는 방식이 아닌 것은?

① 자연 순환식
② 강제 순환식
③ 진공 순환식
④ 밀봉 압력식

05 디젤엔진 연료장치 내에 있는 공기를 배출하기 위하여 사용하는 펌프는?

① 연료펌프
② 공기펌프
③ 인젝션펌프
④ 프라이밍펌프

06 엔진오일의 구비조건으로 틀린 것은?

① 응고점이 높을 것
② 비중과 점도가 적당할 것
③ 인화점과 발화점이 높을 것
④ 기포 발생과 카본 생성에 대한 저항력이 클 것

07 디젤엔진에서 직접분사실식의 장점이 아닌 것은?

① 연료소비량이 적다.
② 냉각손실이 적다.
③ 연료계통의 연료 누출 염려가 적다.
④ 구조가 간단하여 열효율이 높다.

08 엔진의 회전수를 나타낼 때 rpm이란?

① 시간당 엔진 회전수
② 분당 엔진 회전수
③ 초당 엔진 회전수
④ 10분간 엔진 회전수

09 엔진의 실린더 수가 많을 때의 장점이 아닌 것은?

① 엔진의 진동이 적다.
② 저속 회전이 용이하고, 큰 동력을 얻을 수 있다.
③ 연료 소비가 적고 큰 동력을 얻을 수 있다.
④ 가속이 원활하고 신속하다.

10 팬 벨트에 대한 점검 과정이다. 가장 적합하지 않은 것은?

① 팬 벨트를 눌러서(약 10kgf) 처짐이 약 13~20mm 정도가 되도록 한다.
② 팬 벨트는 풀리의 밑부분에 접촉되어야 한다.
③ 팬 벨트의 조정은 발전기를 움직이면서 한다.
④ 팬 벨트가 너무 헐거우면 엔진 과열의 원인이 된다.

11 실린더헤드 개스킷의 구비조건으로 틀린 것은?

① 기밀 유지가 좋을 것
② 내열성과 내압성이 있을 것
③ 복원성이 적을 것
④ 강도가 적당할 것

12 다음 보기에서 피스톤과 실린더 벽 사이의 간극이 클 때 발생할 수 있는 현상을 모두 고른 것은?

┌ 보기 ┐
ㄱ. 마찰열에 의해 소결되기 쉽다.
ㄴ. 블로바이에 의해 압축압력이 낮아진다.
ㄷ. 피스톤링의 기능 저하로 인해 오일이 연소실에 유입되어 오일 소비가 많아진다.
ㄹ. 피스톤 슬랩 현상이 발생되며, 엔진 출력이 저하된다.
└─────────────────────────┘

① ㄱ, ㄴ, ㄷ　　② ㄷ, ㄹ
③ ㄴ, ㄷ, ㄹ　　④ ㄱ, ㄴ, ㄷ, ㄹ

13 축전지 커버에 붙은 전해액을 세척하려 할 때 사용하는 중화제로 가장 좋은 것은?

① 증류수
② 비눗물
③ 암모니아수
④ 베이킹 소다수

14 기동회로에서 전력공급선의 전압 강하는 얼마 이하이면 정상인가?

① 0.2V 이하
② 1.0V 이하
③ 10.5V 이하
④ 9.5V 이하

15 납산축전지의 전해액을 만들 때 황산과 증류수의 혼합 방법에 대한 설명으로 틀린 것은?

① 조금씩 혼합하며 잘 저어서 냉각시킨다.
② 증류수에 황산을 부어 혼합한다.
③ 전기가 잘 통하는 금속재 용기를 사용하여 혼합한다.
④ 추운 지방인 경우 온도가 표준온도일 때 비중이 1.280이 되게 측정하면서 작업을 끝낸다.

16 직류발전기와 비교했을 때의 교류발전기의 특징으로 틀린 것은?

① 전압조정기만 필요하다.
② 크기가 크고 무겁다.
③ 브러시 수명이 길다.
④ 저속 발전 성능이 좋다.

17 좌·우측 전조등 회로의 연결방법으로 옳은 것은?

① 직렬연결
② 단식 배선
③ 병렬연결
④ 직·병렬연결

18 이동하지 않고 물질에 정지하고 있는 전기는?

① 동전기   ② 정전기
③ 직류전기   ④ 교류전기

19 토크컨버터에서 회전력이 최댓값이 될 때를 무엇이라 하는가?

① 토크 변환비
② 회전력
③ 스톨 포인트
④ 유체 충돌 손실비

20 추진축의 각도 변화를 가능하게 하는 이음은?

① 자재이음
② 슬립이음
③ 플랜지이음
④ 등속이음

21 로더의 기능 및 고장에 대한 설명으로 틀린 것은?

① 휠(Wheel) 로더의 한쪽 타이어가 수렁에 빠졌을 때, 계속 전진시키거나 후진시키면 빠진 쪽 타이어가 공회전하는 것은 차동기어장치 때문이다.
② 자동변속기가 동력전달을 하지 못하는 이유는 다판 클러치의 마모 때문이다.
③ 타이어식 로더의 허브에 있는 유성기어장치는 바퀴의 회전속도 감속, 구동력 증가 등의 기능을 한다.
④ 로더 주행 중 조향핸들의 조작이 무거운 이유는 오일펌프의 회전이 빠르기 때문이다.

22 로더의 작업 중 그레이딩 작업이란?

① 굴착작업
② 깎아내기 작업
③ 지면고르기 작업
④ 적재작업

23 앞바퀴 정렬 요소 중 캠버에 대한 설명으로 틀린 것은?

① 앞차축의 휨을 적게 한다.
② 조향 휠의 조작을 가볍게 한다.
③ 조향 시 바퀴의 복원력이 발생한다.
④ 토(Toe)와 관련성이 있다.

24 휠 로더의 휠 허브(Wheel Hub)에 있는 유성기어장치의 동력전달 순서는?

① 선기어 → 유성기어 → 유성기어 캐리어 → 바퀴
② 유성기어 캐리어 → 유성기어 → 선기어 → 바퀴
③ 링기어 → 유성기어 → 선기어 → 바퀴
④ 선기어 → 링기어 → 유성기어 캐리어 → 바퀴

25 계통 내의 최대 압력을 설정함으로써 계통을 보호하는 밸브는?

① 릴리프밸브
② 릴레이밸브
③ 리듀싱밸브
④ 리타더밸브

26 플라이휠과 압력판 사이에 설치되어 있으며, 변속기 압력축을 통해 변속기에 동력을 전달하는 것은?

① 압력판
② 클러치 디스크
③ 릴리스 레버
④ 릴리스 포크

27 유압유의 구비조건으로 옳지 않은 것은?

① 비압축성이어야 한다.
② 점도지수가 커야 한다.
③ 인화점 및 발화점이 높아야 한다.
④ 체적탄성계수가 작아야 한다.

28 로더를 운전하려고 시동을 할 때 조치사항으로 잘못된 것은?

① 연료 및 각종 오일을 점검한다.
② 붐과 버킷 레버를 중립에 둔다.
③ 변속기 레버를 중립에 둔다.
④ 유압계의 압력을 정상으로 조정한다.

29 다음 중 크롤러형 로더로 작업할 수 없는 것은?

① 수직 굴토작업
② 포장로 제거
③ 제설작업
④ 골재 처리작업

30 타이어식 로더를 운전 시 주의해야 할 사항 중 틀린 것은?

① 새로 구축한 주변 부분은 연약지반이므로 주의한다.
② 경사지를 내려갈 때는 클러치를 분리하거나 변속레버를 중립에 놓는다.
③ 토양의 조건과 엔진의 회전수를 고려하여 운전한다.
④ 버킷의 움직임과 흙의 부하에 따라 변화 있게 대처하여 작업한다.

31 타이어형 로더의 환향 방식과 관계가 없는 것은?

① 유압방식
② 허리꺾기 방식
③ 뒷바퀴 환향방식
④ 환향 클러치 방식

32 타이어식 로더에 차동제한장치가 있을 때의 장점은?

① 변속이 용이하다.
② 충격이 완화된다.
③ 조향이 원활해진다.
④ 미끄러운 노면에서 운행이 용이하다.

33 건설기계관리법령상 건설기계조종사면허를 받지 아니하고 건설기계를 조종한 자에 대한 벌칙은?

① 3년 이하의 징역 또는 3,000만원 이하의 벌금
② 2년 이하의 징역 또는 2,000만원 이하의 벌금
③ 1년 이하의 징역 또는 1,000만원 이하의 벌금
④ 1년 이하의 징역 또는 500만원 이하의 벌금

34 건설기계관리법령상 건설기계 형식신고를 하지 아니할 수 있는 사람은?

① 건설기계를 사용 목적으로 제작하려는 자
② 건설기계를 사용 목적으로 조립하려는 자
③ 건설기계를 사용 목적으로 수입하려는 자
④ 건설기계를 연구개발 목적으로 제작하려는 자

35 건설기계관리법령상 검사소에서 검사를 하여야 하는 건설기계를 해당 건설기계가 위치한 장소에서 검사할 수 있게 하는 요건이 아닌 것은?

① 도서지역에 있는 경우
② 자체중량이 40ton을 초과하거나 축하중이 10ton을 초과하는 경우
③ 너비가 2.5m를 초과하는 경우
④ 최고속도가 60km/h 미만인 경우

36 건설기계관리법령상 다음 설명에 해당하는 건설기계사업은?

> 건설기계를 분해·조립 또는 수리하고 그 부분품을 가공 제작·교체하는 등 건설기계를 원활하게 사용하기 위한 모든 행위를 업으로 하는 것

① 건설기계정비업
② 건설기계제작업
③ 건설기계매매업
④ 건설기계해체재활용업

37 건설기계관리법령상 건설기계를 도로에 계속하여 버려두거나 정당한 사유 없이 타인의 토지에 버려둔 자에 대한 벌칙은?

① 2년 이하의 징역 또는 1,000만원 이하의 벌금
② 1년 이하의 징역 또는 1,000만원 이하의 벌금
③ 200만원 이하의 벌금
④ 100만원 이하의 벌금

38 로더의 작업 중 덤핑 클리어런스가 커지면 나타나는 현상은?

① 적재할 수 있는 길이가 커진다.
② 주행속도가 빨라진다.
③ 버킷을 들어 올리는 높이가 높아진다.
④ 굴착 각도가 커진다.

39 건설기계관리법령상 미등록 건설기계의 임시운행 사유에 해당되지 않는 것은?

① 등록신청을 하기 위하여 건설기계를 등록지로 운행하는 경우
② 등록신청 전에 건설기계 공사를 하기 위하여 임시로 사용하는 경우
③ 수출을 하기 위하여 건설기계를 선적지로 운행하는 경우
④ 신개발 건설기계를 시험·연구의 목적으로 운행하는 경우

40 건설기계관리법령상 건설기계에 대하여 실시하는 검사가 아닌 것은?

① 신규등록검사
② 예비검사
③ 구조변경검사
④ 수시검사

41 유압 작동유의 점도가 너무 높을 때 발생되는 현상은?

① 동력손실 증가
② 오일의 내부 누설 증가
③ 펌프 효율 증가
④ 내부마찰 감소

42 유압장치의 오일탱크에서 펌프 흡입구의 설치에 대한 설명으로 틀린 것은?

① 펌프 흡입구는 반드시 탱크 가장 밑면에 설치한다.
② 펌프 흡입구에는 스트레이너(오일 여과기)를 설치한다.
③ 펌프 흡입구와 탱크로의 귀환구(복귀구) 사이에는 격리판(Baffle Plate)을 설치한다.
④ 펌프 흡입구는 탱크로의 귀환구(복귀구)로부터 가능한 한 먼 위치에 설치한다.

43 유압실린더에 해당하지 않는 것은?

① 단동 실린더
② 복동 실린더
③ 다단 실린더
④ 회전 실린더

44 유압모터의 특징으로 옳지 않은 것은?

① 소형으로 강력한 힘을 낼 수 있다.
② 과부하에 대해 안전하다.
③ 정·역회전 변화가 불가능하다.
④ 무단변속이 용이하다.

45 회로 내 유체의 흐름 방향을 제어하는 데 사용되는 밸브는?

① 교축밸브　　② 셔틀밸브
③ 감압밸브　　④ 순차밸브

46 유압장치에 사용되고 있는 제어밸브가 아닌 것은?

① 방향제어밸브
② 유량제어밸브
③ 스프링제어밸브
④ 압력제어밸브

47 릴리프밸브에서 볼이 밸브의 시트를 때려 소음을 발생시키는 현상은?

① 채터링(Chattering) 현상
② 베이퍼 로크(Vapor Lock) 현상
③ 페이드(Fade) 현상
④ 노킹(Knocking) 현상

48 기어식 유압펌프의 특징이 아닌 것은?

① 구조가 간단하다.
② 유압 작동유의 오염에 비교적 강한 편이다.
③ 플런저펌프에 비해 효율이 떨어진다.
④ 가변용량형 펌프로 적당하다.

49 그림의 유압기호에서 "A" 부분이 나타내는 것은?

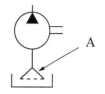

① 오일냉각기
② 스트레이너
③ 가변용량형 유압펌프
④ 가변용량형 유압모터

50 오일의 압력이 낮아지는 원인과 가장 거리가 먼 것은?

① 유압펌프의 성능이 불량할 때
② 오일의 점도가 높아졌을 때
③ 오일의 점도가 낮아졌을 때
④ 계통 내에서 누설이 있을 때

51 벨트 취급 시 안전에 대한 주의사항으로 틀린 것은?

① 벨트에 기름이 묻지 않도록 한다.
② 벨트의 적당한 유격을 유지하도록 한다.
③ 벨트 교환 시 회전이 완전히 멈춘 상태에서 한다.
④ 벨트의 회전을 정지시킬 때 손으로 잡아 정지시킨다.

52 ILO(국제노동기구)의 구분에 의한 근로불능 상해의 종류 중 응급조치 상해는 며칠간 치료를 받은 다음부터 정상 작업에 임할 수 있는 정도의 상해를 의미하는가?

① 1일 미만
② 3~5일
③ 10일 미만
④ 2주 미만

53 다음 중 보호구를 선택할 때의 유의사항으로 틀린 것은?

① 작업 행동에 방해되지 않을 것
② 사용 목적에 구애받지 않을 것
③ 보호구 성능기준에 적합하고 보호 성능이 보장될 것
④ 착용이 용이하고 크기 등이 사용자에게 편리할 것

54 가스용기가 발생기와 분리되어 있는 아세틸렌 용접장치의 안전기 설치위치는?

① 발생기
② 가스용접기
③ 발생기와 가스용기 사이
④ 용접토치와 가스용기 사이

55 다음 중 산업재해 조사의 목적으로 가장 적절한 것은?

① 적절한 예방대책을 수립하기 위하여
② 작업능률 향상과 근로기강 확립을 위하여
③ 재해 발생에 대한 통계를 작성하기 위하여
④ 재해를 유발한 자의 책임을 추궁하기 위하여

56 산업안전보건법령상 안전보건표지의 종류 중 다음 그림에 해당하는 것은?

① 산화성물질 경고
② 인화성물질 경고
③ 폭발성물질 경고
④ 급성독성물질 경고

57 다음 중 산업안전보건기준에 관한 규칙상 폭발성 물질 및 유기과산화물이 아닌 것은?

① 질산에스테르류
② 나이트로화합물
③ 무기화합물
④ 나이트로소화합물

58 기계설비의 위험성 중 접선 물림점(Tangential Point)과 가장 관련이 적은 것은?

① V벨트
② 커플링
③ 체인벨트
④ 기어와 랙

59 작업장에서 전기가 별도의 예고 없이 정전되었을 경우 전기로 작동하던 기계ㆍ기구에 대한 조치방법으로 가장 적합하지 않은 것은?

① 즉시 스위치를 끈다.
② 안전을 위해 작업장을 미리 정리해 놓는다.
③ 퓨즈의 단선 유무를 검사한다.
④ 전기가 들어오는 것을 알기 위해 스위치를 켜 둔다.

60 연삭기의 안전한 사용방법으로 틀린 것은?

① 숫돌 측면 사용을 제한한다.
② 숫돌 덮개 설치 후 작업한다.
③ 보안경과 방진마스크를 사용한다.
④ 숫돌과 받침대 간격을 가능한 한 넓게 유지한다.

01 특별표지판 부착 대상인 대형건설기계가 아닌 것은?

① 길이가 15m인 건설기계
② 너비가 2.8m인 건설기계
③ 높이가 6m인 건설기계
④ 총중량이 45ton인 건설기계

02 건설기계의 구조변경 가능 범위에 속하지 않는 것은?

① 수상작업용 건설기계 선체의 형식변경
② 적재함의 용량증가를 위한 변경
③ 건설기계의 깊이, 너비, 높이 변경
④ 조종장치의 형식변경

03 건설기계 운전자가 조종 중 고의로 인명피해를 입히는 사고를 일으켰을 때 면허처분 기준은?

① 면허취소
② 면허효력정지 30일
③ 면허효력정지 20일
④ 면허효력정지 10일

04 건설기계 등록번호표의 표시내용이 아닌 것은?

① 기 종
② 등록번호
③ 용 도
④ 장비 연식

05 성능이 불량하거나 사고가 자주 발생하는 건설기계의 안전성 등을 점검하기 위하여 실시하는 심사는?

① 예비검사   ② 구조변경검사
③ 수시검사   ④ 정기검사

06 건설기계를 등록 전에 임시로 운행할 수 있는 사유가 아닌 것은?

① 장비 구입 전 이상 유무 확인을 위해 1일간 예비 운행을 하는 경우
② 등록신청을 하기 위하여 건설기계를 등록지로 운행하는 경우
③ 수출을 하기 위하여 건설기계를 선적지로 운행하는 경우
④ 신개발 건설기계를 시험·연구의 목적으로 운행하는 경우

07 커먼레일 디젤엔진의 연료장치 시스템에서 출력요소는?

① 공기 유량 센서
② 인젝터
③ 엔진 ECU
④ 브레이크 스위치

08 기동전동기 구성품 중 자력선을 형성하는 것은?

① 전기자　　　② 계자코일
③ 슬립 링　　　④ 브러시

09 디젤엔진의 예열장치에서 코일형 예열플러그와 비교했을 때 실드형 예열플러그의 특징이 아닌 것은?

① 발열량이 크고 열용량도 크다.
② 예열플러그들 사이의 회로는 병렬로 결선되어 있다.
③ 기계적 강도 및 가스에 의한 부식에 약하다.
④ 예열플러그 하나가 단선되어도 나머지는 작동된다.

10 엔진오일이 연소실로 올라오는 주된 이유는?

① 피스톤링 마모
② 피스톤핀 마모
③ 커넥팅로드 마모
④ 크랭크축 마모

11 4행정 엔진에서 1사이클을 완료할 때 크랭크축은 몇 회전하는가?

① 1회전　　　② 2회전
③ 3회전　　　④ 4회전

12 축전지의 전해액으로 알맞은 것은?

① 순수한 물
② 과산화납
③ 해면상납
④ 묽은 황산

13 디젤엔진 연료여과기에 설치된 오버플로밸브(Overflow Valve)의 기능이 아닌 것은?

① 여과기 각 부분 보호
② 연료공급펌프 소음 발생 억제
③ 운전 중 공기 배출 작용
④ 인젝터의 연료 분사시기 제어

14 교류발전기의 다이오드가 하는 역할은?

① 전류를 조정하고, 교류를 정류한다.
② 전압을 조정하고, 교류를 정류한다.
③ 교류를 정류하고, 역류를 방지한다.
④ 여자전류를 조정하고, 역류를 방지한다.

15 라디에이터(Radiator)에 대한 설명으로 틀린 것은?

① 라디에이터의 재료로는 대개 알루미늄 합금이 사용된다.
② 단위면적당 방열량이 커야 한다.
③ 냉각효율을 높이기 위해 방열판이 설치된다.
④ 공기 흐름저항이 커야 냉각효율이 높다.

16 디젤엔진의 연소실 중 연료소비율이 낮으며, 연소 압력이 가장 높은 연소실 형식은?

① 예연소실식
② 와류실식
③ 직접분사실식
④ 공기실식

17 유압장치에서 방향제어밸브에 대한 설명으로 틀린 것은?

① 유체의 흐름 방향을 변환한다.
② 액추에이터의 속도를 제어한다.
③ 유체의 흐름 방향을 한쪽으로 허용한다.
④ 유압실린더나 유압모터의 작동 방향을 바꾸는 데 사용된다.

18 유압펌프의 작동 중에 소음이 발생할 때의 원인으로 틀린 것은?

① 펌프 축의 편심 오차가 크다.
② 펌프 흡입관 접합부로부터 공기가 유입되었다.
③ 릴리프밸브 출구에서 오일이 배출되고 있다.
④ 스트레이너가 막혀 흡입용량이 너무 작아졌다.

19 자체중량에 의한 자유낙하 등을 방지하기 위하여 회로에 배압을 유지하는 밸브는?

① 감압밸브
② 체크밸브
③ 릴리프밸브
④ 카운터밸런스밸브

20 다음 유압기호가 나타내는 것은?

① 릴리프밸브
② 감압밸브
③ 순차밸브
④ 무부하밸브

21 유압모터의 종류에 포함되지 않는 것은?

① 기어형   ② 베인형
③ 플런저형   ④ 터빈형

22 유압장치에 사용되는 오일 실(Seal)의 종류 중 O링이 갖추어야 할 조건은?

① 체결력이 작을 것
② 압축변형이 적을 것
③ 작동 시 마모가 클 것
④ 오일의 출입이 가능할 것

23 유압장치에서 작동 및 움직임이 있는 곳의 연결관으로 적합한 것은?

① 플렉시블 호스
② 구리 파이프
③ 강 파이프
④ PVC 호스

24 건설기계의 유압장치를 가장 정확히 표현한 것은?

① 오일을 이용하여 전기를 생산하는 것
② 기체를 액체로 전환시키기 위해 압축하는 것
③ 오일의 연소에너지를 통해 동력을 생산하는 것
④ 오일의 유체에너지를 이용하여 기계적인 일을 하는 것

25 유압계통에 사용되는 오일의 점도가 너무 낮을 경우 나타날 수 있는 현상이 아닌 것은?

① 시동 저항 증가
② 펌프 효율 저하
③ 오일 누설 증가
④ 유압회로 내 압력 저하

26 제동 유압장치의 작동원리는 어느 이론에 바탕을 둔 것인가?

① 열역학 제1법칙
② 보일의 법칙
③ 파스칼의 원리
④ 가속도 법칙

27 전기기기에 의한 감전사고를 막기 위하여 필요한 설비는?

① 접지설비
② 방폭등 설비
③ 고압계 설비
④ 대지 전위 상승 설비

28 유류화재 시 소화방법으로 부적절한 것은?

① 모래를 뿌린다.
② 다량의 물을 부어 끈다.
③ ABC소화기를 사용한다.
④ B급 화재 소화기를 사용한다.

29 소화 작업의 기본요소가 아닌 것은?

① 가연물질을 제거하면 된다.
② 산소를 차단하면 된다.
③ 점화원을 제거하면 된다.
④ 연료를 기화시키면 된다.

30 밀폐된 공간에서 엔진을 가동할 때 가장 주의해야 할 사항은?

① 소음으로 인한 추락
② 배출가스 중독
③ 진동으로 인한 직업병
④ 작업시간

31 벨트를 교체하기에 가장 알맞은 엔진의 상태는?

① 고속 상태
② 중속 상태
③ 저속 상태
④ 정지 상태

32 진동장해의 예방대책이 아닌 것은?

① 실외작업을 한다.
② 저진동 공구를 사용한다.
③ 진동업무를 자동화한다.
④ 방진장갑과 귀마개를 착용한다.

33 화재 및 폭발의 우려가 있는 가스발생장치 작업장에서 지켜야 할 사항으로 맞지 않는 것은?

① 불연성 재료 사용금지
② 화기 사용금지
③ 인화성물질 사용금지
④ 점화원이 될 수 있는 기재 사용금지

34 해머작업 시 주의사항으로 틀린 것은?

① 장갑을 끼지 않는다.
② 작업에 알맞은 무게의 해머를 사용한다.
③ 해머는 처음부터 힘차게 때린다.
④ 자루가 단단한 것을 사용한다.

35 다음 중 드라이버 사용방법으로 틀린 것은?

① 날 끝 홈의 폭과 깊이가 같은 것을 사용한다.
② 전기 작업 시 자루는 모두 금속으로 되어 있는 것을 사용한다.
③ 날 끝이 수평이어야 하며, 둥글거나 빠진 것은 사용하지 않는다.
④ 작은 공작물이라도 한 손으로 잡지 않고 바이스 등으로 고정하고 사용한다.

36 붐 킥아웃 장치(Boom Kickout System)의 기능으로 맞는 것은?

① 붐 실린더의 상승과 하강이 자유로워진다.
② 작업능률과 안전성을 향상시킨다.
③ 붐의 최저 위치가 자동으로 조정된다.
④ 붐이 상승하다가 일정하게 지정된 위치에서 자동으로 하강한다.

37 로더로 토사깎기 작업을 할 때 버킷의 각도로 가장 효과적인 것은?

① 20° 정도 전경시킨 각
② 30° 정도 전경시킨 각
③ 버킷과 지면이 수평으로 나란하게
④ 90° 직각을 이룬 전경각과 후경을 교차로

38 타이어식 건설기계에서 전후 주행이 되지 않을 때 점검하여야 할 곳으로 틀린 것은?

① 타이로드 엔드를 점검한다.
② 변속장치를 점검한다.
③ 유니버설 조인트를 점검한다.
④ 주차 브레이크 잠김 여부를 점검한다.

39 산업안전보건법령상 안전보건표지에서 색채와 용도가 다르게 짝지어진 것은?

① 파란색 : 지시
② 녹색 : 안내
③ 노란색 : 위험
④ 빨간색 : 금지, 경고

40 로더로 지면고르기 작업 시 한 번의 고르기를 마친 후 장비를 몇 도(°) 회전시켜서 반복하는 것이 가장 좋은가?

① 25°　　　　② 45°
③ 90°　　　　④ 180°

41 유압장치의 정상적인 작동을 위한 일상점검 방법으로 옳은 것은?

① 유압 컨트롤밸브의 세척 및 교환
② 오일량 점검 및 필터의 교환
③ 유압펌프의 점검 및 교환
④ 오일냉각기의 점검 및 세척

42 건설기계조종사면허가 취소되거나 효력정지처분을 받은 후에도 건설기계를 계속하여 조종한 자에 대한 벌칙은?

① 과태료 50만원
② 1년 이하의 징역 또는 1,000만원 이하의 벌금
③ 취소기간 연장 조치
④ 조종사면허 취득 절대 불가

43 유압에너지의 저장, 충격 흡수 등에 이용되는 것은?

① 축압기(Accumulator)
② 스트레이너(Strainer)
③ 펌프(Pump)
④ 오일탱크(Oil Tank)

44 건설기계사업을 영위하고자 하는 자는 누구에게 등록하여야 하는가?

① 시장·군수 또는 구청장
② 전문건설기계정비업자
③ 국토교통부장관
④ 건설기계해체재활용업자

45 최고주행속도가 15km/h 미만인 타이어식 건설기계가 갖추지 않아도 되는 조명장치는?

① 전조등   ② 번호등
③ 후부반사판   ④ 제동등

46 유압장치에서 기어모터에 대한 설명 중 잘못된 것은?

① 내부 누설이 적어 효율이 높다.
② 구조가 간단하고, 가격이 저렴하다.
③ 일반적으로 스퍼기어를 사용하나 헬리컬기어도 사용한다.
④ 유압유에 이물질이 혼합되어도 고장 발생이 적다.

47 건설기계관리법상 소형건설기계로 맞는 것은?

① 5ton 미만 지게차
② 5ton 미만 굴착기
③ 5ton 미만 로더
④ 5ton 미만 타워크레인

48 신개발 시험, 연구 목적 운행을 제외한 건설기계의 임시운행기간은 며칠 이내인가?

① 5일   ② 10일
③ 15일   ④ 20일

49 로더를 이용한 상차작업 방법으로 옳지 않은 것은?

① 직·후진법(I형)
② 좌우 옆으로 진입방법(N형)
③ 90° 회전법(T형)
④ 45° 상차법(V형)

52 타이어식 로더에 차동기 고정장치가 있을 때의 장점은?

① 충격이 완화된다.
② 연약한 지반에서 작업이 유리해진다.
③ 조향이 원활해진다.
④ 변속이 용이해진다.

50 펌프가 오일을 토출하지 않을 때의 원인으로 틀린 것은?

① 오일탱크의 유면이 낮다.
② 흡입관으로 공기가 유입된다.
③ 토출 측 배관 체결 볼트가 이완되었다.
④ 오일이 부족하다.

53 풀리에 벨트를 걸거나 벗길 때 안전하게 하기 위한 작동상태는?

① 중속인 상태
② 정지한 상태
③ 역회전 상태
④ 고속인 상태

51 유압이 진공에 가까워져 기포가 생기고, 이로 인해 국부적인 고압이나 소음이 발생하는 현상은?

① 캐비테이션 현상
② 시효경화 현상
③ 맥동 현상
④ 오리피스 현상

54 유압장치에서 금속 가루 또는 불순물을 제거하기 위해 사용되는 부품으로 짝지어진 것은?

① 여과기와 어큐뮬레이터
② 스크레이퍼와 필터
③ 필터와 스트레이너
④ 어큐뮬레이터와 스트레이너

55 가스용접 시 사용되는 산소용 호스는 어떤 색인가?

① 적 색
② 황 색
③ 녹 색
④ 청 색

56 소화설비 선택 시 고려하여야 할 사항이 아닌 것은?

① 작업의 성질
② 작업자의 성격
③ 화재의 성질
④ 작업장의 환경

57 로더작업 중 이동할 때 버킷을 완전히 복귀시킨 후 지면에서 약 몇 cm 정도로 유지해 주행하여야 하는가?

① 30cm
② 60cm
③ 100cm
④ 150cm

58 로더의 시간당 작업량 증대방법으로 옳지 않은 것은?

① 로더의 버킷 용량이 큰 것을 사용한다.
② 굴착작업이 수반되지 않을 때에는 무한 궤도식 로더를 사용한다.
③ 현장조건에 적합한 적재방법을 선택하도록 한다.
④ 운반기계의 진입, 회전 및 로더의 적재 작업 시에 지장이 없도록 한다.

59 유압장치의 설명으로 맞는 것은?

① 물을 이용해서 전기적인 장점을 이용한 것
② 대용량의 화물을 들어 올리기 위해 기계적인 장점을 이용한 것
③ 기계를 압축시켜 액체의 힘을 모은 것
④ 액체의 압력을 이용하여 기계적인 일을 시키는 것

60 무한궤도식 로더에서 하부구동장치의 점검 및 정비 조치사항으로 적합하지 않은 것은?

① 트랙 슈의 마모가 심하면 교환해야 한다.
② 스프로킷의 균열이 있을 시 교환해야 한다.
③ 트랙의 장력이 느슨하면 그리스를 주입하여 조절한다.
④ 트랙의 장력이 너무 팽팽하면 벗겨질 위험이 있기 때문에 조정해야 한다.

⟳ 정답 및 해설 p.207

01 부동액의 주요 성분이 될 수 없는 것은?

① 그리스
② 글리세린
③ 메탄올
④ 에틸렌글리콜

02 분사노즐의 요구조건으로 틀린 것은?

① 고온, 고압의 가혹한 조건에서 장기간 사용할 수 있을 것
② 분무를 연소실의 구석구석까지 뿌려지게 할 것
③ 연료의 분사 끝에서 후적이 일어나게 할 것
④ 연료를 미세한 안개 모양으로 분사하여 쉽게 착화하게 할 것

03 실린더 벽이 마멸되었을 때 발생되는 현상은?

① 엔진의 회전수가 증가한다.
② 오일의 소모량이 증가한다.
③ 열효율이 증가한다.
④ 폭발압력이 증가한다.

04 엔진 과열의 주요 원인이 아닌 것은?

① 라디에이터 코어의 막힘
② 냉각장치 내부의 물때 과다
③ 냉각수의 부족
④ 오일량 과다

05 배기터빈 과급기에서 터빈축의 베어링에 급유하는 방법으로 맞는 것은?

① 그리스로 윤활
② 엔진오일로 급유
③ 오일리스 베어링 사용
④ 기어오일을 급유

06 점도지수가 큰 오일의 온도변화에 따른 점도변화는?

① 크다.

② 작다.

③ 불변이다.

④ 온도와 점도관계는 무관하다.

07 디젤엔진에서 연료라인에 공기가 혼입되었을 때 현상으로 맞는 것은?

① 분사압력이 높아진다.

② 디젤 노크가 일어난다.

③ 연료 분사량이 많아진다.

④ 엔진 부조 현상이 발생된다.

08 디젤엔진에서 흡입공기 압축 시 압축온도는 약 얼마인가?

① 200~300℃

② 500~550℃

③ 1,500~2,000℃

④ 900~950℃

09 건설기계 정비에서 엔진을 시동한 후 정상 운전 가능 상태를 확인하기 위해 운전자가 가장 먼저 점검해야 할 것은?

① 속도계

② 엔진오일량

③ 냉각수 온도계

④ 오일 압력계

10 엔진을 점검하는 요소 중 디젤엔진과 관계 없는 것은?

① 예열장치

② 점화장치

③ 연료장치

④ 압축장치

11 노킹이 발생되었을 때 디젤엔진에 미치는 영향이 아닌 것은?

① 엔진의 rpm이 높아진다.
② 연소실 온도가 상승된다.
③ 엔진에 손상이 발생할 수 있다.
④ 출력이 저하된다.

12 엔진의 시동을 보조하는 장치가 아닌 것은?

① 실린더의 감압장치
② 히트레인지
③ 과급장치
④ 공기 예열장치

13 건설기계에서 윈드실드 와이퍼를 작동시키는 형식으로 가장 일반적으로 사용하는 것은?

① 압축공기식　② 기계식
③ 진공식　④ 전기식

14 다음 중 교류발전기의 부품이 아닌 것은?

① 다이오드
② 슬립 링
③ 스테이터 코일
④ 전류조정기

15 축전지의 자기방전 원인이 아닌 것은?

① 전해액에 포함된 불순물이 국부전지를 구성하기 때문에
② 탈락한 극판 작용물질이 축전지 내부에 퇴적되기 때문에
③ 음극판의 작용물질이 황산과의 화학작용으로 황산납이 되기 때문에
④ 전해액의 양이 많아짐에 따라 용량이 커지기 때문에

16 축전지에 관한 설명으로 옳은 것은?

① 전해액이 자연 감소된 축전지의 경우 증류수를 보충하면 된다.
② 축전지의 방전이 계속되면 전압은 낮아지고 전해액의 비중은 높아지게 된다.
③ 축전지의 용량을 크게 하려면 별도의 축전지를 직렬로 연결하면 된다.
④ 축전지를 보관할 때에는 되도록 방전시키는 것이 좋다.

17 전류의 자기작용을 응용한 것은?

① 전 구   ② 축전지
③ 예열플러그   ④ 발전기

18 시동스위치를 시동(ST)위치로 했을 때 솔레노이드 스위치는 작동되나 기동전동기는 작동되지 않는 원인과 관계 없는 것은?

① 축전지 방전
② 시동스위치 불량
③ 엔진 내부 피스톤 고착
④ 기동전동기 브러시 손상

19 튜브리스타이어의 장점이 아닌 것은?

① 펑크 수리가 간단하다.
② 못이 박혀도 공기가 잘 새지 않는다.
③ 고속주행하여도 발열이 적다.
④ 타이어 수명이 길다.

20 휠 로더의 휠 허브에 있는 유성기어장치에서 유성기어가 핀과 용착되었을 때 일어날 수 있는 현상은?

① 바퀴의 회전속도가 빨라진다.
② 바퀴의 회전속도가 늦어진다.
③ 바퀴가 돌지 않는다.
④ 관계 없다.

21 타이어형 로더에서 타이어의 과마모를 일으키는 운전방법이 아닌 것은?

① 부하를 걸지 않은 주행
② 빈번한 급출발과 급제동
③ 과도한 브레이크를 사용
④ 도랑 등 홈이 파인 곳에 타이어 측면이 닿은 상태로 작업

22 자동변속기가 장착된 건설기계에서 엔진은 회전하나 장비가 움직이지 않을 때 점검사항으로 옳지 않은 것은?

① 트랜스미션의 에어브리더 점검
② 트랜스미션의 오일량 점검
③ 변속레버(인히비터 스위치) 점검
④ 컨트롤밸브의 오일 압력 점검

23 로더의 에어컴프레서 내 순환오일은 무슨 오일인가?

① 기어오일
② 유압오일
③ 엔진오일
④ 미션오일

24 수송식 변속기가 장착된 장비에서 클러치 페달에 유격을 두는 이유는?

① 클러치 용량을 크게 하기 위해
② 클러치의 미끄럼을 방지하기 위해
③ 엔진 출력을 증가시키기 위해
④ 제동 성능을 증가시키기 위해

25 로더의 상차작업 방법이 아닌 것은?

② 직·후진법(I형)
② 45° 상차법(V형)
③ 90° 회전법(T형)
④ 좌우 옆으로 진입 방법(N형)

26 다음 중 엔진오일이 많이 소비되는 원인이 아닌 것은?

① 피스톤링의 마모가 심할 때
② 실린더의 마모가 심할 때
③ 엔진의 압축압력이 높을 때
④ 밸브가이드의 마모가 심할 때

27 건설기계검사의 종류가 아닌 것은?

① 신규등록검사
② 정기검사
③ 구조변경검사
④ 예비검사

28 브레이크 페달을 밟았을 때 변속 클러치가 떨어져 엔진의 동력이 차축까지 전달되지 않게 하는 장치는?

① 덤핑 클리어런스
② 메인 컨트롤밸브
③ 킥아웃 장치
④ 클러치 컷오프 밸브

29 시 · 도지사는 수시검사를 명령하고자 하는 때에는 수시검사 명령의 이행을 위한 검사의 신청기간을 며칠 이내로 정하여야 하는가?

① 15일   ② 31일
③ 10일   ④ 2월

30 국토교통부장관이 실시하는 정기검사에 불합격된 건설기계의 정비명령은 누구에게 하여야 하는가?

① 해당 건설기계의 운전자
② 해당 건설기계의 검사업자
③ 해당 건설기계의 정비업자
④ 해당 건설기계의 소유자

31 건설기계 조종 중 재산피해를 일으켰을 때 피해금액 50만원마다 면허 효력정지기간은 며칠인가?

① 1일   ② 2일
③ 3일   ④ 4일

32 로더의 작업장치와 관계없는 것은?

① 리프터 암
② 아우트리거
③ 스켈리턴 버킷
④ 킥아웃 장치

33 로더의 기능에 대한 설명으로 옳지 않은 것은?

① 유압실린더의 귀환(복귀)행정이 느릴 때의 원인은 유압제어밸브의 작동 불량이다.
② 버킷 레벨러(Bucket Leveller)의 역할은 거버너의 작용을 돕는 것이다.
③ 붐 실린더는 붐의 상승, 하강을 담당한다.
④ 버킷 실린더는 버킷의 당김과 덤프 작용을 해 준다.

34 타이어식 건설기계에서 차동장치 설치목적으로 맞는 것은?

① 선회할 때 반부동식 축이 바깥쪽 바퀴에 힘을 주도록 하기 위해서이다.
② 기어조작을 쉽게 하기 위해서이다.
③ 선회할 때 양쪽 바퀴의 회전이 동일하게 작용되도록 하기 위해서이다.
④ 선회할 때 바깥쪽 바퀴의 회전속도를 안쪽 바퀴보다 빠르게 하기 위해서이다.

35 다음 중 건설기계 임시운행 사유가 아닌 것은?

① 확인검사를 받기 위하여 건설기계를 검사장소로 운행하는 경우
② 신규등록검사를 받기 위하여 건설기계를 검사장소로 운행하는 경우
③ 신개발 건설기계를 시험, 연구의 목적으로 운행하는 경우
④ 건설기계형식승인을 받고자 할 때

36 건설기계사업을 영위하고자 하는 자는 누구에게 신고하여야 하는가?

① 시장·군수 또는 구청장
② 전문건설기계정비업자
③ 국토교통부장관
④ 건설기계해체재활용업자

37 유압펌프의 흡입구에서 캐비테이션을 방지하기 위한 방법으로 적절하지 않은 것은?

① 흡입구의 양정을 1m 이하로 한다.
② 흡입관의 굵기를 유압 본체 연결구의 크기와 같은 것으로 사용한다.
③ 펌프의 운전속도를 규정 속도 이상으로 하지 않는다.
④ 하이드롤릭 실린더에 부하가 걸리지 않도록 한다.

38 다음 중 유압실린더의 내부 구성품이 아닌 것은?

① 피스톤   ② 쿠션 기구
③ 유압밴드 ④ 실린더

39 가변용량형 유압펌프의 기호 표시는?

①   ②
③   ④ ⊟

40 밀폐된 액체의 일부에 힘을 가했을 때 작용 양상으로 맞는 것은?

① 모든 부분에 같게 작용한다.
② 모든 부분에 다르게 작용한다.
③ 홈 부분에만 세게 작용한다.
④ 돌출부에는 세게 작용한다.

41 작업 중 유압펌프 유량이 필요하지 않게 되었을 때 오일을 저압으로 탱크에 귀환시키는 회로는?

① 시퀀스 회로
② 어큐뮬레이션 회로
③ 블리드오프 회로
④ 언로드 회로

42 다음의 보기에서 유압계통에 사용되는 오일의 점도가 너무 낮을 경우 나타날 수 있는 현상을 모두 고른 것은?

┌─보기─────────────────────────┐
ㄱ. 펌프 효율 저하
ㄴ. 실린더 및 컨트롤밸브에서 누출 현상
ㄷ. 계통(회로) 내의 압력 저하
ㄹ. 기동 시 저항 증가
└──────────────────────────────┘

① ㄱ, ㄴ, ㄷ
② ㄱ, ㄴ, ㄹ
③ ㄱ, ㄷ, ㄹ
④ ㄴ, ㄷ, ㄹ

43 유압장치 내의 압력을 일정하게 유지하고, 최고압력을 제한하며 회로를 보호해 주는 밸브는?

① 릴리프밸브
② 체크밸브
③ 제어밸브
④ 로터리밸브

44 유량제어밸브가 아닌 것은?

① 속도제어밸브
② 체크밸브
③ 교축밸브
④ 급속배기밸브

45 유압장치에 사용되는 것으로 회전운동을 하는 것은?

① 유압실린더
② 유압 피스톤펌프
③ 유압모터
④ 축압기

46 유압장치에서 오일탱크의 구비조건이 아닌 것은?

① 유면은 적정위치 "F"에 가깝게 유지하여야 한다.
② 발생한 열을 발산할 수 있어야 한다.
③ 공기 및 이물질을 오일로부터 분리할 수 있어야 한다.
④ 탱크의 크기가 정지할 때 되돌아오는 오일량의 용량과 동일하게 한다.

47 작업환경 개선과 가장 거리가 먼 것은?

① 채광을 좋게 한다.
② 조명을 밝게 한다.
③ 신품의 부품으로 모두 교환한다.
④ 소음을 줄인다.

48 작업장에서 수공구 재해 예방대책으로 잘못된 사항은?

① 결함이 없는 안전한 공구 사용
② 공구의 올바른 사용과 취급
③ 공구는 항상 오일을 바른 후 보관
④ 작업에 알맞은 공구 사용

49 기동하고 있는 원동기에서 화재가 발생하였다. 그 소화 작업으로 가장 먼저 취해야 할 안전한 방법은?

① 원인분석을 하고, 모래를 뿌린다.
② 경찰에 신고한다.
③ 점화원을 차단한다.
④ 원동기를 가소하여 팬의 바람을 끈다.

50 일반 작업환경에서 지켜야 할 안전사항으로 맞지 않는 것은?

① 안전모를 착용한다.
② 해머는 반드시 장갑을 끼고 작업한다.
③ 주유 시에는 시동을 끈다.
④ 고압 전기에는 적색 표지판을 부착한다.

51 렌치 작업 시 주의사항으로 틀린 것은?

① 너트보다 큰 치수를 사용한다.
② 너트에 렌치를 깊이 물린다.
③ 높거나 좁은 위치에서는 몸의 자세가 안정되게 하고 작업한다.
④ 렌치를 해머로 두드려서는 안 된다.

52 작업 시 보안경을 반드시 사용해야 하는 장소로 적합하지 않은 것은?

① 장비 밑에서 정비작업을 할 때
② 인체에 해로운 가스가 발생하는 작업장
③ 철분, 모래 등이 날리는 작업장
④ 전기용접 및 가스용접 작업장

53 벨트를 풀리에 걸 때는 어떤 상태에서 걸어야 하는가?

① 회전을 정지시킨 때
② 저속으로 회전할 때
③ 중속으로 회전할 때
④ 고속으로 회전할 때

54 안전사고 발생의 원인이 아닌 것은?

① 적합한 공구를 사용하지 않았을 때
② 안전장치 및 보호장치가 올바르게 되어 있지 않을 때
③ 정리정돈 및 조명장치가 올바르게 되어 있지 않을 때
④ 기계 및 장비가 넓은 장소에 설치되어 있을 때

55 사고의 직접원인으로 가장 적합한 것은?

① 유전적인 요소
② 성격 결함
③ 사회·환경적 요인
④ 불안전한 행동 및 상태

56 안전관리상 건설 현장에 부착할 안전표지의 종류로 가장거리가 먼 것은?

① 경고표지
② 금지표지
③ 안내표지
④ 구역표시

57 한전에서 고압 이상의 전선로에 대하여 안전거리를 규정하고 있다. 다음 중 154,000V 의 송전선로에 대한 안전거리로서 올바른 것은?

① 350cm
② 160cm
③ 75cm
④ 30cm

58 도시가스 관련법상 공동주택 등 외의 건축물 등에 가스를 공급하는 경우 정압기에서 가스사용자가 소유하거나 점유하는 건축물의 외벽에 설치하는 계량기의 전단밸브까지 이르는 배관을 무엇이라고 하는가?

① 본 관   ② 주 관
③ 공급관   ④ 내 관

59 도로에 굴착작업 중 케이블 표시시트가 발견되었을 때 조치방법으로 가장 적절한 것은?

① 해당 설비관리자에게 연락 후 그 지시를 따른다.
② 케이블 표지시트를 걷어 내고 계속 작업한다.
③ 시설관리자에게 연락하지 않고 조심해서 작업한다.
④ 케이블 표지시트는 전력케이블과는 무관하다.

60 도시가스배관을 공동주택의 부지 내에 매설 시 규정심도는 몇 m 이상인가?

① 0.6   ② 0.8
③ 1   ④ 1.2

↻ 정답 및 해설 p.212

01 디젤엔진의 시동보조장치에 사용되는 디컴프(De-comp)의 기능 설명으로 틀린 것은?

① 엔진의 출력을 증대하는 장치이다.
② 한랭 시 시동할 때 원활한 회전으로 시동이 잘될 수 있도록 하는 역할을 하는 장치이다.
③ 엔진의 시동을 정지할 때 사용될 수 있다.
④ 기동전동기에 무리가 가는 것을 예방하는 효과가 있다.

02 윤활장치의 목적에 해당되지 않는 것은?

① 냉각작용
② 방청작용
③ 윤활작용
④ 연소작용

03 디젤엔진에서 발생하는 진동원인이 아닌 것은?

① 프로펠러 샤프트의 불균형
② 분사시기의 불균형
③ 분사량의 불균형
④ 분사압력의 불균형

04 디젤엔진에 공급하는 연료의 압력을 높이는 것으로 조속기와 분사시기를 조절하는 장치가 설치되어 있는 것은?

① 유압펌프
② 프라이밍펌프
③ 연료분사펌프
④ 플런저펌프

05 엔진 과열의 원인이 아닌 것은?

① 히터스위치의 고장
② 수온조절기의 고장
③ 헐거워진 냉각팬 벨트
④ 물 통로 내의 물때(Scale)

06 건식 공기청정기의 효율저하를 방지하기 위한 방법으로 가장 적합한 것은?

① 기름으로 닦는다.
② 마른걸레로 닦아야 한다.
③ 압축공기로 먼지 등을 털어 낸다.
④ 물로 깨끗이 세척한다.

07 디젤엔진의 연료 분사노즐에서 섭동면의 윤활은 무엇으로 하는가?

① 윤활유
② 연 료
③ 그리스
④ 기어오일

08 디젤엔진에서 압축압력이 저하되는 가장 큰 원인은?

① 냉각수 부족
② 엔진오일 과다
③ 기어오일의 열화
④ 피스톤링의 마모

09 엔진에 사용되는 오일여과기에 대한 사항으로 틀린 것은?

① 여과기가 막히면 유압이 높아진다.
② 엘리먼트 청소는 압축공기를 사용한다.
③ 여과능력이 불량하면 부품의 마모가 빠르다.
④ 작업조건이 나쁘면 교환시기를 빨리 한다.

10 디젤엔진을 시동시킨 후 충분한 시간이 지났는데도 냉각수 온도가 정상적으로 상승하지 않을 경우 그 고장원인이 될 수 있는 것은?

① 냉각팬 벨트의 헐거움
② 수온조절기 고장
③ 워터펌프 고장
④ 라디에이터 코어 막힘

11 열에너지를 기계적 에너지로 변환시켜 주는 장치는?

① 펌 프   ② 모 터
③ 엔 진   ④ 밸 브

12 동력전달 계통의 순서를 바르게 나타낸 것은?

① 피스톤→커넥팅로드→클러치→크랭크축

② 피스톤→클러치→크랭크축→커넥팅로드

③ 피스톤→크랭크축→커넥팅로드→클러치

④ 피스톤→커넥팅로드→크랭크축→클러치

14 일반적으로 축전지 터미널의 식별법으로 적합하지 않은 것은?

① (+), (−)의 표시로 구분한다.

② 터미널의 요철로 구분한다.

③ 굵고 가는 것으로 구분한다.

④ 적색과 흑색으로 구분한다.

15 디젤엔진에만 해당되는 회로는?

① 예열플러그 회로

② 시동회로

③ 충전회로

④ 등화회로

13 예연소실식 디젤엔진에서 연소실 내의 공기를 직접 예열하는 방식은?

① 맵 센서식

② 예열플러그식

③ 공기량 계측기식

④ 흡기가열식

16 교류발전기(Alternator)의 특징이 아닌 것은?

① 소형·경량이다.

② 출력이 크고, 고속회전에 잘 견딘다.

③ 불꽃 발생으로 인한 소음이 크다.

④ 컷아웃 릴레이 및 전류제한기를 필요로 하지 않는다.

17 로더작업 중 이동할 때 버킷의 높이는 지면에서 약 몇 m 정도로 유지해야 하는가?

① 0.1 　　② 0.6
③ 1 　　　④ 1.5

18 실드빔식 전조등에 대한 설명으로 맞지 않는 것은?

① 대기 조건에 따라 반사경이 흐려지지 않는다.
② 내부에 불활성가스가 들어 있다.
③ 사용에 따른 광도의 변화가 적다.
④ 필라멘트를 갈아 끼울 수 있다.

19 타이어식 건설기계에서 조향바퀴의 토인을 조정하는 곳은?

① 핸 들
② 타이로드
③ 웜 기어
④ 드래그 링크

20 동력전달장치에서 추진축의 밸런스 웨이트에 대한 설명으로 맞는 것은?

① 추진축의 비틀림을 방지한다.
② 변속조작 시 변속을 용이하게 한다.
③ 추진축의 회전수를 높인다.
④ 추진축의 회전 시 진동을 방지한다.

21 수동변속기가 설치된 건설기계에서 클러치가 미끄러지는 원인으로 가장 거리가 먼 것은?

① 클러치 페달의 자유간극 과소
② 압력판의 마멸
③ 클러치판에 오일 부착
④ 클러치판의 런아웃 과다

22 타이어형 로더를 운전할 때 주의사항으로 틀린 것은?

① 새로 구축한 구조물과 가까운 부분은 연약지반이므로 주의한다.
② 경사지를 내려갈 때에는 변속레버를 저속으로 하고 주행한다.
③ 로더를 작업 받침판이나 작업 플랫폼으로 사용하지 않는다.
④ 토사를 적재한 버킷은 항상 최대한 앞으로 기울이고 위치를 낮추고 운반한다.

23 로더의 시간당 작업량 증대 방법에 대한 설명 중 옳지 않은 것은?

① 로더의 버킷 용량이 큰 것을 사용한다.
② 굴삭작업이 수반되지 않을 때에는 무한 궤도식 로더를 사용한다.
③ 현장조건에 적합한 적재방법을 선택한다.
④ 운반기계의 진입, 회전 및 로더의 적재 작업 시에 지장이 없도록 한다.

24 로더 버킷에 토사를 채울 때 버킷은 지면과 어떻게 놓고 시작하는 것이 좋은가?

① 45° 경사지게 한다.
② 평행하게 한다.
③ 상향으로 한다.
④ 하향으로 한다.

25 로더의 토사깎기 작업방법으로 잘못된 것은?

① 특수 상황 외에는 항상 로더가 평행이 되도록 한다.
② 로더의 무게가 버킷과 함께 작용되도록 한다.
③ 깎이는 깊이 조정은 붐을 약간 상승시키거나 버킷을 복귀시켜서 한다.
④ 버킷의 각도는 35~45°로 깎기 시작하는 것이 좋다.

26 트랙의 구성부품이 아닌 것은?

① 슈 판　　② 스윙기어
③ 링 크　　④ 핀

27 로더의 기능과 작업에 대한 설명으로 틀린 것은?

① 굴삭작업이란 적재, 운반, 투입을 연속적으로 하는 작업이다.
② 로더작업 시 붐을 하강시키려면 조종레버를 밀고, 상승시키려면 당긴다.
③ 붐과 버킷 레버를 동시에 당기면 붐은 상승하고 버킷은 오므려진다.
④ 덤핑 클리어런스는 적재함보다 높아야 한다.

28 로더의 상차작업 중 90° 회전법의 설명으로 틀린 것은?

① 협소한 장소에서 작업 시 이용된다.

② I형과 V형에 비해 작업 효율이 떨어진다.

③ 연약지반에서 대형 로더가 작업할 때 주로 이용된다.

④ 로더가 90° 선회를 하여 상차하는 방식이다.

29 무한궤도식 로더의 특징으로 옳지 않은 것은?

① 기동성이 낮아 장거리 작업에 불리하다.

② 접지압이 낮아 습지나 모래지형에서 작업하기 힘들다.

③ 지면이 고르지 않거나 장애물 통과 시에는 서행하여야 한다.

④ 견인력이 크고, 트랙 깊이의 수중에서도 작업이 가능하다.

30 건설기계관리법령상 건설기계를 도로에 계속하여 버려두거나 정당한 사유 없이 타인의 토지에 버려둔 자에 대한 벌칙은?

① 2년 이하의 징역 또는 1,000만원 이하의 벌금

② 1년 이하의 징역 또는 1,000만원 이하의 벌금

③ 200만원 이하의 벌금

④ 100만원 이하의 벌금

31 연식 20년 이하 로더의 정기검사 유효기간은?

① 6월

② 1년

③ 2년

④ 3년

32 건설기계의 형식에 관한 승인을 얻거나 그 형식을 신고한 자의 사후관리 사항으로 틀린 것은?

① 건설기계를 판매한 날부터 12개월 동안 무상으로 건설기계의 정비 및 정비에 필요한 부품을 공급하여야 한다.

② 사후관리 기간 내일지라도 취급설명서에 따라 관리하지 아니함으로 인하여 발생한 고장 또는 하자는 유상으로 정비하거나 부품을 공급할 수 있다.

③ 사후관리 기간 내일지라도 정기적으로 교체하여야 하는 부품 또는 소모성 부품에 대하여는 유상으로 공급할 수 있다.

④ 주행거리가 20,000km를 초과하거나 가동시간이 2,000시간을 초과하여도 12개월 이내면 무상으로 사후관리하여야 한다.

33 무한궤도식 로더로 진흙탕이나 수중 작업을 할 때 관련된 사항으로 틀린 것은?

① 작업 전에 기어 실과 클러치 실 등의 드레인 플러그 조임 상태를 확인한다.
② 습지용 슈를 사용했으면 주행장치의 베어링에 주유하지 않는다.
③ 작업 후에는 세차를 하고 각 베어링에 주유를 한다.
④ 작업 후 기어 실과 클러치 실의 드레인 플러그를 열어 물의 침입을 확인한다.

34 유압장치를 정비할 수 없는 정비업은?

① 종합건설기계정비업
② 부분건설기계정비업
③ 원동기정비업
④ 유압정비업

35 건설기계의 소유자가 건설기계 등록사항에 변경이 있는 때에는 그 변경이 있은 날부터 며칠 이내에 시·도지사에게 제출하여야 하는가?

① 10일   ② 14일
③ 21일   ④ 30일

36 건설기계조종사의 면허취소 사유로 맞는 것은?

① 과실로 인하여 1명을 경상을 입힌 때
② 면허정지 처분을 받은 자가 그 기간 중에 건설기계를 조종한 때
③ 과실로 인하여 10명에게 경상을 입힌 때
④ 건설기계로 1,000만원 이상의 재산피해를 냈을 때

37 유압 작동유의 점도가 너무 높을 때 발생되는 현상으로 적합한 것은?

① 동력손실의 증가
② 내부 누설의 증가
③ 펌프 효율의 증가
④ 마찰·마모 감소

38 다음 유압회로 중 속도제어회로가 아닌 것은?

① 블리드오프   ② 미터아웃
③ 미터인   ④ 시퀀스

39 단위시간에 이동하는 유체의 체적을 무엇이라 하는가?

① 토출압　　② 드레인
③ 언더랩　　④ 유 량

42 가변용량 유압펌프의 기호는?

①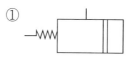

②

③

④

40 유압실린더의 로드 쪽으로 오일이 누유되는 결함이 발생하였다. 그 원인이 아닌 것은?

① 실린더로드 패킹 손상
② 더스트 실(Seal) 손상
③ 실린더 피스톤로드 손상
④ 실린더 피스톤 패킹 손상

43 유압장치에 부착되어 있는 오일탱크의 부속장치가 아닌 것은?

① 주입구 캡
② 유면계
③ 배 플
④ 피스톤로드

41 오일의 압력이 낮아지는 원인이 아닌 것은?

① 오일펌프가 마모됐을 때
② 오일의 점도가 높아졌을 때
③ 오일의 점도가 낮아졌을 때
④ 계통 내에서 누설이 있을 때

44 유압모터의 장점이 될 수 없는 것은?

① 소형 경량으로서 큰 출력을 낼 수 있다.
② 공기와 먼지 등이 침투하여도 성능에는 영향이 없다.
③ 변속·역전제어도 용이하다.
④ 속도나 방향의 제어가 용이하다.

45 유압펌프가 오일을 토출하지 않을 경우 점검항목 중 틀린 것은?

① 오일탱크에 오일이 규정량으로 들어 있는지 점검한다.
② 흡입 스트레이너가 막혀 있지 않은지 점검한다.
③ 흡입 관로에서 공기를 빨아들이지 않는지 점검한다.
④ 토출 측 회로에 압력이 너무 낮은지 점검한다.

46 직동형, 평형, 피스톤형 등의 종류가 있으며, 회로의 압력을 일정하게 유지시키는 밸브는?

① 릴리프밸브
② 메이크업밸브
③ 시퀀스밸브
④ 무부하밸브

47 흡연으로 인한 화재를 예방하기 위한 것으로 옳은 것은?

① 금연구역으로 지정된 장소에서 흡연한다.
② 흡연 장소 부근에 인화성물질을 비치한다.
③ 배터리를 충전할 때 흡연은 가능한 한 삼가하되 배터리의 캡을 열고 했을 때는 관계없다.
④ 담배꽁초는 반드시 지정된 용기에 버려야 한다.

48 수공구 취급 시 안전에 관한 사항으로 틀린 것은?

① 해머 자루의 해머 고정 부분 끝에 쐐기를 박아 사용 중 해머가 빠지지 않도록 한다.
② 렌치 사용 시 본인의 몸 쪽으로 당기지 않는다.
③ 스크루드라이버 사용 시 공작물을 손으로 잡지 않는다.
④ 스크레이퍼 사용 시 공작물을 손으로 잡지 않는다.

49 복스렌치가 오픈렌치보다 많이 사용되는 이유로 가장 적합한 것은?

① 볼트, 너트 주위를 완전히 감싸게 되어 있어서 사용 중 미끄러지지 않는다.
② 여러 가지 크기의 볼트, 너트에 사용할 수 있다.
③ 값이 싸며, 작은 힘으로 작업할 수 있다.
④ 가벼우며, 양손으로 사용할 수 있다.

50 해머 사용 시 주의사항이 아닌 것은?

① 쐐기를 박아서 자루가 단단한 것을 사용한다.
② 기름이 묻은 손으로 자루를 잡지 않는다.
③ 타격면이 닳아 경사진 것은 사용하지 않는다.
④ 처음에는 크게 휘두르고, 차차 작게 휘두른다.

51 작업장에서 안전모를 쓰는 이유는?

① 작업원의 사기 진작을 위해
② 작업원의 안전을 위해
③ 작업원의 멋을 위해
④ 작업원의 합심을 위해

52 안전한 작업을 하기 위하여 작업복장을 선정할 때의 유의사항으로 가장 거리가 먼 것은?

① 화기 사용 장소에서 방염성, 불연성의 것을 사용하도록 한다.
② 착용자의 취미, 기호 등에 중점을 두고 선정한다.
③ 작업복은 몸에 맞고 동작이 편하도록 제작한다.
④ 상의 소매나 바지 자락 끝부분이 안전하고 작업하기 편리하게 잘 처리된 것을 선정한다.

53 사고 발생이 많이 일어날 수 있는 원인에 대한 순서로 맞는 것은?

① 불안전행위 > 불안전조건 > 불가항력
② 불안전행위 > 불가항력 > 불안전조건
③ 불안전조건 > 불안전행위 > 불가항력
④ 불가항력 > 불안전조건 > 불안전행위

54 소화 작업의 기본요소가 아닌 것은?

① 가연물질을 제거하면 된다.
② 산소를 차단하면 된다.
③ 점화원을 냉각시키면 된다.
④ 연료를 기화시키면 된다.

55 다음 그림의 안전표지판이 나타내는 것은?

① 안전제일
② 출입금지
③ 인화성물질 경고
④ 보안경 착용

56 전기시설과 관련된 화재로 분류되는 것은?

① A급 화재   ② B급 화재
③ C급 화재   ④ D급 화재

57 가공송전선로 주변에서 건설기계 작업을 위해 지지하는 현수애자를 확인하니 한 줄에 10개로 되어 있었다. 예측 가능한 전압은 몇 kV인가?

① 22.9kV   ② 66.0kV
③ 154kV   ④ 345kV

58 안전한 작업을 위해 보안경을 착용하여야 하는 작업은?

① 엔진오일 보충 및 냉각수 점검 작업
② 전기저항 측정 및 배선 점검 작업
③ 유니버설 조인트 조임 및 장비의 하체 점검 작업
④ 납땜 작업

59 철탑 부근에서 굴착작업 시 유의하여야 할 사항에 대한 설명 중 올바른 것은?

① 철탑 기초가 드러나지만 않으면 굴착하여도 무방하다.
② 철탑 부근이라 하여 특별히 주의할 사항은 없다.
③ 한국전력에서 철탑에 대한 안전 여부를 검토한 후 작업을 해야 한다.
④ 철탑은 강한 충격을 주어야만 넘어질 수 있으므로 주변 굴착은 무방하다.

60 도로굴착 시 황색의 도시가스 보호포가 나왔다. 매설된 도시가스배관의 압력은?

① 고 압   ② 중 압
③ 저 압   ④ 초고압

제 7 회 | 모의고사

정답 및 해설 p.216

01 열에너지를 기계적 에너지로 변환시켜 주는 장치는?

① 펌 프
② 모 터
③ 엔 진
④ 밸 브

02 피스톤링에 대한 설명으로 틀린 것은?

① 압축가스가 새는 것을 막아 준다.
② 엔진오일을 실린더 벽에서 긁어내린다.
③ 압축 링과 인장 링이 있다.
④ 실린더헤드 쪽에 있는 것이 압축 링이다.

03 건설기계 기관에서 부동액으로 사용될 수 없는 것은?

① 에틸렌글리콜
② 글리세린
③ 메 탄
④ 알코올

04 디젤기관에서 연료의 착화성을 표시하는 것은?

① 옥탄가
② 부탄가
③ 프로판가
④ 세탄가

05 기관의 피스톤이 고착되는 주요 원인이 아닌 것은?

① 피스톤 간극이 적을 때
② 기관오일이 부족하였을 때
③ 기관이 과열되었을 때
④ 기관오일이 너무 많았을 때

06 디젤기관에서 조속기의 기능으로 맞는 것은?

① 분사량 조정
② 분사시기 조정
③ 부하량 조정
④ 부하시기 조정

07 디젤기관 연료여과기에 설치된 오버플로밸브(Overflow Valve)의 기능이 아닌 것은?

① 여과기 각 부분 보호
② 연료공급펌프 소음 발생 억제
③ 운전 중 공기 배출 작용
④ 인젝터의 연료 분사시기 제어

08 냉각장치에서 라디에이터의 구비조건으로 틀린 것은?

① 공기의 흐름저항이 클 것
② 단위면적당 방열량이 클 것
③ 가볍고 작으며 강도가 클 것
④ 냉각수의 흐름저항이 적을 것

09 기관에서 윤활유 사용 목적이 아닌 것은?

① 발화성을 좋게 한다.
② 마찰을 적게 한다.
③ 냉각작용을 한다.
④ 실린더 내의 밀봉작용을 한다.

10 과급기(Turbo Charger)에 대한 설명 중 옳은 것은?

① 피스톤의 흡입력에 의해 임펠러가 회전한다.
② 가솔린기관에만 설치된다.
③ 연료 분사량을 증대시킨다.
④ 실린더 내의 흡입 공기량을 증가시킨다.

11 공회전 상태의 기관에서 크랭크축의 회전과 관계없이 작동되는 기구는?

① 발전기
② 캠샤프트
③ 플라이휠
④ 스타트 모터

12 배터리의 충·방전작용은 어떤 작용을 이용한 것인가?

① 발열작용
② 자기작용
③ 화학작용
④ 발광작용

13 같은 용량, 같은 전압의 축전지를 병렬로 연결하였을 때 맞는 것은?

① 용량과 전압은 일정하다.
② 용량과 전압이 2배로 된다.
③ 용량은 한 개일 때와 같으나 전압은 2배로 된다.
④ 용량은 2배이고 전압은 한 개일 때와 같다.

14 실드빔식 전조등에 대한 설명으로 맞지 않는 것은?

① 대기조건에 따라 반사경이 흐려지지 않는다.
② 내부에 불활성 가스가 들어 있다.
③ 사용에 따른 광도의 변화가 적다.
④ 필라멘트를 갈아 끼울 수 있다.

15 고장진단 및 테스트용 출력단자를 갖추고 있으며, 항상 시스템을 감시하고 필요하면 운전자에게 경고 신호를 보내주거나 고장 점검 테스트용 단자가 있는 것은?

① 제어유닛 기능
② 주파수 신호처리 기능
③ 피드백 기능
④ 자기진단 기능

16 엔진오일 압력 경고등이 켜지는 경우가 아닌 것은?

① 오일필터가 막혔을 때
② 오일 통로가 막혔을 때
③ 엔진을 급가속시켰을 때
④ 오일이 부족할 때

17 엔진을 정지하고 계기판 전류계의 지시침을 살펴보니 정상에서 (−)방향을 지시하고 있다. 그 원인이 아닌 것은?

① 전조등 스위치가 점등 위치에서 방전하고 있다.
② 배선에서 누전되고 있다.
③ 시동 시 엔진 예열장치를 동작시키고 있다.
④ 발전기에서 축전지로 충전되고 있다.

18 기관에서 예열플러그의 사용시기는?

① 축전지가 방전되었을 때
② 축전지가 과충전되었을 때
③ 기온이 낮을 때
④ 냉각수의 양이 많을 때

19 로더의 동력전달 순서로 맞는 것은?

① 엔진 → 토크컨버터 → 유압변속기 → 종감속장치 → 구동륜

② 엔진 → 유압변속기 → 종감속장치 → 토크컨버터 → 구동륜

③ 엔진 → 유압변속기 → 토크컨버터 → 종감속장치 → 구동륜

④ 엔진 → 토크컨버터 → 종감속장치 → 유압변속기 → 구동륜

20 유체 클러치(Fluid Coupling)에서 가이드 링의 역할은?

① 와류를 감소시킨다.

② 터빈(Turbine)의 손상을 줄이는 역할을 한다.

③ 마찰을 증대시킨다.

④ 플라이휠(Fly Wheel)의 마모를 감소시킨다.

21 타이어식 로더에서 기관 시동 후 동력전달 과정 설명으로 틀린 것은?

① 바퀴는 구동차축에 설치되며 허브에 링 기어가 고정된다.

② 토크변환기는 변속기 앞부분에서 동력을 받고 변속기와 함께 알맞은 회전비와 토크 비율을 조정한다.

③ 종감속기어는 최종감속을 하고 구동력을 증대한다.

④ 차동기어장치의 차동제한장치는 없고 유성기어장치에 의해 차동제한을 한다.

22 조향핸들의 유격이 커지는 원인과 관계없는 것은?

① 피트먼 암의 헐거움

② 타이어 공기압 과대

③ 조향기어, 링키지 조정 불량

④ 앞바퀴 베어링 과대 마모

23 타이어식 건설기계에서 조향바퀴의 토인을 조정하는 곳은?

① 핸 들

② 타이로드

③ 웜 기어

④ 드래그 링크

24 타이어식 건설장비에서 조향바퀴의 얼라인먼트 요소와 관련 없는 것은?

① 캠 버

② 캐스터

③ 토 인

④ 부스터

25 타이어형 로더에서 타이어의 과마모를 일으키는 운전방법이 아닌 것은?

① 부하를 걸지 않은 주행
② 빈번한 급출발과 급제동
③ 과도한 브레이크를 사용
④ 도랑 등 홈이 파인 곳에 타이어 측면이 닿은 상태로 작업

26 로더(Loader)의 적재방식에 의한 분류가 아닌 것은?

① 프런트엔드형
② 사이드 덤프형
③ 백호 셔블형
④ 허리꺾기형

27 무한궤도식 건설기계에서 트랙 장력이 너무 팽팽하게 조정되었을 때 보기와 같은 부분에서 마모가 가속되는 부분(기호)을 모두 나열한 항은?

┌─보기├─────────────┐
│ a. 트랙 핀의 마모 │
│ b. 부싱의 마모 │
│ c. 스프로킷의 마모 │
│ d. 블레이드의 마모 │
└──────────────────┘

① a, b, c   ② a, b, d
③ a, d   ④ a, b, c, d

28 로더의 작업장치에 대한 설명이 잘못된 것은?

① 붐 실린더는 붐의 상승·하강작용을 해준다.
② 버킷 실린더는 버킷의 오므림·벌림작용을 해준다.
③ 로더의 규격은 표준 버킷의 산적용량(m^3)으로 표시한다.
④ 작업장치를 작동하게 하는 실린더 형식은 주로 단동식이다.

29 휠 로더의 붐과 버킷 레버를 동시에 당기면 작동은?

① 붐만 상승한다.
② 버킷만 오므려진다.
③ 붐은 상승하고 버킷은 오므려진다.
④ 작동이 안 된다.

30 로더로 제방이나 쌓여 있는 흙더미에서 작업할 때 버킷의 날을 지면과 어떻게 유지하는 것이 가장 좋은가?

① 20° 정도 전경시킨 각
② 30° 정도 전경시킨 각
③ 버킷과 지면이 수평으로 나란하게
④ 90° 직각을 이룬 전경각과 후경을 교차로

31 단위시간에 이동하는 유체의 체적을 무엇이라 하는가?

① 토출압　　② 드레인
③ 언더랩　　④ 유 량

32 점도지수가 큰 오일의 온도변화에 따른 점도변화는?

① 크다.
② 작다.
③ 불변이다.
④ 온도와 점도관계는 무관하다.

33 건설기계의 유압장치를 가장 적절히 표현한 것은?

① 오일을 이용하여 전기를 생산하는 것
② 기체를 액체로 전환시키기 위해 압축하는 것
③ 오일의 연소에너지를 통해 동력을 생산하는 것
④ 오일의 유체에너지를 이용하여 기계적인 일을 하는 것

34 기어식 유압펌프의 특징이 아닌 것은?

① 구조가 간단하다.
② 유압 작동유의 오염에 비교적 강한 편이다.
③ 플런저펌프에 비해 효율이 떨어진다.
④ 가변용량형 펌프로 적당하다.

35 유압펌프에서 소음이 발생할 수 있는 원인이 아닌 것은?

① 오일의 양이 적을 때
② 펌프의 속도가 느릴 때
③ 오일 속에 공기가 들어 있을 때
④ 오일의 점도가 너무 높을 때

36 펌프가 오일을 토출하지 않을 때의 원인으로 틀린 것은?

① 오일탱크의 유면이 낮다.
② 흡입관으로 공기가 유입된다.
③ 토출 측 배관 체결 볼트가 이완되었다.
④ 오일이 부족하다.

37 유압장치의 방향전환밸브(중립 상태)에서
    실린더가 외력에 의해 충격을 받았을 때
    발생되는 고압을 릴리프시키는 밸브는?

① 반전 방지밸브
② 메인 릴리프밸브
③ 과부하(포트) 릴리프밸브
④ 유량 감지밸브

38 회로 내 유체의 흐름 방향을 제어하는 데
    사용되는 밸브는?

① 교축밸브
② 셔틀밸브
③ 감압밸브
④ 순차밸브

39 유압실린더의 종류에 해당하지 않는 것은?

① 단동 실린더
② 복동 실린더
③ 다단 실린더
④ 회전 실린더

40 공유압 기호 중 그림이 나타내는 것은?

① 공기압동력원
② 원동기
③ 전동기
④ 유압동력원

41 다음 중 건설기계의 범위에 속하지 않는
    것은?

① 노상안정장치를 가진 자주식인 노상안
   정기
② 정지장치를 가진 자주식인 모터그레
   이더
③ 공기배출량이 매분당 $2.83m^3$ 이상의 이
   동식인 공기압축기(매 cm^2당 7kg 기준)
④ 펌프식, 포크식, 디퍼식 또는 그래브식
   으로 자항식인 준설선

42 건설기계관리법령상 건설기계 형식신고를
    하지 아니할 수 있는 사람은?

① 건설기계를 사용 목적으로 제작하려
   는 자
② 건설기계를 사용 목적으로 조립하려
   는 자
③ 건설기계를 사용 목적으로 수입하려
   는 자
④ 건설기계를 연구개발 목적으로 제작
   하려는 자

43 대여사업용 건설기계의 등록번호표 색칠로 맞는 것은?

① 청색 바탕에 백색 문자
② 적색 바탕에 흰색 문자
③ 흰색 바탕에 검은색 문자
④ 주황색 바탕에 검은색 문자

44 건설기계의 등록말소 사유에 해당되지 아니한 것은?

① 건설기계가 멸실된 경우
② 건설기계로 화물을 운송한 경우
③ 부정한 방법으로 등록을 한 경우
④ 건설기계를 폐기한 경우

45 건설기계의 등록 전에 임시운행 사유에 해당되지 않는 것은?

① 장비 구입 전 이상 유무 확인을 위해 1일간 예비 운행을 하는 경우
② 등록신청을 하기 위하여 건설기계용 등록지로 운행하는 경우
③ 수출을 하기 위하여 건설기계를 선적지로 운행하는 경우
④ 신개발 건설기계를 시험·연구의 목적으로 운행하는 경우

46 로더의 정기검사 유효기간은?

① 6월 　　② 1년
③ 2년 　　④ 3년

47 건설기계 검사소에서 검사를 받아야 하는 건설기계는?

① 콘크리트살포기
② 트럭적재식 콘크리트펌프
③ 지게차
④ 스크레이퍼

48 건설기계관리법상 소형 건설기계로 맞는 것은?

① 5ton 미만 지게차
② 5ton 미만 굴착기
③ 5ton 미만 로더
④ 5ton 미만 천공기

49 건설기계조종사면허 취소 사유가 아닌 것은?

① 부정한 방법으로 건설기계의 면허를 받은 때

② 면허정지처분을 받은 자가 그 정지 기간 중 건설기계를 조종한 때

③ 건설기계의 조종 중 고의로 인명 피해를 일으킨 때

④ 도로주행 중 적재한 화물이 추락하여 사람이 부상한 사고

50 건설기계 운전자가 조종 중 고의로 인명피해를 입히는 사고를 일으켰을 때 면허처분 기준은?

① 면허취소

② 면허효력 정지 30일

③ 면허효력 정지 20일

④ 면허효력 정지 10일

51 건설기계정비업의 사업범위로 맞는 것은?

① 장기건설기계정비업, 부분건설기계정비업, 단기건설기계정비업

② 종합건설기계정비업, 단기건설기계정비업, 부분건설기계정비업

③ 임시건설기계정비업, 영구건설기계정비업, 전문건설기계정비업

④ 종합건설기계정비업, 부분건설기계정비업, 전문건설기계정비업

52 건설기계관리법령상 건설기계조종사면허를 받지 아니하고 건설기계를 조종한 자에 대한 벌칙은?

① 3년 이하의 징역 또는 3,000만원 이하의 벌금

② 2년 이하의 징역 또는 2,000만원 이하의 벌금

③ 1년 이하의 징역 또는 1,000만원 이하의 벌금

④ 1년 이하의 징역 또는 500만원 이하의 벌금

53 사고발생이 많이 일어날 수 있는 원인에 대한 순서로 맞는 것은?

① 불안전행위 > 불안전조건 > 불가항력

② 불안전행위 > 불가항력 > 불안전조건

③ 불안전조건 > 불안전행위 > 불가항력

④ 불가항력 > 불안전조건 > 불안전행위

54 안전관리상 인력운반으로 중량물을 운반하거나 들어 올릴 때 발생할 수 있는 재해와 가장 거리가 먼 것은?

① 낙 하

② 협착(압상)

③ 단전(정전)

④ 충 돌

55 다음 중 산업재해 조사의 목적에 대한 설명으로 가장 적절한 것은?

① 적절한 예방대책을 수립하기 위하여
② 작업능률 향상과 근로기강 확립을 위하여
③ 재해 발생에 대한 통계를 작성하기 위하여
④ 재해를 유발한 자의 책임을 추궁하기 위하여

56 산소 아세틸렌 가스용접에서 토치의 점화 시 작업의 우선순위 설명으로 올바른 것은?

① 토치의 아세틸렌 밸브를 먼저 연다.
② 토치의 산소 밸브를 먼저 연다.
③ 산소 밸브와 아세틸렌 밸브를 동시에 연다.
④ 혼합가스 밸브를 먼저 연 다음 아세틸렌 밸브를 연다.

57 안전보건표지의 종류와 형태에서 그림의 표지로 맞는 것은?

① 차량통행금지
② 사용금지
③ 탑승금지
④ 물체이동금지

58 보호구의 구비조건으로 가장 거리가 먼 것은?

① 착용이 복잡할 것
② 위해요소에 대한 방호성능이 충분할 것
③ 재료의 품질이 우수할 것
④ 작업에 방해가 되지 않을 것

59 기동하고 있는 원동기에서 화재가 발생하였다. 그 소화 작업으로 가장 먼저 취해야 할 안전한 방법은?

① 원인을 분석하고 모래를 뿌린다.
② 경찰에 신고한다.
③ 점화원을 차단한다.
④ 원동기를 가소하여 팬의 바람을 끈다.

60 다음 중 드라이버 사용방법으로 틀린 것은?

① 날 끝 홈의 폭과 깊이가 같은 것을 사용한다.
② 전기 작업 시 자루는 모두 금속으로 되어 있는 것을 사용한다.
③ 날 끝이 수평이어야 하며 둥글거나 빠진 것은 사용하지 않는다.
④ 작은 공작물이라도 한손으로 잡지 않고 바이스 등으로 고정하고 사용한다.

↻ 모의고사 p.109

01	②	02	①	03	④	04	③	05	②	06	②	07	①	08	④	09	④	10	④
11	②	12	②	13	②	14	③	15	②	16	②	17	④	18	②	19	③	20	③
21	③	22	③	23	②	24	③	25	③	26	②	27	③	28	②	29	③	30	①
31	②	32	②	33	④	34	③	35	②	36	②	37	③	38	③	39	②	40	③
41	④	42	③	43	②	44	②	45	④	46	②	47	③	48	④	49	④	50	①
51	①	52	③	53	③	54	②	55	③	56	④	57	④	58	③	59	④	60	③

01 배기관의 배압이 높으면 배출되지 못한 가스열에 의해 과열되고 이로 인해 냉각수의 온도가 상승된다.

02 디젤엔진 연소과정
착화지연기간 → 화염전파기간 → 직접연소기간 → 후기연소기간의 4단계로 연소한다.

03 디젤엔진 연료계통에서 응축액은 주로 겨울에 생긴다.

04 오일여과기는 오일의 불순물을 제거한다.

05 라디에이터 캡의 압력밸브는 물의 비등점을 높이고, 진공밸브는 냉각 상태를 유지할 때 과랭 현상이 되는 것을 막아 주는 일을 한다.

06 유압유의 점도

유압유의 점도가 너무 높을 경우	유압유의 점도가 너무 낮을 경우
• 유동저항의 증가로 인한 압력손실 증가	• 압력 저하로 정확한 작동 불가
• 동력손실 증가로 기계효율 저하	• 유압펌프, 모터 등의 용적효율 저하
• 내부마찰의 증대에 의한 온도 상승	• 내부 오일의 누설 증대
• 소음 또는 공동현상 발생	• 압력 유지의 곤란
• 유압기기 작동의 둔화	• 기기의 마모 가속화

07 분사된 연료는 짧은 시간에 완전연소시켜야 한다.

08 디젤기관의 연소실 중 직접분사실식의 장단점

장점	• 연료소비량이 다른 형식보다 적다. • 연소실의 표면적이 작아 냉각손실이 적다. • 연소실이 간단하고 열효율이 높다. • 실린더헤드의 구조가 간단하여 열변형이 적다. • 와류손실이 없다. • 시동이 쉽게 이루어지기 때문에 예열플러그가 필요 없다.
단점	• 분사압력이 가장 높으므로 분사펌프와 노즐의 수명이 짧다. • 사용연료 변화에 매우 민감하다. • 노크 발생이 쉽다. • 기관의 회전속도 및 부하의 변화에 민감하다. • 다공형 노즐을 사용하므로 값이 비싸다. • 분사상태가 조금만 달라져도 기관의 성능이 크게 변화한다.

09 밸브의 간극에 따른 현상

밸브 간극이 클 때의 영향	밸브 간극이 작을 때의 영향
• 소음이 발생된다. • 흡입 송기량이 부족하게 되어 출력이 감소한다. • 밸브의 양정이 작아진다.	• 후화가 발생된다. • 열화 또는 실화가 발생된다. • 밸브의 열림 기간이 길어진다. • 밸브 스템이 휘어질 가능성이 있다. • 블로바이로 기관 출력이 감소하고, 유해배기가스 배출이 많아진다.

10 ④ 디젤엔진을 가동시킨 후 충분한 시간이 지났는데도 냉각수 온도가 정상적으로 상승하지 않을 경우 그 고장의 원인이 될 수 있다.

11 과급기(터보차저)는 흡입공기의 체적효율을 높이기 위하여 설치한 장치이다.

12 디젤엔진의 진각에는 연료의 착화 능률이 고려된다.

14 등화의 종류
- 조명용 : 전조등, 안개등, 후진등, 실내등, 계기등
- 표지용 : 주차등, 차폭등, 후미등, 번호판등
- 신호용 : 방향지시등, 제동등, 비상점멸 표시등, 위험신호등

15 축전지를 건설기계에서 탈착하지 않고 급속 충전할 때에는 양쪽 케이블을 분리해야 한다(발전기 다이오드 파손을 방지하기 위함).

16 예열플러그식
예열플러그식 연소실에 흡입된 공기를 직접 가열하는 방식으로 예연소실식과 와류실식 엔진에 사용된다.

17 회전체(Rotor)이다. 스테이터는 전류가 발생하는 곳이다.

18 온도가 상승하면 비중은 낮아지고, 온도가 낮아지면 비중은 높아진다.

21 휠 허브에 있는 유성기어장치에서 유성기어가 핀과 용착되면 바퀴가 돌지 못한다.

22 슬립 이음 : 변속기 출력축의 스플라인에 설치되어 주행 중 추진축의 길이 변화를 가능하게 한다.

23 프런트 아이들러를 전진 및 후진시켜 트랙의 유격을 조정한다.

24 베이퍼 로크 현상을 예방하기 위해서는 브레이크에 무리를 주는 과적은 피하고, 내리막길에서는 브레이크 사용을 줄이는 대신 엔진 브레이크를 사용해야 한다.

26 PTO(Power Take Off, 동력인출장치)는 엔진의 동력을 주행과는 관계없이 다른 용도에 이용하기 위해 설치한 장치이다.

27 ① 붐 리프트 레버는 상승, 유지, 하강, 부동의 4가지 위치가 있다.

28 버킷이 토사에 충분히 파고들면 전진하면서 붐을 상승시킨다. 이때 버킷을 오므리면서 토사를 담는다.

30 건설기계조종사면허의 취소 · 정지처분기준(건설기계관리법 시행규칙 [별표 22])

위반행위	처분기준
건설기계의 조종 중 고의 또는 과실로 중대한 사고를 일으킨 경우	
① 인명피해	
㉠ 고의로 인명피해(사망 · 중상 · 경상 등)를 입힌 경우	취 소
㉡ 과실로 「산업안전보건법」에 따른 중대재해가 발생한 경우	취 소
㉢ 그 밖의 인명피해를 입힌 경우	
• 사망 1명마다	면허효력정지 45일
• 중상 1명마다	면허효력정지 15일
• 경상 1명마다	면허효력정지 5일

위반행위	처분기준
② 재산피해 : 피해금액 50만원마다	면허효력정지 1일 (90일을 넘지 못함)
③ 건설기계의 조종 중 고의 또는 과실로 「도시가스사업법」에 따른 가스공급시설을 손괴하거나 가스공급시설의 기능에 장애를 입혀 가스의 공급을 방해한 경우	면허효력정지 180일

31 건설기계의 사후관리(건설기계관리법 시행규칙 제55조제1항 전단)

건설기계형식에 관한 승인을 얻거나 그 형식을 신고한 자(제작자 등)는 건설기계를 판매한 날부터 12개월(당사자 간에 12개월을 초과하여 별도 계약하는 경우에는 그 해당 기간) 동안 무상으로 건설기계의 정비 및 정비에 필요한 부품을 공급하여야 한다.

32 등록번호표를 가리거나 훼손하여 알아보기 곤란하게 한 자 또는 그러한 건설기계를 운행한 자에게는 100만원 이하의 과태료를 부과한다(「건설기계관리법」 제44조제2항제3호).

33 ①, ②, ③의 경우는 건설기계조종사면허를 취소하거나 1년 이내의 기간을 정하여 건설기계조종사면허의 효력을 정지시킬 수 있다(「건설기계관리법」 제28조).

34 건설기계의 소유자는 등록한 주소지 또는 사용본거지가 변경된 경우(시·도 간의 변경이 있는 경우에 한정)에는 그 변경이 있는 날부터 30일(상속의 경우에는 상속개시일부터 6개월) 이내에 건설기계등록이전신고서에 소유자의 주소 또는 건설기계의 사용본거지의 변경사실을 증명하는 서류와 건설기계등록증 및 건설기계검사증을 첨부하여 새로운 등록지를 관할하는 시·도지사에게 제출(전자문서에 의한 제출을 포함)하여야 한다(「건설기계관리법」 시행령 제6조제1항 전단).

35 검사장소(건설기계관리법 시행규칙 제32조)

다음의 어느 하나에 해당하는 건설기계에 대하여 검사를 하는 경우에는 [별표 9]의 규정에 의한 시설을 갖춘 검사장소(검사소)에서 검사를 하여야 한다.

- 덤프트럭
- 콘크리트믹서트럭
- 콘크리트펌프(트럭적재식)
- 아스팔트살포기
- 트럭지게차(국토교통부장관이 정하는 특수건설기계인 트럭지게차)

36 등록번호표의 반납(건설기계관리법 제9조 전단)

등록된 건설기계의 소유자는 다음의 어느 하나에 해당하는 경우에는 10일 이내에 등록번호표의 봉인을 떼어 낸 후 그 등록번호표를 국토교통부령으로 정하는 바에 따라 시·도지사에게 반납하여야 한다.

- 건설기계의 등록이 말소된 경우
- 건설기계의 등록사항 중 대통령령으로 정하는 사항이 변경된 경우
- 등록번호표의 부착 및 봉인을 신청하는 경우

37 고압호스가 견딜 수 있는 압력보다 설정압이 높으면 호스 파열이 잦다.

38 무게 = 유압 × 단면적

$$= 20 \mathrm{kgf/cm^2} \times \frac{(10\mathrm{cm})^2}{4} \pi$$

$$\fallingdotseq 1,570 \mathrm{kgf}$$

39 기어펌프의 특징

- 정용량 펌프이다.
- 구조가 다른 펌프에 비해 간단하다.
- 유압 작동유의 오염에 비교적 강한 편이다.
- 외접식과 내접식이 있다.
- 피스톤펌프에 비해 효율이 떨어진다.
- 베인펌프에 비해 소음이 비교적 크다.

41 압력에 쓰이는 단위

기압(atm), 파스칼(Pa), 메가파스칼(MPa), 바(bar), psi, kgf/cm^2, mmHg 등

42 체크밸브는 유압 회로에서 역류를 방지하고 회로 내의 잔류압력을 유지하는 밸브이다.

43 유압모터의 장단점

장 점	• 속도제어가 용이하다. • 힘의 연속제어가 용이하다. • 운동 방향제어가 용이하다. • 소형·경량으로 큰 출력을 낼 수 있다. • 속도나 방향의 제어가 용이하고, 릴리프밸브를 달면 기구적 손상을 주지 않고 급정지시킬 수 있다. • 2개의 배관만을 사용해도 되므로 내폭성이 우수하다.
단 점	• 효율이 낮다. • 누설에 문제점이 많다. • 온도에 영향을 많이 받는다. • 작동유에 이물질이 들어가지 않도록 보수에 주의하지 않으면 안 된다. • 수명은 사용조건에 따라 다르므로 일정시간 후 점검해야 한다. • 작동유의 점도변화에 의하여 유압모터의 사용에 제약을 받는다. • 소음이 크다. • 기동 또는 저속 시 운전이 원활하지 않다. • 인화하기 쉬운 오일을 사용하므로 화재에 위험이 높다. • 고장 발생 시 수리가 곤란하다.

44 유압모터는 유체에너지를 연속적인 회전운동으로 하는 기계적 에너지로 바꾸어 주는 기기를 말한다.

45 카운터밸런스밸브는 자체중량에 의한 자유낙하 등을 방지하기 위하여 회로에 배압을 유지하는 밸브이다.

47 전기화재에는 이산화탄소소화기가 적합하다. 일반화재나 유류화재 시 유용한 포말소화기는 전기화재에는 적합하지 않다.

49 유압유에 점도가 다른 오일을 혼합하였을 경우 열화현상을 촉진시킨다.

52 재해조사 목적

재해의 발생 원인과 결함을 규명하고 예방 자료를 수집하여 동종재해 및 유사재해의 재발방지대책을 강구하는 데 목적이 있다.

53 조정 조에 잡아당기는 힘이 가해져서는 안 된다.

54 해머작업 시 작업자와 마주 보고 일을 하면 사고의 우려가 있다.

57 배관의 정의(도시가스사업법 시행규칙 제2조제1항 제1호)

도시가스를 공급하기 위하여 배치된 관(管)으로 본관, 공급관, 내관 또는 그 밖의 관을 말한다.

58 전압 계급별 애자 수

공칭전압(kV)	22.9	66	154	345
애자 수	2~3	4~5	9~11	18~23

60 도시가스배관 주위를 굴착하는 경우 도시가스배관의 좌우 1m 이내 부분은 인력으로 굴착할 것(「도시가스사업법 시행규칙」 [별표 16])

↻ 모의고사 p.120

01	③	02	②	03	④	04	③	05	③	06	②	07	②	08	②	09	④	10	②
11	③	12	③	13	④	14	①	15	③	16	②	17	①	18	④	19	③	20	④
21	③	22	①	23	④	24	④	25	④	26	②	27	④	28	②	29	①	30	③
31	④	32	④	33	②	34	④	35	④	36	①	37	③	38	②	39	②	40	①
41	④	42	③	43	④	44	①	45	④	46	①	47	③	48	④	49	③	50	②
51	④	52	③	53	④	54	③	55	④	56	④	57	①	58	④	59	②	60	③

01 부동액의 종류에는 메탄올(주성분 : 알코올), 에틸렌글리콜, 글리세린 등이 있다.

02 커먼레일 연료분사장치의 구성부품

저압 연료 계통	연료탱크(스트레이너 포함), 1차 연료펌프(저압연료펌프), 연료필터, 저압연료라인 등
고압 연료 계통	고압연료펌프(압력제어밸브 부착), 고압연료라인, 커먼레일 압력센서, 압력제한밸브, 유량제한기, 인젝터 및 어큐뮬레이터로서의 커먼레일, 연료 리턴라인 등

03 공기청정기 실린더 내로 흡입하는 공기와 함께 들어오는 먼지 등은 실린더 벽, 피스톤, 피스톤링 및 흡·배기밸브 등을 마멸시키며, 엔진오일에 유입되어 각 윤활 부분의 마멸을 촉진시킨다.

05 행정 사이클 디젤기관의 작동순서(2회전 4행정)
- 흡입행정 : 피스톤이 상사점으로부터 하강하면서 실린더 내로 공기만을 흡입한다(흡입밸브 열림, 배기밸브 닫힘).
- 압축행정 : 흡기밸브가 닫히고 피스톤이 상승하면서 공기를 압축한다(흡입밸브, 배기밸브 모두 닫힘).
- 동력(폭발)행정 : 압축행정 말 고온이 된 공기 중에 연료를 분사하면 압축열에 의하여 자연착화한다(흡입밸브, 배기밸브 모두 닫힘).

- 배기행정 : 연소가스의 팽창이 끝나면 배기밸브가 열리고, 피스톤의 상승과 더불어 배기행정을 한다(흡입밸브 닫힘, 배기밸브 열림).

06 보조탱크는 리저브 탱크(Reservoir Tank)라고도 부르는 저장통으로, 액체를 채운 계통에서 온도의 변화에 따라 액체의 체적이 변할 경우를 대비하여 설치된다.

07 5번 해설 참고

08 밸브의 주요 구조부

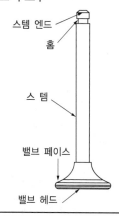

밸브 스템 엔드	• 밸브에 운동을 전달하는 로커 암과 직접 접하는 부분이다. • 밸브의 열팽창을 고려하여 밸브 간극이 설정된다.

밸브 스템	• 밸브 가이드에 끼워져 밸브의 상하운동을 유지한다. • 밸브 헤드가 받는 열을 가이드를 통해 방출시키며 밸브의 개폐를 돕는다.
밸브 페이스	• 밸브 시트에 밀착되어 혼합가스의 누출을 방지하는 기밀작용을 한다. • 밸브 헤드의 열을 시트에 전달하는 냉각작용을 한다.
밸브 시트	• 밸브 페이스와 접촉되어 연소실의 기밀작용을 한다. • 연소 시에 받는 밸브 헤드의 열을 실린더 헤드에 전달하는 작용을 한다.

09 엔진의 압축압력이 낮은 원인 : 엔진 실린더 내부의 피스톤링 문제와 실린더헤드 밸브 불량, 실린더헤드 개스킷 불량 등

10 배기가스의 색과 엔진의 상태
- 무색(무색 또는 담청색)일 때 : 정상연소
- 백색 : 엔진오일 연소
- 검은색 : 혼합비 농후
- 엷은 황색 또는 자색 : 혼합비 희박

11 엔진오일 압력 경고등이 켜지는 경우
엔진오일량의 부족이 주원인이며, 오일필터나 오일 회로가 막혔을 때, 오일 압력 스위치 배선 불량, 엔진오일의 압력이 낮은 경우 등이다.

12 연료압력

너무 낮은 원인	• 연료필터가 막힘 • 연료펌프의 공급압력이 누설됨 • 연료압력 레귤레이터에 있는 밸브의 밀착이 불량해 귀환구 쪽으로 연료가 누설됨
너무 높은 원인	• 연료압력 레귤레이터 내의 밸브가 고착됨 • 연료 리턴호스나 파이프가 막히거나 휨

13 직류발전기에서는 정류자와 브러시가, 교류발전기에서는 다이오드가 교류를 직류로 바꾸어 준다.

14 축전지의 연결방법
- 직렬연결방법 : 용량은 1개일 때와 동일하고 전압은 2배이다.
- 병렬연결방법 : 용량은 2배이고, 전압은 1개일 때와 동일하다.

15 축전지의 용량을 크게 하려면 별도의 축전지를 병렬로 연결하면 된다.

16 축전지의 양극과 음극 단자를 구별하는 방법

구 분	양 극	음 극
문 자	POS	NEG
부 호	+	−
직경(굵기)	음극보다 굵다.	양극보다 가늘다.
색 깔	빨간색	검은색
특 징	부식물이 많은 쪽	

17 기동전동기 작동부분
- 전동기 : 회전력의 발생
  - 회전부분 : 전기자, 정류자
  - 고정부분 : 자력을 발생시키는 계자코일, 계자철심, 브러시
※ 계자철심은 기동전동기에서 자력선을 잘 통과시키고 동시에 맴돌이 전류를 감소시키는 작용을 한다.
- 동력전달기구 : 회전력을 엔진에 전달
  - 벤딕스식
  - 전기자 섭동식
  - 피니언 섭동식
  - 오버러닝 클러치 : 기동전동기의 전기자 축으로부터 피니언기어로는 동력이 전달되나 피니언기어로부터 전기자 축으로는 동력이 전달되지 않도록 해 주는 장치

- 솔레노이드 스위치(마그넷 스위치) : 기동전동기 회로에 흐르는 전류를 단속하는 역할과 기동전동기의 피니언과 링기어를 맞물리게 하는 역할을 담당
  - 풀인 코일(Pull-in Coil) : 전원과 직렬로 연결되어 플런저를 잡아당기는 역할
  - 홀드인 코일(Hold-in Coil) : 흡인된 플런저를 유지하는 역할

18 부특성 서미스터(한쪽이 증가하면 다른 쪽이 감소하는 역의 성질을 가지므로, 부의 온도특성)는 연료잔량 경고등 센서, 냉각수온 센서, 흡기온도 센서, 온도미터용 수온센서, EGR 가스온도 센서, 배기온도 센서, 증발기 출구온도 센서, 유온 센서 등에 사용한다.

19 트랙은 핀, 부싱, 링크, 슈로 구성되어 스프로킷으로부터 동력을 받아 회전한다.

20 로더장비에서 적재방법은 I방식, V방식, T방식 등이 있다.

22 로더의 작업 중 효과적인 작업은 토사 적재작업이다.

23 트랙의 장력이 너무 팽팽하면 트랙 핀과 부싱의 내·외부 및 스프로킷 돌기 등이 마모된다.

24 자동변속기는 오일을 매개체로 동력전달을 하기 때문에 자동변속기 오일의 온도가 충분히(85℃) 상승하지 못하거나, 오일이 부족하거나, 오일필터가 막히거나, 오일펌프 내에 공기가 생성되는 등의 상황에서는 엔진의 효율이 급격하게 저하된다.

25 10° 이상의 경사지에서는 작업이 위험하므로 작업하지 않는다.

26 휠이나 림 등에 균열이 있는 것은 바로 교체해야 한다.

29 55dB(보청기를 사용하는 사람은 40dB)의 소리를 들을 수 있고, 언어분별력이 80% 이상일 것(「건설기계관리법 시행규칙」 제76조제1항제2호)

30 건설기계조종사면허의 취소·정지처분기준(건설기계관리법 시행규칙 [별표 22])

위반행위	처분기준
건설기계의 조종 중 고의 또는 과실로 중대한 사고를 일으킨 경우	
① 인명피해	
㉠ 고의로 인명피해(사망·중상·경상 등)를 입힌 경우	취 소
㉡ 과실로 「산업안전보건법」에 따른 중대재해가 발생한 경우	취 소
㉢ 그 밖의 인명피해를 입힌 경우	
• 사망 1명마다	면허효력정지 45일
• 중상 1명마다	면허효력정지 15일
• 경상 1명마다	면허효력정지 5일
② 재산피해 : 피해금액 50만원마다	면허효력정지 1일 (90일을 넘지 못함)
③ 건설기계의 조종 중 고의 또는 과실로 「도시가스사업법」에 따른 가스공급시설을 손괴하거나 가스공급시설의 기능에 장애를 입혀 가스의 공급을 방해한 경우	면허효력정지 180일

31 등록신청(건설기계관리법 시행령 제3조제1항 전단)

건설기계를 등록하려는 건설기계의 소유자는 건설기계등록신청서(전자문서로 된 신청서를 포함)에 다음의 서류(전자문서를 포함)를 첨부하여 건설기계 소유자의 주소지 또는 건설기계의 사용본거지를 관할하는 특별시장·광역시장·도지사 또는 특별자치도지사(이하 시·도지사라 한다)에게 제출하여야 한다.

32 등록신청(건설기계관리법 시행령 제3조제2항)

건설기계등록신청은 건설기계를 취득한 날(판매를 목적으로 수입된 건설기계의 경우에는 판매한 날을 말한다)부터 2월 이내에 하여야 한다. 다만, 전시·사변 기타 이에 준하는 국가비상사태하에 있어서는 5일 이내에 신청하여야 한다.

33 국토교통부령으로 정하는 소형건설기계(건설기계관리법 시행규칙 제73조제2항)

- 5ton 미만의 불도저
- 5ton 미만의 로더
- 5ton 미만의 천공기(단, 트럭적재식은 제외)
- 3ton 미만의 지게차
- 3ton 미만의 굴착기
- 3ton 미만의 타워크레인
- 공기압축기
- 콘크리트펌프(단, 이동식에 한정)
- 쇄석기
- 준설선

34 시·도지사의 직권으로 반드시 등록말소를 하여야 하는 사유(건설기계관리법 제6조제1항 단서)

- 거짓이나 그 밖의 부정한 방법으로 등록을 한 경우
- 정기검사 명령, 수시검사 명령 또는 정비 명령에 따르지 아니한 경우
- 건설기계를 폐기한 경우(방치된 건설기계의 강제처리에 따라 폐기한 경우로 한정)

- 대통령령으로 정하는 내구연한을 초과한 건설기계. 다만, 정밀진단을 받아 연장된 경우는 그 연장기간을 초과한 건설기계

35 등록신청(건설기계관리법 시행령 제3조제1항 전단)

건설기계를 등록하려는 건설기계의 소유자는 건설기계등록신청서(전자문서로 된 신청서를 포함)에 다음의 서류(전자문서를 포함)를 첨부하여 건설기계 소유자의 주소지 또는 건설기계의 사용본거지를 관할하는 특별시장·광역시장·도지사 또는 특별자치도지사(이하 시·도지사라 한다)에게 제출하여야 한다.

① 다음의 구분에 따른 해당 건설기계의 출처를 증명하는 서류(단, 해당 서류를 분실한 경우에는 해당 서류의 발행사실을 증명하는 서류(원본 발행기관에서 발행한 것으로 한정)로 대체 가능)

  ㉠ 국내에서 제작한 건설기계 : 건설기계제작증

  ㉡ 수입한 건설기계 : 수입면장 등 수입사실을 증명하는 서류

  ㉢ 행정기관으로부터 매수한 건설기계 : 매수증서

② 건설기계의 소유자임을 증명하는 서류(단, ①의 각 서류가 건설기계의 소유자임을 증명할 수 있는 경우 해당 서류로 갈음 가능)

③ 건설기계제원표

④ 「자동차손해배상 보장법」에 따른 보험 또는 공제의 가입을 증명하는 서류(「자동차손해배상 보장법 시행령」에 해당되는 건설기계의 경우에 한정하되, 시장·군수 또는 구청장(자치구의 구청장)에게 신고한 매매용건설기계를 제외)

36 로더의 전경각 및 후경각(건설기계 안전기준에 관한 규칙 제14조제1항)

로더의 전경각이란 버킷을 가장 높이 올린 상태에서 버킷만을 가장 아래쪽으로 기울였을 때 버킷의 가장 넓은 바닥면이 수평면과 이루는 각도를 말하고, 로더의 후경각이란 버킷의 가장 넓은 바닥면을 지면에 닿게 한 후 버킷만을 가장 안쪽으로 기울였을 때 버킷의 가장 넓은 바닥면이 지면과 이루는 각도를 말한다.

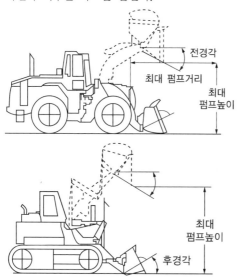

37 동력원 기호

공기압동력원	원동기	전동기
▷	M	Ⓜ

39 무부하밸브 : 일정한 설정 유압에 달했을 때 유압펌프를 무부하로 하기 위한 밸브이다.

40 쿠션 기구는 피스톤이 커버와 충돌할 때의 쇼크를 흡수하여 실린더 수명을 연장할 뿐만 아니라 쇼크로 발생되는 진동 등에 의한 유압장치의 기기, 배관 등의 손상을 방지한다.

41 오일의 온도에 따른 점도변화는 점도지수로 나타난다.

42 플런저펌프
- 작동원리 : 펌프실 내의 플런저(피스톤)가 실린더 내에서 왕복운동을 하면서 펌프작용을 한다.
- 종 류
  - 레이디얼형 : 플런저가 회전축에 대하여 직각방사형으로 배열된 형식
  - 액시얼형 : 플런저가 구동축 방향으로 작동하는 형식

43 여과기의 분류
- 탱크용(펌프 흡입 쪽) : 스트레이너, 흡입여과기
- 관로용
  - 펌프 토출 쪽 : 라인 여과기
  - 되돌아오는 쪽 : 리턴 여과기
  - 순환라인 : 순환 여과기

44 유량제어밸브가 일의 속도를 제어한다.

45 ④ 고장원인의 발견이 어렵고, 구조가 복잡하다.

46 보일의 법칙 : 온도가 일정할 때 이상기체의 체적은 압력에 반비례한다.

47 감전재해 발생 시 취해야 할 행동순서
- 감전된 상황을 신속히 판단
- 접촉이 되었는가를 확인
- 전기공급원의 스위치 내림
- 고무장갑, 고무장화를 착용하고 피해자를 구출
- 인공호흡 등 응급조치
- 병원으로 이송

48 안전보건표지(산업안전보건법 시행규칙 [별표 6])

방사성물질 경고	고압전기 경고	폭발성물질 경고

49 드라이버의 치수는 굵기×길이로 나타낸다. 여기서 굵기는 철 부분의 굵기를 나타내며, 길이는 앞의 손잡이 부분을 제외한 철 부분을 나타낸다.

50 사고의 원인

	물적 원인	불안전한 상태(1차 원인)
직접 원인	인적 원인	불안전한 행동(1차 원인)
	천재지변	불가항력
간접 원인	교육적 원인	개인적 결함(2차 원인)
	기술적 원인	
	관리적 원인	사회적, 환경적, 유전적 요인

51 전기 작업 시에는 절연된 자루를 사용한다.

52 해머작업을 장갑을 끼고 하다가는 장갑의 미끄럼에 의해 해머를 놓쳐 주위의 사람이나 기계, 장비에 피해를 줄 수 있다.

53 동력기계 장치의 표준 방호덮개의 설치 목적
  • 가공물, 공구 등의 낙하 비래에 의한 위험을 방지하기 위한 것
  • 위험 부위에 인체의 접촉 또는 접근을 방지하기 위한 것
  • 방음, 집진 등을 목적으로 하기 위한 것

54 ③ 발열량이 클수록 타기 쉽다.

55 ④ 열처리된 재료는 해머작업을 하지 말 것

56 산업재해의 정의(산업안전보건법 제2조제1호)
노무를 제공하는 사람이 업무에 관계되는 건설물・설비・원재료・가스・증기・분진 등에 의하거나 작업 또는 그 밖의 업무로 인하여 사망 또는 부상하거나 질병에 걸리는 것을 말한다.

57 전주 및 지선 주위를 굴착하면 전주가 쓰러지기 쉬우므로 굴착해서는 안 된다.

58 주위의 굴착공사는 안전관리전담자의 입회 아래 실시할 것

60 가공전선의 높이
  • 도로 횡단 시 : 6m 이상
  • 교통에 지장이 없는 도로 : 5m
  • 철도 또는 궤도 횡단 시 : 6.5m
  • 횡단보도교
    – 저 : 3m
    – 고 : 3.5m
    – 특고 : 4m

⟳ 모의고사 p.131

01	①	02	④	03	②	04	③	05	④	06	①	07	③	08	②	09	③	10	②
11	③	12	③	13	④	14	①	15	③	16	②	17	③	18	②	19	③	20	①
21	④	22	③	23	③	24	①	25	①	26	②	27	④	28	②	29	①	30	④
31	④	32	③	33	③	34	④	35	④	36	①	37	④	38	③	39	②	40	②
41	①	42	①	43	④	44	③	45	②	46	③	47	④	48	②	49	②	50	②
51	④	52	①	53	②	54	③	55	①	56	②	57	③	58	②	59	④	60	④

01 ① 공기 흐름저항이 적을 것

03 4행정 사이클의 윤활방식
- 비산식 : 커넥팅로드에 붙어 있는 주걱으로 오일 팬 안의 오일을 각 섭동부에 뿌리는 방식으로 소형 엔진에만 사용된다.
- 압송식 : 크랭크축에 의해 구동되는 오일펌프가 오일 팬 안의 오일을 흡입, 가압하여 각 섭동부에 보내는 방식
- 비산압송식 : 비산식 + 압송식

04 냉각 방식
- 공랭식 : 자연 통풍식, 강제 통풍식
- 수랭식 : 자연 순환식, 강제 순환식(압력 순환식, 밀봉 압력식)

05 프라이밍펌프는 엔진의 최초 기동 시 또는 연료 공급라인의 탈·장착 시에 연료탱크부터 분사펌프까지의 연료라인 내에 연료를 채우고, 연료 속에 들어 있는 공기를 빼내는 역할을 한다.

06 ① 응고점이 낮을 것

07 직접분사실식의 장점
- 연료소비량이 다른 형식보다 적다.
- 연소실의 표면적이 작아 냉각손실이 적다.
- 연소실이 간단하고 열효율이 높다.
- 실린더헤드의 구조가 간단하여 열변형이 적다.
- 와류손실이 없다.
- 시동이 쉽게 이루어지기 때문에 예열플러그가 필요 없다.

08 rpm = 엔진 1분당 회전수

09 ③ 연료 소비가 많고, 큰 동력을 얻을 수 있다.
※ 단점은 구조가 복잡하고, 제작비가 비싸다.

10 팬 벨트와 풀리의 밑부분이 접촉되지 않고 공간이 있어야 미끄럼이 생기지 않는다.

11 ③ 유연성과 적당한 강도가 있을 것

12 피스톤과 실린더 벽 사이의 간극이 클 때 미치는 영향
- 블로바이에 의해 압축압력이 낮아진다.
- 피스톤링의 기능 저하로 인하여 오일이 연소실에 유입되어 오일 소비가 많아진다.
- 피스톤 슬랩(Piston Slap) 현상이 발생되며, 엔진 출력이 저하된다.

13 천연중화제인 베이킹 소다는 산성을 중화시키는데 사용된다.

14 12V 축전지일 때 기동 회로의 전압 시험에서 전압 강하가 0.2V 이하이면 정상이다.

15 전해액을 만들 때는 전기가 잘 통하지 않는 용기를 사용하여야 한다.

16 교류발전기는 소형·경량이다.

17 일반적인 등화장치는 직렬연결법이 사용되나 전조등 회로는 병렬연결이다.

18 정전기
서로 다른 두 물체를 마찰시키면 전기가 생기는데 움직이지 않고 한 군데 머무른다고 하여 정지해 있는 전기라는 뜻에서 정전기라고 한다. 한쪽은 양의 전기(+), 다른 쪽은 음의 전기(−)가 생긴다.
※ 동전기 : 정전기의 이동(전류에 의해 생기는 현상)을 동전기라 한다.

19 스톨 포인트(Stall Point)란
$\dfrac{\text{터빈의 회전속도}(NT)}{\text{펌프의 회전속도}(NP)} = 0$을 말한다.
속도비가 0일 때 스톨 포인트 또는 드래그 포인트라 하며, 이때 토크비가 가장 크고, 회전력이 최대가 된다.

20 ① 유니버설 조인트(Universal Joint, 자재이음) : 추진축의 각도 변화를 가능하게 하고 회전 시 발생하는 각속도의 변화를 상쇄시키는 이음이다.
② 슬립이음 : 변속기 출력축의 스플라인에 설치되어 축방향으로 이동하면서 드라이브 라인의 길이변화에 대응하는 것을 말한다.

③ 플랜지이음 : 연결하려는 축에 플랜지를 만들어 키 또는 볼트로 고정하는 이음이다.
④ 등속이음 : 구조가 복잡하고 가격이 비싸지만, 드라이브 라인의 각도가 크게 변화할 때에도 동력전달효율이 높다는 장점을 가지고 있다.

21 조향장치의 핸들 조작이 무거운 원인
• 유압이 낮다.
• 오일이 부족하다.
• 유압계통 내에 공기가 혼입되었다.
• 타이어의 공기압력이 너무 낮다.
• 오일펌프의 회전이 느리다.
• 오일펌프의 벨트가 파손되었다.
• 오일호스가 파손되었다.
• 앞바퀴 휠 얼라인먼트 조절이 불량하다.

23 캠버의 필요성
• 수직하중에 의한 앞차축의 휨을 방지한다.
• 조향핸들의 조향 조작력을 가볍게 한다.
• 하중을 받았을 때 바퀴의 아래쪽이 바깥쪽으로 벌어지는 것을 방지한다.

25 릴리프밸브 : 펌프의 토출 측에 위치하여 회로 전체의 압력을 제어하는 밸브이다.

26 압력판은 클러치 스프링에 의해 플라이휠 쪽으로 작용하여 클러치 디스크를 플라이휠에 압착시키고 클러치 디스크는 압력판과 플라이휠 사이에서 마찰력에 의해 엔진의 회전을 변속기에 전달하는 일을 한다.

27 ④ 체적탄성계수가 커야 한다.

29 수직 굴토작업은 기중기의 클램셸 작업을 통해 이루어진다.

30 경사지를 내려갈 때는 변속레버를 저속 위치로 하고 엔진 브레이크를 충분히 활용한다.

31 무한궤도형식은 환향 클러치 방식이며, 타이어 형식은 유압식(동력조향식), 허리꺾기 방식(차체굴절형식), 뒷바퀴 환향(조향)방식으로 작동된다.

32 차동제한장치는 사지·습지 등에서 타이어가 미끄러지는 것을 방지한다.

33 건설기계조종사면허를 받지 아니하고 건설기계를 조종한 자는 1년 이하의 징역 또는 1,000만원 이하의 벌금에 처한다(「건설기계관리법」 제41조제14호).

34 연구개발 또는 수출을 목적으로 건설기계의 제작 등을 하려는 자는 형식승인을 받지 아니하거나 형식신고를 하지 아니할 수 있다(「건설기계관리법」 제18조제8항).

35 최고속도가 35km/h 미만인 경우에 해당 건설기계가 위치한 장소에서 예외적으로 검사할 수 있다(「건설기계관리법 시행규칙」 제32조).

36 정의(건설기계관리법 제2조제1항제3~7호)
- 건설기계사업 : 건설기계대여업, 건설기계정비업, 건설기계매매업 및 건설기계해체재활용업을 말한다.
- 건설기계대여업 : 건설기계의 대여를 업(業)으로 하는 것을 말한다.
- 건설기계정비업 : 건설기계를 분해·조립 또는 수리하고 그 부분품을 가공제작·교체하는 등 건설기계를 원활하게 사용하기 위한 모든 행위(경미한 정비행위 등 국토교통부령으로 정하는 것은 제외)를 업으로 하는 것을 말한다.
- 건설기계매매업 : 중고(中古) 건설기계의 매매 또는 그 매매의 알선과 그에 따른 등록사항에 관한 변경신고의 대행을 업으로 하는 것을 말한다.
- 건설기계해체재활용업 : 폐기 요청된 건설기계의 인수(引受), 재사용 가능한 부품의 회수, 폐기 및 그 등록말소 신청의 대행을 업으로 하는 것을 말한다.

37 벌칙(건설기계관리법 제41조제19호)
「건설기계관리법」 제33조제3항을 위반하여 건설기계를 도로나 타인의 토지에 버려둔 자는 1년 이하의 징역 또는 1,000만원 이하의 벌금에 처한다.
건설기계의 소유자 또는 점유자의 금지행위(건설기계관리법 제33조제3항)
건설기계의 소유자 또는 점유자는 건설기계를 도로에 계속하여 버려두거나 정당한 사유 없이 타인의 토지에 버려두어서는 아니 된다.

38 덤핑 클리어런스 : 버킷을 상승시켰을 때 버킷 투스 하단과 지면과의 거리이며, 덤핑 클리어런스가 커지면 버킷을 들어 올리는 높이가 높아진다.

39 미등록 건설기계의 임시운행(건설기계관리법 시행규칙 제6조제1항)
건설기계의 등록 전에 일시적으로 운행을 할 수 있는 경우는 다음과 같다.
- 등록신청을 하기 위하여 건설기계를 등록지로 운행하는 경우
- 신규등록검사 및 확인검사를 받기 위하여 건설기계를 검사장소로 운행하는 경우
- 수출을 하기 위하여 건설기계를 선적지로 운행하는 경우
- 수출을 하기 위하여 등록말소한 건설기계를 점검·정비의 목적으로 운행하는 경우
- 신개발 건설기계를 시험·연구의 목적으로 운행하는 경우
- 판매 또는 전시를 위하여 건설기계를 일시적으로 운행하는 경우

40 건설기계 검사의 종류(건설기계관리법 제3조제1항)
- 신규등록검사 : 건설기계를 신규로 등록할 때 실시하는 검사
- 정기검사 : 건설공사용 건설기계로서 3년의 범위에서 국토교통부령으로 정하는 검사유효기간이 끝난 후에 계속하여 운행하려는 경우에 실시하는 검사와 「대기환경보전법」 및 「소음·진동관리법」에 따른 운행 차의 정기검사
- 구조변경검사 : 건설기계의 주요 구조를 변경하거나 개조한 경우 실시하는 검사
- 수시검사 : 성능이 불량하거나 사고가 자주 발생하는 건설기계의 안전성 등을 점검하기 위하여 수시로 실시하는 검사와 건설기계 소유자의 신청을 받아 실시하는 검사

41 유압유의 점도

유압유의 점도가 너무 높을 경우	유압유의 점도가 너무 낮을 경우
• 유동저항의 증가로 인한 압력손실 증가 • 동력손실 증가로 기계효율 저하 • 내부마찰의 증대에 의한 온도 상승 • 소음 또는 공동현상 발생 • 유압기기 작동의 둔화	• 압력 저하로 정확한 작동 불가 • 유압펌프, 모터 등의 용적효율 저하 • 내부 오일의 누설 증대 • 압력 유지의 곤란 • 기기의 마모 가속화

42 두 관의 출입구는 모두 유면 밑에 위치해야 하고, 관 끝은 기름 탱크의 바닥으로부터 관경의 2, 3배 이상 떨어져야 한다. 펌프의 흡입구와 오일탱크 바닥면의 거리를 벌림으로써 이물질이 바닥에서 혼입되는 것을 방지할 수 있다.

43 유압실린더의 분류
- 단동형 : 피스톤형, 플런저 램형
- 복동형 : 단로드형, 양로드형
- 다단형 : 텔레스코픽형, 디지털형

44 유압모터의 특징
- 소형·경량이며, 큰 힘을 낼 수 있다.
- 회전체의 관성력이 작으므로 응답성이 빠르다.
- 정·역회전이 가능하다.
- 무단변속으로 회전수를 조정할 수 있다.
- 자동제어의 조작부 및 서보기구의 요소로 적합하다.

45 셔틀밸브는 방향제어밸브에 속한다.

46 제어밸브
- 방향제어밸브 : 일의 방향 제어
- 유량제어밸브 : 일의 속도 제어
- 압력제어밸브 : 일의 크기 제어

47 채터링(Chattering)
유압기의 밸브스프링 약화로 인해 밸브 면에 생기는 강제 진동과 고유 진동의 쇄교로 밸브가 시트에 완전히 접촉을 하지 못하고 바르르 떠는 현상

48 기어펌프
구조가 간단하여 기름의 오염에도 강하다. 그러나 누설방지가 어려워 효율이 낮으며 가변용량형으로 제작할 수 없다.

49 스트레이너는 유압유에 포함된 불순물을 제거하기 위해 유압펌프 흡입관에 설치한다.

50 유압이 낮아지는 원인
- 엔진 베어링의 윤활 간극이 클 때
- 오일펌프가 마모되었거나 회로에서 오일이 누출될 때
- 오일의 점도가 낮을 때
- 오일 팬 내의 오일량이 부족할 때
- 유압조절밸브 스프링의 장력이 쇠약하거나 절손되었을 때
- 엔진오일이 연료 등의 유입으로 현저하게 희석되었을 때

51 벨트의 회전을 정지시킬 때는 완전히 정지할 때까지는 손을 대지 말아야 한다.

52 상해 정도별 구분(ILO 구분)
- 사망 : 안전사고로 죽거나 사고 시 입은 부상의 결과로 일정 기간 이내에 생명을 잃는 것
- 영구 전 노동 불능 상해 : 부상의 결과로 근로의 기능을 완전히 영구적으로 잃는 상해 정도(1~3급)
- 영구 일부 노동 불능 상해 : 부상의 결과로 신체의 일부가 영구적으로 노동 기능을 상실한 상해 정도(4~14급)
- 일시 전 노동 불능 상해 : 의사의 진단으로 일정 기간 정규 노동에 종사할 수 없는 상해 정도(완치 후 노동력 회복)
- 일시 일부 노동 불능 상해 : 의사의 진단으로 일정 기간 정규 노동에 종사할 수 없으나, 휴무 상태가 아닌 일시 가벼운 노동에 종사할 수 있는 상해 정도
- 응급조치 상해 : 응급 처치 또는 자가 치료(1일 미만)를 받고 정상 작업에 임할 수 있는 상해 정도

53 ② 사용 목적에 적합한 것

54 아세틸렌 용접장치의 안전기 설치위치
- 취 관
- 분기관
- 발생기와 가스용기 사이

55 산업재해 조사목적
- 동종재해 및 유사재해 재발방지 → 근본적 목적
- 재해원인 규명
- 예방자료 수집으로 예방대책

56 안전보건표지(산업안전보건법 시행규칙 [별표 6])

산화성물질 경고	폭발성물질 경고	급성독성물질 경고

57 폭발성 물질 및 유기과산화물(산업안전보건기준에 관한 규칙 [별표 1])
- ㉠ 질산에스테르류
- ㉡ 나이트로화합물
- ㉢ 나이트로소화합물
- ㉣ 아조화합물
- ㉤ 다이아조화합물
- ㉥ 하이드라진 유도체
- ㉦ 유기과산화물
- ㉧ 그 밖에 ㉠부터 ㉦까지의 물질과 같은 정도의 폭발 위험이 있는 물질
- ㉨ ㉠부터 ㉧까지의 물질을 함유한 물질

58 접선 물림점(Tangential Point)
- 회전하는 부분의 접선 방향으로 물려 들어갈 위험이 존재하는 점
- V벨트와 풀리, 체인과 스프로킷, 랙과 피니언 등

회전 말림점(Trapping Point)
- 회전하는 물체에서 길이 · 굵기 · 속도 등이 불규칙한 부위와 돌기회전 부위에 머리카락, 장갑 및 작업복 등이 말려들 위험이 형성되는 점
- 축, 커플링, 회전하는 공구 등

59 정전 시나 점검 · 수리 시에는 반드시 전원스위치를 내린다.

60 연삭기 작업 안전수칙

- 작업 시 연삭숫돌의 측면을 사용하여 작업하지 말 것
- 연삭기의 덮개 노출각도는 90°이거나 전체 원주의 1/4을 초과하지 말 것
- 연삭숫돌의 교체 시는 3분 이상 시운전할 것
- 사용 전에 연삭숫돌을 점검하여 균열이 있는 것은 사용하지 말 것
- 연삭숫돌과 받침대 간격은 3mm 이내로 유지할 것
- 작업 시에는 연삭숫돌 정면으로부터 150° 정도 비켜서 작업할 것
- 가공물은 급격한 충격을 피하고 점진적으로 접촉시킬 것
- 소음이나 진동이 심하면 즉시 점검할 것
- 작업모, 안전화, 보안경, 방진마스크, 보호장갑을 착용한다.

↻ 모의고사 p.142

01	①	02	②	03	①	04	④	05	③	06	①	07	②	08	②	09	③	10	①
11	②	12	④	13	④	14	③	15	④	16	③	17	②	18	③	19	④	20	④
21	④	22	②	23	①	24	④	25	①	26	③	27	①	28	②	29	④	30	②
31	④	32	①	33	①	34	③	35	②	36	②	37	①	38	①	39	④	40	④
41	②	42	②	43	②	44	①	45	②	46	①	47	③	48	③	49	①	50	③
51	①	52	②	53	②	54	③	55	③	56	②	57	②	58	②	59	④	60	④

01
대형건설기계에는 제2조제33호의 요건 중 어느 하나 또는 2가지 이상일 경우 적합한 특별표지판을 부착하여야 한다(「건설기계 안전기준에 관한 규칙」 제168조).

대형건설기계의 범위(건설기계 안전기준에 관한 규칙 제2조제33호)
- 길이가 16.7m를 초과하는 건설기계
- 너비가 2.5m를 초과하는 건설기계
- 높이가 4.0m를 초과하는 건설기계
- 최소회전반경이 12m를 초과하는 건설기계
- 총중량이 40ton을 초과하는 건설기계. 다만, 굴착기, 로더 및 지게차는 운전중량이 40ton을 초과하는 경우
- 총중량 상태에서 축하중이 10ton을 초과하는 건설기계. 다만, 굴착기, 로더 및 지게차는 운전중량 상태에서 축하중이 10ton을 초과하는 경우

02
구조변경범위 등(건설기계관리법 시행규칙 제42조)
주요 구조의 변경 및 개조의 범위는 다음과 같다. 다만, 건설기계의 기종변경, 육상작업용 건설기계규격의 증가 또는 적재함의 용량증가를 위한 구조변경은 이를 할 수 없다.
- 원동기 및 전동기의 형식변경
- 동력전달장치의 형식변경
- 제동장치의 형식변경
- 주행장치의 형식변경
- 유압장치의 형식변경
- 조종장치의 형식변경
- 조향장치의 형식변경
- 작업장치의 형식변경(단, 가공작업을 수반하지 아니하고 작업장치를 선택부착하는 경우에는 작업장치의 형식변경으로 보지 아니한다)
- 건설기계의 길이 · 너비 · 높이 등의 변경
- 수상작업용 건설기계의 선체의 형식변경
- 타워크레인 설치기초 및 전기장치의 형식변경

03 건설기계조종사면허의 취소·정지처분기준(건설기계관리법 시행규칙 [별표 22])

위반행위	처분기준
건설기계의 조종 중 고의 또는 과실로 중대한 사고를 일으킨 경우	
① 인명피해	
㉠ 고의로 인명피해(사망·중상·경상 등)를 입힌 경우	취 소
㉡ 과실로 「산업안전보건법」에 따른 중대재해가 발생한 경우	취 소
㉢ 그 밖의 인명피해를 입힌 경우	
• 사망 1명마다	면허효력정지 45일
• 중상 1명마다	면허효력정지 15일
• 경상 1명마다	면허효력정지 5일
② 재산피해 : 피해금액 50만원마다	면허효력정지 1일 (90일을 넘지 못함)
③ 건설기계의 조종 중 고의 또는 과실로 「도시가스사업법」에 따른 가스공급시설을 손괴하거나 가스공급시설의 기능에 장애를 입혀 가스의 공급을 방해한 경우	면허효력정지 180일

04 건설기계등록번호표에는 용도·기종 및 등록번호를 표시하여야 한다(「건설기계관리법 시행규칙」 제13조제1항).

05 건설기계 검사의 종류(건설기계관리법 제13조제1항)
- 신규등록검사 : 건설기계를 신규로 등록할 때 실시하는 검사
- 정기검사 : 건설공사용 건설기계로서 3년의 범위에서 국토교통부령으로 정하는 검사유효기간이 끝난 후에 계속하여 운행하려는 경우에 실시하는 검사와 「대기환경보전법」 및 「소음·진동관리법」에 따른 운행차의 정기검사
- 구조변경검사 : 건설기계의 주요 구조를 변경하거나 개조한 경우 실시하는 검사

- 수시검사 : 성능이 불량하거나 사고가 자주 발생하는 건설기계의 안전성 등을 점검하기 위하여 수시로 실시하는 검사와 건설기계 소유자의 신청을 받아 실시하는 검사

06 미등록 건설기계의 임시운행 사유(건설기계관리법 시행규칙 제6조제1항)
- 등록신청을 하기 위하여 건설기계를 등록지로 운행하는 경우
- 신규등록검사 및 확인검사를 받기 위하여 건설기계를 검사장소로 운행하는 경우
- 수출을 하기 위하여 건설기계를 선적지로 운행하는 경우
- 수출을 하기 위하여 등록말소한 건설기계를 점검·정비의 목적으로 운행하는 경우
- 신개발 건설기계를 시험·연구의 목적으로 운행하는 경우
- 판매 또는 전시를 위하여 건설기계를 일시적으로 운행하는 경우

08 계자철심은 계자코일에 전류가 흐르면 강력한 전자석이 된다.

09 디젤엔진의 예열장치

코일형	• 직렬로 되어 있고, 히트코일이 연소실에 노출되어 있다. • 항상 연소실에 들어가 있으니 기계적 강도 및 가스에 의한 부식에 약하다.
실드형	• 병렬로 결선되어 있으며, 튜브 속에 열선이 들어 있어 연소실에 노출되지 않는다. • 발열부가 코일이 아니라 열선으로 되어 있으며, 발열량도 크고, 열용량도 크다. • 내구성도 있으며, 하나가 단선이 되어도 작동하고 예열플러그 저항기가 필요하지 않다. • 예열시간은 60~90초 사이로 해야 한다. 넘으면 단선의 위험이 있다.

10 피스톤링이나 실린더 벽이 마모되면 실린더 벽을 타고 오일이 연소실로 들어와 연소되므로 소비가 많아진다.

11 4행정 엔진

흡기, 압축, 연소, 배기의 피스톤 행정을 1사이클로 하여 크랭크축이 2회전할 때 1회의 사이클이 완료되는 엔진이다.

12 납산축전지 전해액

• 양극판은 과산화납
• 음극판은 해면상납
• 전해액은 묽은 황산

13 오버플로밸브의 역할

• 연료필터 엘리먼트를 보호한다.
• 연료공급펌프의 소음 발생을 방지한다.
• 연료계통의 공기를 배출한다.

15 공기 흐름저항이 적어야 냉각효율이 높다.

16 디젤엔진의 연소실

단실식	직접분사실식	• 연소실의 피스톤헤드의 요철에 의해서 형성되어 있다. • 분사노즐에서 분사되는 연료는 피스톤헤드에 설치된 연소실에 직접 분사되는 방식이다. • 직접 분사되어 연소되기 때문에 연료의 분산도를 향상시키기 위하여 다공형의 노즐을 사용한다. • 연료의 분사 개시압력은 150~300kg/cm^2 정도로 비교적 높다.
복실식	예연소실식	• 실린더헤드에는 주연소실 체적의 30~50% 정도로 예연소실이 설치되고 피스톤이 상사점에 위치할 때 피스톤헤드와 실린더헤드 사이에 주연소실이 형성된다. • 연료의 분사 개시압력은 60~120kg/cm^2 정도이다.
	와류실식	• 실린더헤드에는 압축행정 시에 강한 와류가 발생되도록 주연소실 체적의 70~80% 정도의 와류실이 설치되고 피스톤이 상사점에 위치할 때 피스톤헤드와 실린더헤드 사이에 주연소실이 형성된다. • 연료의 분사 개시압력은 100~125kg/cm^2 정도이다.
	공기실식	• 실린더헤드에는 압축행정 시에 강한 와류가 발생되도록 주연소실 체적의 6.5~20% 정도의 공기실이 설치되고 피스톤이 상사점에 위치할 때 피스톤헤드와 실린더헤드 사이에 주연소실이 형성된다.

17 유량제어밸브가 액추에이터의 속도를 제어한다.

18 유압펌프 작동 중 소음 발생은 기계적인 원인과 흡입되는 공기에 의하며, 릴리프밸브에서 오일의 누유는 압력이 떨어지는 원인이 된다.

19 카운터밸런스밸브 : 한 방향의 흐름에 대하여는 규제된 저항에 의하여 배압(背壓)으로서 작동하는 제어유동이고, 그 반대 방향의 유동에 대하여는 자동유동의 밸브로 추의 낙하를 방지하기 위해서 배압을 유지시켜 주는 압력제어밸브이다.

20 유압기호

릴리프 밸브	감압밸브	순차밸브	무부하 밸브

21 유압모터의 종류 : 기어형, 베인형, 피스톤형, 플런저형 등

22 O링(가장 많이 사용하는 패킹)의 구비조건

• 오일 누설을 방지할 수 있을 것
• 운동체의 마모를 적게 할 것
• 체결력(죄는 힘)이 클 것
• 누설을 방지하는 기구에서 탄성이 양호하고, 압축변형이 적을 것
• 사용 온도 범위가 넓을 것
• 내노화성이 좋을 것
• 상대 금속을 부식시키지 말 것

23 브레이크액의 유압 전달, 또는 차체나 현가장치처럼 상대적으로 움직이는 부분, 작동 및 움직임이 있는 곳에는 플렉시블 호스(Flexible Hose)를 사용하며, 외부의 손상에 튜브를 보호하기 위하여 보호용 리브를 부착하기도 한다.

25 점도는 오일의 끈적거리는 정도를 나타낸다. 점도가 너무 높으면 윤활유의 내부마찰과 저항이 커져 동력의 손실이 증가하며, 점도가 너무 낮으면 동력의 손실은 적어지지만 유막이 파괴되어 마모 감소 작용이 원활하지 못하게 된다.

26 파스칼(Pascal)의 원리
유체(기체나 액체) 역학에서 밀폐된 용기 내에 정지해 있는 유체의 어느 한 부분에서 생기는 압력의 변화가 유체의 다른 부분과 용기의 벽면에 손실 없이 전달된다는 원리

27 건설현장의 이동식 전기기계, 기구에 감전사고 방지를 위한 설비는 접지설비이다.

28 기름으로 인한 화재의 경우 기름과 물은 섞이지 않기 때문에 기름이 물을 타고 더 확산된다.

29 연료를 기화시키면 화재위험이 더 커진다.

30 밀폐공간에서 산소를 들이마시고, 내뱉을 때 다시 산소가 되는 것이 아니라 질식성 유해가스(이산화탄소)가 발생하기 때문에 산소는 점점 없어지고, 밀폐공간의 유해가스를 들이마시게 되면 두통 및 어지러움, 메스꺼움과 같은 증상이 나타나며, 더 나아가 질식으로 인한 기절 및 사망사고를 발생할 수 있다.

32 진동작업 환경개선대책

전신 진동	• 진동노출의 방지 및 저감(진동이 더 적은 작업방법 및 장비를 선택, 진동노출시간 및 정도의 제한, 적절한 작업시간 및 휴식시간 제공 등) • 근로자에 대한 정보 제공 및 교육(기계적 진동 노출을 최소화하는 방법, 건강관리방법, 안전한 작업습관 등)
국소 진동	• 공학적 대책(저진동형 기계 또는 장비 사용, 진동 수공구를 적절히 유지·보수하고 진동이 많이 발생하는 기구는 교체) • 작업방법 개선(진동공구 사용시간 단축 및 휴식시간 부여, 진동공구와 비진동공구를 교대로 사용하도록 직무배치, 손잡이는 살살 잡도록 교육) • 보호장비 지급(진동방지장갑 착용, 손잡이 등에 진동을 감쇠시키는 재질 사용, 체온저하 및 말초혈관수축 예방을 위한 방한복 착용 등) • 근로자 교육(인체에 미치는 영향, 증상, 진동장해 예방법, 보호장비 착용법 등)

33 불연성 재료를 사용하여야 한다.

34 해머로 타격할 때에는 처음과 마지막에는 힘을 많이 가하지 말아야 한다.

35 전기 작업 시 자루는 비전도체 재료(나무, 고무, 플라스틱)로 되어 있는 것을 사용한다.

36 킥아웃 장치 : 붐 실린더가 상승의 위치에서 유지의 위치로 자동으로 복귀되는 작용을 한다. 즉, 붐이 일정한 높이에 오르면 자동으로 멈추어 안전성과 작업능률을 향상시킨다.

37 굴착작업 시에는 버킷을 수평 또는 약 5° 정도 앞으로 기울이는 것이 좋다.

38 타이로드 엔드 불량 시 핸들의 흔들림 및 타이어 이상 마모현상이 생긴다.

39 안전보건표지의 색도기준 및 용도(산업안전보건법 시행규칙 [별표 8])

색 채	용 도	사용례
빨간색	금 지	정지신호, 소화설비 및 그 장소, 유해행위의 금지
	경 고	화학물질 취급장소에서의 유해·위험경고
노란색	경 고	화학물질 취급장소에서의 유해·위험경고 이외의 위험경고, 주의표지 또는 기계방호물
파란색	지 시	특정 행위의 지시 및 사실의 고지
녹 색	안 내	비상구 및 피난소, 사람 또는 차량의 통행표지
흰 색		파란색 또는 녹색에 대한 보조색
검은색		문자 및 빨간색 또는 노란색에 대한 보조색

41 유압장치의 일상점검 방법
- 오일량 점검 및 필터의 교환
- 오일 누설 여부 점검
- 소음 및 호스의 누유 여부 점검
- 변질상태 점검

42 벌칙(건설기계관리법 제41조제18호)
건설기계조종사면허가 취소되거나 건설기계조종사면허의 효력정지처분을 받은 후에도 건설기계를 계속하여 조종한 자는 1년 이하의 징역 또는 1,000만원 이하의 벌금에 처한다.

43 축압기는 고압유를 저장하는 용기로 필요에 따라 유압시스템에 유압유를 공급하거나, 회로 내의 밸브를 갑자기 폐쇄할 때 발생되는 서지압력을 방지할 목적으로 사용된다.

44 건설기계사업의 등록 등(건설기계관리법 제21조제1항)
건설기계사업을 하려는 자(지방자치단체는 제외)는 대통령령으로 정하는 바에 따라 사업의 종류별로 특별자치시장·특별자치도지사·시장·군수 또는 자치구의 구청장(시장·군수·구청장)에게 등록하여야 한다.

45 타이어식 건설기계 조명장치 설치기준(건설기계 안전기준에 관한 규칙 제155조)
① 최고주행속도가 15km/h 미만인 건설기계
 ㉠ 전조등
 ㉡ 제동등(단, 유량 제어로 속도를 감속하거나 가속하는 건설기계는 제외)
 ㉢ 후부반사기
 ㉣ 후부반사판 또는 후부반사지
② 최고주행속도가 15km/h 이상 50km/h 미만인 건설기계
 ㉠ ①의 ㉠~㉣에 해당하는 조명장치
 ㉡ 방향지시등
 ㉢ 번호등
 ㉣ 후미등
 ㉤ 차폭등
③ 운전면허를 받아 조종하는 건설기계 또는 50km/h 이상 운전이 가능한 타이어식 건설기계
 ㉠ ① 및 ②에 따른 조명장치
 ㉡ 후퇴등
 ㉢ 비상점멸 표시등

46 기어모터는 누설유량이 많고, 수명이 짧다.

47 국토교통부령으로 정하는 소형건설기계(건설기계관리법 시행규칙 제73조제2항)
- 5ton 미만의 불도저
- 5ton 미만의 로더
- 5ton 미만의 천공기(단, 트럭적재식은 제외)
- 3ton 미만의 지게차
- 3ton 미만의 굴착기
- 3ton 미만의 타워크레인
- 공기압축기
- 콘크리트펌프(단, 이동식에 한정)
- 쇄석기
- 준설선

48 임시운행기간은 15일 이내로 한다. 다만, 신개발 건설기계를 시험·연구의 목적으로 운행하는 경우에는 3년 이내로 한다(「건설기계관리법 시행규칙」 제6조제3항).

49 로더의 작업방법 중 상차작업 종류
- 직·후진법(I형) : 적재물을 버킷에 담고 덤프트럭이 적재물과 로더의 버킷 사이로 들어오면서 상차하는 방법
- 90° 회전법(T형) : 좁은 장소에서 사용되지만 작업 효율이 낮은 방법
- V형 상차법(45° 상차법) : 적재물을 버킷에 담고 후진한 후 덤프트럭 적재함 쪽으로 방향을 바꿔 전진하여 상차하는 방법

50 ③의 경우는 오일 누설의 원인이다. 유압펌프가 오일을 토출하지 않을 경우 흡입 측 회로에 압력이 너무 낮은지 점검한다.

51 캐비테이션 현상
공동현상이라고도 하며, 이 현상이 발생하면 소음과 진동이 발생하고, 양정과 효율이 저하된다.

52 차동기 고정장치를 작동시키면 좌우 바퀴의 회전이 일정하므로 연약한 지반에서의 작업에 유리하다.

53 벨트를 풀리에 걸 때는 반드시 회전을 정지시킨 다음에 한다.

54 유압 작동유에 들어 있는 먼지, 철분 등의 불순물은 유압기기 슬라이드 부분의 마모를 가져오고 운동에 저항으로 작용하므로 이를 제거하기 위하여 사용하며 필터와 스트레이너가 있다.
- 필터 : 배관 도중이나 복귀회로, 바이패스 회로 등에 설치하여 미세한 불순물을 여과한다.
- 스트레이너 : 비교적 큰 불순물을 제거하기 위하여 사용하며 유압펌프의 흡입 측에 장치하여 오일탱크로부터 펌프나 회로에 불순물이 혼입되는 것을 방지한다.

55 가스용접 호스 : 산소용은 흑색 또는 녹색, 아세틸렌용은 적색으로 표시한다.

56 소화설비 선택 시 고려하여야 할 사항
작업의 성질, 작업장의 환경, 작업장 환경에 따른 화재의 성질 등이 있으나 작업자의 성격과는 무관하다.

57 버킷이 완전히 복귀된 다음 지면에서 약 60cm 정도 올려서 주행한다.

58 굴착작업이 수반되지 않을 때에는 타이어식 로더를 사용한다.

59 유압장치는 유압유의 압력에너지를 이용하여 기계적인 일을 하는 것이다.

60 트랙 장력이 너무 팽팽하면 트랙부품이 조기 마모되고, 너무 느슨하면 벗겨질 위험이 있기 때문에 조정해야 한다.

↻ 모의고사 p.152

01	①	02	③	03	②	04	④	05	②	06	②	07	④	08	②	09	④	10	②
11	①	12	①	13	④	14	④	15	④	16	①	17	①	18	②	19	④	20	③
21	①	22	①	23	③	24	②	25	④	26	③	27	④	28	④	29	②	30	④
31	①	32	②	33	②	34	④	35	④	36	①	37	②	38	④	39	①	40	①
41	④	42	②	43	①	44	②	45	③	46	④	47	③	48	①	49	①	50	②
51	①	52	②	53	①	54	④	55	④	56	④	57	②	58	③	59	①	60	①

01 부동액의 종류에는 메탄올, 에틸렌글리콜, 글리세린 등이 있다.

02 연료의 분사 끝에서 후적이 일어나면 노킹의 원인이 된다.

03 실린더의 벽이 마멸되면 오일 소모량이 증가하고, 압축 및 폭발압력이 감소한다.

04 엔진 과열 원인
- 냉각핀의 손상 및 오염
- 냉각수의 부족
- 냉각수 순환계통의 막힘
- 이상 연소(노킹 등)
- 팬 벨트의 이완 또는 절손
- 워터펌프의 작동 불량
- 라디에이터의 불량
- 압력식 캡의 불량

06 점도지수가 클수록 온도변화의 영향을 덜 받는다.

07 디젤엔진에서 연료라인에 공기가 혼입되면 부조현상이 발생하거나 시동이 정지된다.

08 디젤엔진에서 흡입공기 압축 시 압축온도는 약 500~550℃이다.

09 건설기계 정비에서 엔진을 시동한 후 오일 압력계가 정상이 아니면 시동을 정지해야 한다.

10 점화장치는 가솔린엔진에 속한다.

11 노킹이 발생하면 엔진의 회전수가 불규칙해지거나 떨어진다.

12 과급장치는 더 많은 공기를 강제적으로 흡입시켜서 더 높은 출력을 얻도록 하는 역할을 한다.

13 윈드실드 와이퍼를 작동시키는 형식으로 압축공기식, 진공식, 전기식 등이 있으나 일반적으로 전기식이 가장 많이 쓰이고 있다.

14 전류조정기는 직류발전기 부품이다.
  ※ 교류발전기는 스테이터(스테이터 철심, 스테이터 코일), 로터(로터 철심, 로터 코일, 로터축, 슬립 링), 정류기, 브러시, 베어링, V벨트 풀리, 팬 등으로 구성된다.

15 전해액의 양이 많다고 해서 용량이 커지지는 않으며, 자기방전의 원인이 되지도 않는다.

16 ② 축전지의 방전이 계속되면 전압과 전해액의 비중은 모두 낮아진다.
③ 축전지의 용량을 크게 하려면 별도의 축전지를 병렬로 연결하면 된다.
④ 축전지를 보관할 때에는 되도록 충전시키는 것이 좋다.

17 **전류의 3대 작용**
- 자기작용 : 전동기, 발전기, 솔레노이드 기구 등
- 발열작용 : 전구, 예열플러그
- 화학작용 : 축전지의 충·방전 작용

18 시동스위치가 불량하면 솔레노이드 스위치도 작동되지 않는다.

19 **튜브리스타이어의 장단점**

장점	• 튜브에 의한 고장이 없다. • 못과 같은 날카로운 물체에 찔려도 급속한 공기 누출이 없다. • 타이어 내부의 공기가 림에 직접 접촉되고 있기 때문에 주행 중에 발생하는 열을 발산하기 용이하다. • 타이어 공기압의 유지가 좋다.
단점	• 타이어의 내측 또는 비드부에 흠이 생기면 분리 현상이 일어난다. • 타이어와 림의 조립이 불완전하거나, 림 플랜지 부위에 변형이 있으면 공기 누출을 일으킨다. • 비포장도로를 주행할 경우 노면의 돌 등에 의해 림 플랜지 부분에 손상을 입어 공기 누출을 일으킬 경우가 있기 때문에 주의할 필요가 있다.

20 휠 로더의 휠 허브에 있는 유성기어장치에서 유성기어가 핀과 용착되면 동력전달이 원활하지 않아 바퀴가 돌지 않는다.

21 ① 급격하게 부하를 가한 상태의 주행

22 에어브리더는 일종의 환기구이다. 트랜스미션의 에어브리더(막힐 경우 오일 열화, 오일 변질 등이 발생)는 통풍구 역할을 하며 장비의 움직임과는 무관하다.

24 클러치 페달에 유격이 너무 적으면 클러치의 미끄럼이 발생하고, 너무 크면 제동 성능이 감소된다.

25 **로더의 작업방법 중 상차작업의 종류**
- 직·후진법(I형) : 적재물을 버킷에 담고 덤프트럭이 적재물과 로더의 버킷 사이로 들어오면서 상차하는 방법
- 90° 회전법(T형) : 좁은 장소에서 사용되지만 작업 효율이 낮은 방법
- V형 상차법(45° 상차법) : 적재물을 버킷에 담고 후진한 후 덤프트럭 적재함 쪽으로 방향을 바꿔 전진하여 상차하는 방법

26 피스톤링이나 실린더 벽이 마모되면 마모된 벽을 타고 오일이 연소실로 들어와 연소되므로 엔진오일 소비가 증가한다.

27 **건설기계 검사의 종류(건설기계관리법 제13조제1항)**
- 신규등록검사 : 건설기계를 신규로 등록할 때 실시하는 검사
- 정기검사 : 건설공사용 건설기계로서 3년의 범위에서 국토교통부령으로 정하는 검사유효기간이 끝난 후에 계속하여 운행하려는 경우에 실시하는 검사와 「대기환경보전법」 및 「소음·진동관리법」에 따른 운행차의 정기검사
- 구조변경검사 : 건설기계의 주요 구조를 변경하거나 개조한 경우 실시하는 검사
- 수시검사 : 성능이 불량하거나 사고가 자주 발생하는 건설기계의 안전성 등을 점검하기 위하여 수시로 실시하는 검사와 건설기계 소유자의 신청을 받아 실시하는 검사

28 로더의 클러치 컷오프 밸브의 기능
- 변속기의 변속범위에 있을 때 브레이크 페달을 밟으면 순간적으로 변속 클러치가 풀리도록 한다.
- 평지에서 작업을 할 때에는 레버를 하향시켜 변속 클러치가 풀리도록 하여 제동을 용이하게 한다.
- 경사지에서 작업을 할 때에는 레버를 상향시켜 변속 클러치가 계속 물려 있도록 하여 미끄럼을 방지한다.

29 수시검사(건설기계관리법 시행규칙 제30조의2 제1항)
시·도지사는 법에 따라 수시검사를 명령하려는 때에는 수시검사 명령의 이행을 위한 검사의 신청 기간을 31일 이내로 정하여 건설기계 소유자에게 건설기계 수시검사명령서를 서면으로 통지해야 한다. 다만, 건설기계 소유자의 주소 등을 통상적인 방법으로 확인할 수 없거나 통지가 불가능한 경우에는 해당 시·도의 공보 및 인터넷 홈페이지에 공고해야 한다.

30 정비명령(건설기계관리법 시행규칙 제31조제1항)
시·도지사는 법 제13조제7항에 따라 검사에 불합격된 건설기계에 대하여는 31일 이내의 기간을 정하여 해당 건설기계의 소유자에게 검사를 완료한 날(검사를 대행하게 한 경우에는 검사결과를 보고받은 날)부터 10일 이내에 정비명령을 해야 한다.
※ 시·도지사는 정기검사에 불합격된 건설기계에 대하여는 국토교통부령으로 정하는 바에 따라 정비를 받을 것을 명령할 수 있다(「건설기계관리법」 제13조제7항).

31 건설기계조종사면허의 취소·정지처분기준(건설기계관리법 시행규칙 [별표 22])
재산피해 : 피해금액 50만원마다 면허효력정지 1일(90일을 넘지 못함)

32 아웃트리거는 크레인의 전도방지장치의 일종이다.

33 버킷 레벨러의 역할은 유압실린더의 로드 행정을 제한하는 것이다.

34 차동기어장치
- 선회할 때 바깥쪽 바퀴의 회전속도를 증대시킨다.
- 보통 차동기어장치에서는 노면의 저항을 작게 받는 구동바퀴의 회전속도가 빠르게 될 수 있다.
- 선회할 때 좌우의 구동바퀴에 회전속도를 다르게 한다.

35 미등록 건설기계의 임시운행 사유(건설기계관리법 시행규칙 제6조제1항)
- 등록신청을 하기 위하여 건설기계를 등록지로 운행하는 경우
- 신규등록검사 및 확인검사를 받기 위하여 건설기계를 검사장소로 운행하는 경우
- 수출을 하기 위하여 건설기계를 선적지로 운행하는 경우
- 수출을 하기 위하여 등록말소한 건설기계를 점검·정비의 목적으로 운행하는 경우
- 신개발 건설기계를 시험·연구의 목적으로 운행하는 경우
- 판매 또는 전시를 위하여 건설기계를 일시적으로 운행하는 경우

36 건설기계사업의 등록 등(건설기계관리법 제21조 제1항)
건설기계사업을 하려는 자(지방자치단체는 제외)는 대통령령으로 정하는 바에 따라 사업의 종류별로 특별자치시장·특별자치도지사·시장·군수 또는 자치구의 구청장(시장·군수·구청장)에게 등록하여야 한다.
※ "건설기계사업"이란 건설기계대여업, 건설기계정비업, 건설기계매매업 및 건설기계해체재활용업을 말한다(「건설기계관리법」 제2조).

38 유압실린더의 주요 구성 부품 : 피스톤, 피스톤로드, 실린더 튜브, 실, 쿠션 기구 등

39 ① 가변용량형 유압펌프
② 정용량형 유압펌프
③ 스프링

40 유압장치의 작동원리는 밀폐된 용기에 채워진 유체의 일부에 압력을 가하면 유체 내의 모든 곳에 같은 크기로 전달된다는 파스칼의 원리를 응용한 것이다.

41 ④ 언로드 회로 : 유압펌프 유량이 불필요할 때 오일을 저압으로 탱크로 귀환
① 시퀀스 회로 : 실린더를 순차적으로 작동
② 어큐뮬레이션 회로 : 과부하, 진동, 소음, 누유 파손 방지
③ 블리드오프 회로 : 유량조절밸브를 바이패스 회로에 설치하여, 유압실린더로 송유되는 작동유 이외는 탱크로 복귀

42 기동 시 발생하는 저항 증가 현상은 유압유의 점도가 지나치게 높았을 때 나타날 수 있다.

44 체크밸브는 방향제어밸브이다.

45 모터는 회전운동, 실린더는 직선운동을 한다.

46 탱크의 크기가 정지할 때 되돌아오는 오일량의 용량보다 크게 한다.

48 사용한 공구는 면 걸레로 깨끗이 닦아서 공구상자 또는 공구보관으로 지정된 곳에 보관한다.

49 화재발생 시 가장 먼저 점화원을 차단해야 한다.

50 장갑이나 기름 묻은 손으로 자루를 잡지 않는다.

51 너트에 맞는 것을 사용한다.

52 안면보호구(보안경, 보안면)는 물체가 날아오거나 유해한 액체의 비산 또는 자외선, 강렬한 가시광선, 적외선 등의 위험으로부터 눈과 얼굴을 보호하기 위하여 착용하는 보호구이다.

53 벨트를 풀리에 걸 때는 반드시 회전을 정지시킨 다음에 걸어야 한다.

54 ④ 기계 및 장비가 좁은 장소에 설치되어 있을 때

55 사고의 원인

직접 원인	물적 원인	불안전한 상태(1차 원인)
	인적 원인	불안전한 행동(1차 원인)
	천재지변	불가항력
간접 원인	교육적 원인	개인적 결함(2차 원인)
	기술적 원인	
	관리적 원인	사회적, 환경적, 유전적 요인

56 「산업안전보건법」상 안전보건표지에는 금지표지, 경고표지, 지시표지, 안내표지 등이 있다(「산업안전보건법 시행규칙」[별표 6]).

58 공급관(도시가스사업법 시행규칙 제2조제1항제3호)

- 공동주택, 오피스텔, 콘도미니엄, 그 밖에 안전관리를 위하여 산업통상자원부장관이 필요하다고 인정하여 정하는 건축물(이하 공동주택 등이라 한다)에 도시가스를 공급하는 경우에는 정압기에서 가스사용자가 구분하여 소유하거나 점유하는 건축물의 외벽에 설치하는 계량기의 전단밸브(계량기가 건축물의 내부에 설치된 경우에는 건축물의 외벽)까지 이르는 배관
- 공동주택 등 외의 건축물 등에 도시가스를 공급하는 경우에는 정압기에서 가스사용자가 소유하거나 점유하고 있는 토지의 경계까지 이르는 배관
- 가스도매사업의 경우에는 정압기지에서 일반도시가스사업자의 가스공급시설이나 대량수요자의 가스사용시설까지 이르는 배관
- 나프타부생가스 · 바이오가스제조사업 및 합성천연가스제조사업의 경우에는 해당 사업소의 본관 또는 부지 경계에서 가스사용자가 소유하거나 점유하고 있는 토지의 경계까지 이르는 배관

60 가스배관 지하매설 심도(도시가스사업법 시행규칙 [별표 6])

공동주택 등의 부지 내 : 0.6m 이상

↻ 모의고사 p.164

01	①	02	④	03	①	04	③	05	①	06	③	07	②	08	④	09	②	10	②
11	③	12	④	13	②	14	②	15	①	16	③	17	②	18	④	19	②	20	④
21	④	22	④	23	②	24	②	25	④	26	②	27	①	28	③	29	②	30	②
31	③	32	④	33	②	34	③	35	④	36	②	37	③	38	④	39	④	40	④
41	②	42	③	43	④	44	②	45	④	46	①	47	④	48	②	49	②	50	④
51	②	52	②	53	①	54	④	55	①	56	③	57	③	58	④	59	③	60	③

01 디컴프는 시동을 원활하게 하는 기능을 하고, 출력을 증대시키는 장치는 과급기이다.

02 **윤활장치의 목적**
냉각작용, 응력분산작용, 방청작용, 마멸 방지 및 윤활작용, 밀봉작용, 청정분산작용

03 프로펠러 샤프트의 불균형 시 소음이 난다.

04 연료분사펌프는 연료를 압축하여 분사순서에 맞추어 노즐로 압송시키는 장치로 조속기(분사량 제어)와 타이머(분사시기 조절)가 설치되어 있다.

06 건식 공기청정기는 압축공기로 털어 내고, 습식 공기청정기는 세척유로 세척한다.

07 디젤엔진에서는 연료가 윤활작용을 겸하고 있다 (분사펌프 캠축 제외).

08 피스톤링 또는 실린더 벽의 마모는 엔진의 압축 압력을 저하시킨다.

09 오일여과기의 엘리먼트는 습식이므로 교환하거나 세척하여 사용한다.

10 냉각수 온도가 정상적으로 상승하지 않는 것은 수온조절기의 불량 때문이다.

11 엔진은 열에너지를 기계적 동력에너지로 바꾸는 장치이다.

13 **예열플러그식**
예열플러그식 연소실에 흡입된 공기를 직접 가열하는 방식으로 예연소실식과 와류실식 엔진에 사용된다.

14 **축전지의 양극과 음극 단자의 구별하는 방법**
• 양극은 (+), 음극은 (-)의 부호로 분별한다.
• 양극은 빨간색, 음극은 검은색의 색깔로도 분별한다.
• 양극은 지름이 굵고, 음극은 가늘다.
• 양극은 POS, 음극은 NEG의 문자로 분별한다.
• 부식물이 많은 쪽이 양극이다.

15 가솔린이나 LPG차량은 점화플러그가 있어 연소를 도와주고 디젤은 예열플러그만 있다. 디젤은 자기착화엔진이라 하여 연료자체발화로 시동이 걸린다.

16 교류발전기는 전기적 노이즈의 발생이 없다.

18 필라멘트를 갈아 끼울 수 있는 전조등은 세미실드빔식이다. 실드빔식은 필라멘트가 끊어지면 렌즈나 반사경에 이상이 없어도 전조등 전체를 교환해야 하는 단점이 있다.

19 토인의 조정은 타이로드 또는 타이로드 엔드의 고정너트를 풀고 타이로드 또는 타이로드 엔드를 회전시켜 길이를 늘이고 줄여서 조정한다.

21 클러치판의 런아웃 과다는 떨림 현상의 원인이 된다.

22 토사를 적재한 버킷은 항상 최대한 뒤로 오므리고, 위치를 낮춰 운반한다.

25 로더의 토사깎기 작업 시 버킷의 각도는 5° 정도 기울여 깎기 시작하는 것이 좋다.

26 **트랙의 구성부품** : 슈, 슈 볼트, 링크, 부싱, 핀
트랙은 무한궤도식에서 하부구동체이고, 스윙기어는 상부회전체 부품이다.

27 적재, 운반, 투입을 연속적으로 하는 작업은 운반작업이다.

28 연약지반에서 대형 로더가 작업할 때 주로 이용되는 방법은 직·후진법이다.

29 **무한궤도식 로더**
타이어 대신에 무한궤도를 설치한 것으로 강력한 견인력과 접지압이 낮아 습지, 사지에서의 작업이 용이하나 기동성이 낮아 장거리 작업에 불리하다.

30 **벌칙(건설기계관리법 제41조제19호)**
건설기계관리법 제33조제3항을 위반하여 건설기계를 도로나 타인의 토지에 버려둔 자는 1년 이하의 징역 또는 1,000만원 이하의 벌금에 처한다.
건설기계의 소유자 또는 점유자의 금지행위(건설기계관리법 제33조제3항)
건설기계의 소유자 또는 점유자는 건설기계를 도로에 계속하여 버려두거나 정당한 사유 없이 타인의 토지에 버려두어서는 아니 된다.

31 **로더의 정기검사 유효기간(건설기계관리법 시행규칙 [별표 7])**

기 종		연 식	검사유효기간
로 더	타이어식	20년 이하	2년
		20년 초과	1년

32 무상 정비 기간인 12개월 이내에 건설기계의 주행거리가 20,000km(원동기 및 차동장치의 경우에는 40,000km)를 초과하거나 가동시간이 2,000시간을 초과하는 때에는 12개월이 경과한 것으로 본다(「건설기계관리법 시행규칙」 제55조제2항).
① 「건설기계관리법 시행규칙」 제55조제1항 전단
②, ③ 「건설기계관리법 시행규칙」 제55조제1항 단서

33 무한궤도식 로더로 습지용 슈를 사용해도 베어링의 주유는 꼭 하여야 한다.

34 **건설기계정비업의 사업범위(건설기계관리법 시행령 [별표 2])**

정비항목	종합건설기계정비업					부분건설기계정비업	전문건설기계정비업		
	전기종	굴착기	지게차	기중기	덤프 및 믹서		원동기	유압	타워크레인
유압장치의 탈부착 및 분해·정비	○	○	○	○	○	○		○	

35 건설기계의 소유자는 건설기계등록사항에 변경 (주소지 또는 사용본거지가 변경된 경우를 제외) 이 있는 때에는 그 변경이 있은 날부터 30일(상속의 경우에는 상속개시일부터 6개월) 이내에 건설기계등록사항변경신고서(전자문서로 된 신고서를 포함)에 서류(전자문서를 포함)를 첨부하여 등록을 한 시·도지사에게 제출하여야 한다. 다만, 전시·사변 기타 이에 준하는 국가비상사태하에 있어서는 5일 이내에 하여야 한다 (「건설기계관리법 시행령」 제5조제1항).

36 건설기계조종사면허의 취소·정지(건설기계관리법 시행규칙 [별표 22])
건설기계조종사면허의 효력정지기간 중 건설기계를 조종한 사람 : 취소

37 유압유의 점도

유압유의 점도가 너무 높을 경우	유압유의 점도가 너무 낮을 경우
• 유동저항의 증가로 인한 압력손실 증가	• 압력 저하로 정확한 작동 불가
• 동력손실 증가로 기계효율 저하	• 유압펌프, 모터 등의 용적효율 저하
• 내부마찰의 증대에 의한 온도 상승	• 내부 오일의 누설 증대
• 소음 또는 공동현상 발생	• 압력 유지의 곤란
• 유압기기 작동의 둔화	• 기기의 마모 가속화

38 속도제어회로 종류
• 미터인회로
• 미터아웃회로
• 블리드오프회로
• 카운터밸런스회로
• 차동회로
• 가변용량형 펌프회로
• 감속회로

39 유량(Flow Rate)이라 함은 유체의 흐름 중 일정 면적의 단면을 통과하는 유체의 체적, 질량 또는 중량을 시간에 대한 비율로 표현한 것이다.

40 피스톤 패킹이 손상되면 실린더 작동 시 유압누설로 작동이 불완전하게 된다. 유압실린더의 누유는 유압장치를 더럽히고 또 누유 부분에서 이물질이 유압장치 안으로 혼입되어 유압장치의 수명을 단축시키므로 누유 시 즉시 조치를 취해야 한다.

41 점도가 높으면 마찰력이 높아지기 때문에 압력이 높아진다.

42 ② 정용량 유압펌프(화살표 없음)
③ 가변용량 유압펌프(화살표 있음)

43 피스톤로드는 유압실린더의 부속품이다.
※ 오일탱크의 구성품으로는 스트레이너, 배플, 드레인 플러그, 주입구 캡, 유면계 등이 있다.

44 작동유에 먼지나 공기가 침입하지 않도록 특히 보수에 주의해야 한다.

45 유압펌프가 오일을 토출하지 않을 경우 흡입 측 회로에 압력이 너무 낮은지 점검한다.

48 스패너나 렌치를 사용할 때는 몸 쪽으로 당기면서 작업을 한다.

50 처음부터 크게 휘두르지 않고도 목표에 잘 맞게 시작한 후 차차 크게 휘두른다.

51 작업모 착용 이유는 재해로부터 작업자의 몸을 보호하기 위해서이다.

52 ② 작업복은 작업의 안전에 중점을 둔다.

54 연료의 기화는 불을 확산시킨다.

55 녹십자표지는 안전의식을 북돋우기 위하여 필요한 장소에 설치·부착한다.

56 ③ C급 화재 : 전기화재
① A급 화재 : 일반화재
② B급 화재 : 유류·가스화재
④ D급 화재 : 금속화재

57 전압 계급별 애자 수

공칭전압(kV)	22.9	66	154	345
애자 수	2~3	4~5	9~11	18~23

58 물체가 날아 흩어질 위험이 있는 작업에 보안경을 착용한다.

60 도시가스배관 표면색은 저압이면 황색이고, 중압 이상은 적색이다(「도시가스사업법 시행규칙」[별표 5]).

↻ 모의고사 p.175

01	③	02	③	03	③	04	④	05	④	06	①	07	④	08	①	09	①	10	④
11	④	12	③	13	④	14	④	15	④	16	③	17	④	18	③	19	①	20	①
21	④	22	②	23	②	24	④	25	①	26	④	27	①	28	④	29	③	30	③
31	④	32	②	33	④	34	④	35	②	36	③	37	③	38	②	39	④	40	④
41	④	42	④	43	④	44	②	45	①	46	③	47	②	48	①	49	①	50	①
51	④	52	③	53	①	54	③	55	①	56	①	57	①	58	①	59	③	60	②

01 엔진은 열에너지를 기계적 동력에너지로 바꾸는 장치이다.

02 피스톤링에는 압축 링과 오일 링이 있다.

03 부동액의 종류에는 메탄올(주성분 : 알코올), 에틸렌글리콜, 글리세린 등이 있다.

04 경유의 착화성을 나타내는 지표로 세탄가(Setane Number)를 쓰고 있으며 이 값이 클수록 착화하기가 쉽다.

05 오일이 많을 때는 고착되지 않는다.

06 조속기는 기관의 회전속도와 부하에 따라 연료 공급량(분사량)을 조절한다.

07 **오버플로 밸브의 역할**
• 연료필터 엘리먼트를 보호한다.
• 연료공급펌프의 소음 발생을 방지한다.
• 연료계통의 공기를 배출한다.

08 ① 공기 흐름저항이 적을 것

09 **윤활유 사용 목적**
냉각작용, 응력분산작용, 방청작용, 마멸 방지 및 윤활작용, 밀봉작용, 청정분산작용

10 과급기는 엔진의 행정체적이나 회전속도에 변화를 주지 않고 흡입효율(공기밀도 증가)을 높이기 위해 흡기에 압력을 가하는 공기펌프로서 엔진의 출력 증대, 연료소비율의 향상, 회전력을 증대시키는 역할을 한다.

11 **스타트 모터** : 자동차는 엔진이 활동을 해 만들어지는 힘으로 차가 돌아가는데 정지상태에서 엔진이 활동하려면 외부의 힘이 반드시 필요하다. 엔진이 활동할 수 있도록 엔진의 외부에서 힘을 불어넣는 장치가 스타트 모터이다.

12 **전류의 3대 작용과 응용**
• 자기작용 : 전동기, 발전기, 솔레노이드 기구 등
• 발열작용 : 전구, 예열플러그
• 화학작용 : 축전지의 충·방전작용

13 축전지의 연결방법
- 직렬연결방법 : 용량은 한 개일 때와 동일하고 전압은 2배이다.
- 병렬연결방법 : 용량은 2배이고, 전압은 한 개일 때와 동일하다.

14 ④ 필라멘트를 갈아 끼울 수 있는 전조등은 세미 실드빔식이다.
※ 실드빔식은 필라멘트가 끊어지면 렌즈나 반사경에 이상이 없어도 전조등 전체를 교환해야 하는 단점이 있다.

16 엔진오일 압력 경고등이 켜지는 경우
엔진오일량의 부족이 주원인이며 오일필터나 오일 회로가 막혔을 때, 오일 압력 스위치의 배선이 불량할 때, 엔진오일의 압력이 낮은 때 등이다.

17 발전기에서 축전지로 충전되고 있을 때는 전류계의 지시침이 (+)방향을 지시한다.

18 예열플러그는 기온이 낮을 때 시동을 돕기 위한 것이다.

20 가이드 링은 유체 클러치의 와류를 줄이는 역할을 한다.

21 종감속장치는 종감속기어와 차동장치로 구성되며, 차동제한장치가 있어 사지・습지 등에서 타이어가 미끄러지는 것을 방지한다.

22 조향 핸들의 유격이 커지는 원인
조향기어의 조정 불량 및 마모, 조향 링키지의 볼이음 접속부의 헐거움 및 볼 이음 마모, 조향 베어링 마모 및 암의 헐거움이 원인이 되며, 유격이 한계치를 초과하면 스티어링 샤프트 연결부와 스티어링 링키지의 유격을 점검한다.

23 토인의 조정은 타이로드 또는 타이로드 엔드의 고정너트를 풀고 타이로드 또는 타이로드 엔드를 회전시켜 길이를 늘이고 줄여서 조정한다.

24 부스터는 승압이나 증폭을 하는 장치이다. 조향 바퀴의 얼라인먼트는 토인, 캠버, 캐스터, 킹핀 경사각이 있다.

25 ① 급격하게 부하를 가한 상태의 주행

26 로더의 적재방식에 의한 분류
- 프런트엔드형(Front-end Type)
- 사이드 덤프형(Side Dump Type)
- 백호 셔블형(Back-hoe Shovel Type)
- 오버헤드형(Overhead Type)
- 스윙형(Swing Dump Type)

27 트랙의 장력이 너무 팽팽하면 트랙 핀과 부싱의 내・외부 및 스프로킷 돌기 등이 마모된다.

28 작업장치를 작동하게 하는 실린더 형식은 주로 복동식이다.

31 유량(Flow Rate)이라 함은 유체의 흐름 중 일정 면적의 단면을 통과하는 유체의 체적, 질량 또는 중량을 시간에 대한 비율로 표현한 것을 유량이라 칭한다.

32 점도지수가 클수록 온도변화의 영향을 덜 받는다.

33 유압장치는 유압유의 압력에너지를 이용하여 기계적인 일을 하는 것이다.

34 기어펌프 : 구조가 간단하여 기름의 오염에도 강하다. 그러나 누설방지가 어려워 효율이 낮으며 가변용량형으로 제작할 수 없다.

35 유압펌프에서 소음이 나는 원인은 오일의 점도가 너무 높아 부하를 받거나 흡입될 때 공기가 빨려 들어가면 소리가 난다.

36 ③의 경우는 오일 누설의 원인이다.
※ 유압펌프가 오일을 토출하지 않을 경우 흡입 측 회로에 압력이 너무 낮은지 점검한다.

37 과부하(포트) 릴리프밸브 : 충격 흡수, 과부하 방지 등
※ 메인 릴리프밸브 : 압력 유지, 압력 조정 등

38 셔틀밸브는 방향제어밸브이다.
• 방향제어밸브 : 체크밸브, 셔틀밸브, 디셀러레이션밸브, 매뉴얼밸브(로터리형) 등
• 유량제어밸브 : 교축(스로틀)밸브, 디바이더밸브, 플로컨트롤밸브 등
• 압력제어밸브 : 감압밸브, 순차(시퀀스)밸브, 릴리프밸브, 언로더밸브, 카운터밸런스밸브 등

39 유압실린더의 분류
• 단동형 : 피스톤형, 플런저 램형
• 복동형 : 단로드형, 양로드형
• 다단형 : 텔레스코픽형, 디지털형

40 동력원 기호

공기압동력원	원동기	전동기
▷	M ⊨	Ⓜ

41 준설선 : 펌프식 · 버킷식 · 디퍼식 또는 그래브식으로 비자항식인 것. 다만, 「선박법」에 따른 선박으로 등록된 것은 제외한다.

42 연구개발 또는 수출을 목적으로 건설기계의 제작 등을 하려는 자는 형식승인을 받지 아니하거나 형식신고를 하지 아니할 수 있다.

43 번호표의 색상
• 비사업용(관용 또는 자가용) : 흰색 바탕에 검은색 문자
• 대여사업용 : 주황색 바탕에 검은색 문자

44 등록의 말소 등(건설기계관리법 제6조제1항)
시 · 도지사는 등록된 건설기계가 다음의 어느 하나에 해당하는 경우에는 그 소유자의 신청이나 시 · 도지사의 직권으로 등록을 말소할 수 있다. 다만, ①, ⑤, ⑧(건설기계의 강제처리(법 제34조의2제2항)에 따라 폐기한 경우로 한정) 또는 ⑫에 해당하는 경우에는 직권으로 등록을 말소하여야 한다.
① 거짓이나 그 밖의 부정한 방법으로 등록을 한 경우
② 건설기계가 천재지변 또는 이에 준하는 사고 등으로 사용할 수 없게 되거나 멸실된 경우
③ 건설기계의 차대(車臺)가 등록 시의 차대와 다른 경우
④ 건설기계가 건설기계안전기준에 적합하지 아니하게 된 경우
⑤ 정기검사 명령, 수시검사 명령 또는 정비 명령에 따르지 아니한 경우
⑥ 건설기계를 수출하는 경우
⑦ 건설기계를 도난당한 경우
⑧ 건설기계를 폐기한 경우
⑨ 건설기계해체재활용업을 등록한 자(건설기계해체재활용업자)에게 폐기를 요청한 경우
⑩ 구조적 제작 결함 등으로 건설기계를 제작자 또는 판매자에게 반품한 경우
⑪ 건설기계를 교육 · 연구 목적으로 사용하는 경우

⑫ 대통령령으로 정하는 내구연한을 초과한 건설기계. 다만, 정밀진단을 받아 연장된 경우는 그 연장기간을 초과한 건설기계
⑬ 건설기계를 횡령 또는 편취당한 경우

45 미등록 건설기계의 임시운행(시행규칙 제6조 제1항)
건설기계의 등록 전에 일시적으로 운행을 할 수 있는 경우는 다음 각호와 같다.
• 등록신청을 하기 위하여 건설기계를 등록지로 운행하는 경우
• 신규등록검사 및 확인검사를 받기 위하여 건설기계를 검사장소로 운행하는 경우
• 수출을 하기 위하여 건설기계를 선적지로 운행하는 경우
• 수출을 하기 위하여 등록말소한 건설기계를 점검 · 정비의 목적으로 운행하는 경우
• 신개발 건설기계를 시험 · 연구의 목적으로 운행하는 경우
• 판매 또는 전시를 위하여 건설기계를 일시적으로 운행하는 경우

46 타이어식 로더의 정기검사 유효기간
• 연식 20년 이하 : 2년
• 연식 20년 초과 : 1년

47 건설기계 검사소에서 검사를 받아야 하는 건설기계
• 덤프트럭
• 콘크리트믹서트럭
• 콘크리트펌프(트럭적재식)
• 아스팔트살포기
• 트럭지게차(국토교통부장관이 정하는 특수건설기계인 트럭지게차를 말한다)

48 국토교통부령으로 정하는 소형 건설기계(건설기계관리법 시행규칙 제73조)
• 5ton 미만의 불도저
• 5ton 미만의 로더
• 5ton 미만의 천공기(트럭적재식은 제외)
• 3ton 미만의 지게차
• 3ton 미만의 굴착기
• 3ton 미만의 타워크레인
• 공기압축기
• 콘크리트펌프(이동식에 한정)
• 쇄석기
• 준설선

49 건설기계조종사면허의 취소 · 정지(건설기계관리법 제28조)
시장 · 군수 또는 구청장은 건설기계조종사가 다음의 어느 하나에 해당하는 경우에는 국토교통부령으로 정하는 바에 따라 건설기계조종사면허를 취소하거나 1년 이내의 기간을 정하여 건설기계조종사면허의 효력을 정지시킬 수 있다. 다만, ①, ②, ⑧ 또는 ⑨에 해당하는 경우에는 건설기계조종사면허를 취소하여야 한다.
① 거짓이나 그 밖의 부정한 방법으로 건설기계조종사면허를 받은 경우
② 건설기계조종사면허의 효력정지기간 중 건설기계를 조종한 경우
③ 다음 중 어느 하나에 해당하게 된 경우
  ㉠ 건설기계 조종상의 위험과 장해를 일으킬 수 있는 정신질환자 또는 뇌전증환자로서 국토교통부령으로 정하는 사람
  ㉡ 앞을 보지 못하는 사람, 듣지 못하는 사람, 그 밖에 국토교통부령으로 정하는 장애인
  ㉢ 건설기계 조종상의 위험과 장해를 일으킬 수 있는 마약 · 대마 · 향정신성의약품 또는 알코올중독자로서 국토교통부령으로 정하는 사람

④ 건설기계의 조종 중 고의 또는 과실로 중대한 사고를 일으킨 경우

⑤ 「국가기술자격법」에 따른 해당 분야의 기술자격이 취소되거나 정지된 경우

⑥ 건설기계조종사면허증을 다른 사람에게 빌려 준 경우

⑦ 술에 취하거나 마약 등 약물을 투여한 상태 또는 과로·질병의 영향이나 그 밖의 사유로 정상적으로 조종하지 못할 우려가 있는 상태에서 건설기계를 조종한 경우

⑧ 정기적성검사를 받지 아니하고 1년이 지난 경우

⑨ 정기적성검사 또는 수시적성검사에서 불합격한 경우

50 건설기계조종사면허의 취소·정지처분기준(건설기계관리법 시행규칙 [별표 22])

위반행위	처분기준
건설기계의 조종 중 고의 또는 과실로 중대한 사고를 일으킨 경우	
① 인명피해	
㉠ 고의로 인명피해(사망·중상·경상 등을 말한다)를 입힌 경우	취소
㉡ 과실로 「산업안전보건법」에 따른 중대재해가 발생한 경우	취소
㉢ 그 밖의 인명피해를 입힌 경우	
• 사망 1명마다	면허효력 정지 45일
• 중상 1명마다	면허효력 정지 15일
• 경상 1명마다	면허효력 정지 5일

52 1년 이하의 징역 또는 1,000만원 이하의 벌금(법 제41조)

① 거짓이나 그 밖의 부정한 방법으로 건설기계 등록을 한 자

② 건설기계의 등록번호를 지워 없애거나 그 식별을 곤란하게 한 자

③ 건설기계의 구조변경검사 또는 수시검사를 받지 아니한 자

④ 검사에 불합격된 건설기계 정비명령을 이행하지 아니한 자

⑤ 사용·운행 중지 명령을 위반하여 사용·운행한 자

⑥ 사업정지명령을 위반하여 사업정지기간 중에 검사를 한 자

⑦ 형식승인, 형식변경승인 또는 확인검사를 받지 아니하고 건설기계의 제작 등을 한 자

⑧ 사후관리에 관한 명령을 이행하지 아니한 자

⑨ 내구연한을 초과한 건설기계 또는 건설기계 장치 및 부품을 운행하거나 사용한 자

⑩ 내구연한을 초과한 건설기계 또는 건설기계 장치 및 부품의 운행 또는 사용을 알고도 말리지 아니하거나 운행 또는 사용을 지시한 고용주

⑪ 부품인증을 받지 아니한 건설기계 장치 및 부품을 사용한 자

⑫ 부품인증을 받지 아니한 건설기계 장치 및 부품을 건설기계에 사용하는 것을 알고도 말리지 아니하거나 사용을 지시한 고용주

⑬ 매매용 건설기계의 운행금지 등의 의무를 위반하여 매매용 건설기계를 운행하거나 사용한 자

⑭ 폐기인수 사실을 증명하는 서류의 발급을 거부하거나 거짓으로 발급한 자

⑮ 폐기요청을 받은 건설기계를 폐기하지 아니하거나 등록번호표를 폐기하지 아니한 자

⑯ 건설기계조종사면허를 받지 아니하고 건설기계를 조종한 자

⑰ 건설기계조종사면허를 거짓이나 그 밖의 부정한 방법으로 받은 자

⑱ 소형건설기계의 조종에 관한 교육과정의 이수에 관한 증빙서류를 거짓으로 발급한 자

⑲ 술에 취하거나 마약 등 약물을 투여한 상태에서 건설기계를 조종한 자와 그러한 자가 건설기계를 조종하는 것을 알고도 말리지 아니하거나 건설기계를 조종하도록 지시한 고용주

⑳ 건설기계조종사면허가 취소되거나 건설기계조종사면허의 효력정지처분을 받은 후에도 건설기계를 계속하여 조종한 자

㉑ 건설기계를 도로나 타인의 토지에 버려둔 자

54 ① 낙하 : 상부로부터 떨어지는 물건에 사람이 맞은 경우, 본인이 쥐고 있던 물건을 발아래로 떨어뜨린 경우 포함

② 협착(압상) : 물체의 사이에 끼인 경우

④ 충돌 : 사람, 장비가 정지한 물체에 부딪치는 경우

55 산업재해 조사목적
• 동종재해 및 유사재해 재발방지 → 근본적 목적
• 재해원인 규명
• 예방자료 수집으로 예방대책

56 ① 토치의 아세틸렌 밸브를 먼저 열고 산소 밸브를 연다.

※ 토치에 점화할 때는 먼저 아세틸렌의 밸브만 열고 점화용 전용 라이터를 이용하여 점화시킨 후 산소 밸브를 조금씩 열면서 불꽃을 조절한다.

57 안전보건표지

사용금지	탑승금지	물체이동금지

58 ① 착용이 간편할 것

59 화재발생 시 가장 먼저 점화원을 차단해야 한다.

60 전기 작업 시 자루는 비전도체 재료(나무, 고무, 플라스틱)로 되어 있는 것을 사용한다.

교육이란 사람이 학교에서 배운 것을 잊어버린 후에 남은 것을 말한다.

– 알버트 아인슈타인 –

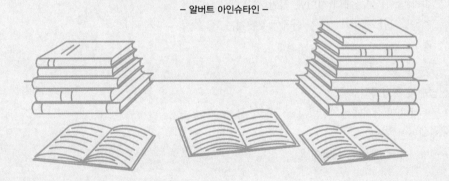

우리 인생의 가장 큰 영광은 결코 넘어지지 않는 데 있는 것이 아니라

넘어질 때마다 일어서는 데 있다.

- 넬슨 만델라 -

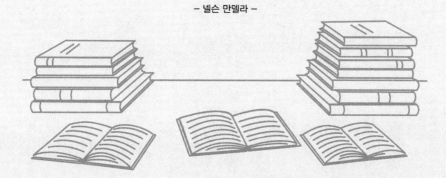

얼마나 많은 사람들이 책 한권을 읽음으로써

인생에 새로운 전기를 맞이했던가.

- 헨리 데이비드 소로 -

좋은 책을 만드는 길, 독자님과 함께하겠습니다.

답만 외우는 로더운전기능사 필기 CBT기출문제 + 모의고사 14회

개정4판1쇄 발행	2025년 01월 10일 (인쇄 2024년 11월 07일)	
초 판 발 행	2021년 01월 05일 (인쇄 2020년 07월 22일)	
발 행 인	박영일	
책 임 편 집	이해욱	
편 저	최진호	
편 집 진 행	윤진영 · 김혜숙	
표지디자인	권은경 · 길전홍선	
편집디자인	정경일	
발 행 처	(주)시대고시기획	
출 판 등 록	제10-1521호	
주 소	서울시 마포구 큰우물로 75 [도화동 538 성지 B/D] 9F	
전 화	1600-3600	
팩 스	02-701-8823	
홈 페 이 지	www.sdedu.co.kr	
I S B N	979-11-383-8238-0(13550)	
정 가	14,000원	

더 이상의 자동차 관련 취업 **수험서는 없다!**

교통 / 건설기계 / 운전자격 시리즈

건설기계운전기능사

도로자격 / 교통안전관리자

운전면허

※ 도서의 이미지와 가격은 변동될 수 있습니다.

만 외우고 한 번에 합격하는

기출문제 + 모의고사 **14**회

'답'만 외우는
운전기능사 시리즈

답만 외우는 지게차운전기능사

190×260 | 14,000원

답만 외우는 로더운전기능사

190×260 | 14,000원

답만 외우는 롤러운전기능사

190×260 | 14,000원

답만 외우는 굴착기운전기능사

190×260 | 14,000원

답만 외우는 기중기운전기능사

190×260 | 14,000원

답만 외우는 천공기운전기능사

190×260 | 15,000원